Architectures et espaces fictifs dans l'Antiquité : textes – images

Gaëlle Herbert de la Portbarré-Viard
est maître de conférences habilité à diriger des recherches en langue et littérature latines à l'université d'Aix-Marseille.

Renaud Robert
est professeur de langue et littérature latines à l'université Bordeaux-Montaigne.

Illustration de couverture :
Les ruines de Pompéi dessinées et mesurées par F. Mazois pendant les années 1809-1811, Paris, Firmin-Didot, 1824-1838 (cl. R. Robert).

Ausonius Éditions
— Scripta Antiqua 114 —

Architectures et espaces fictifs dans l'Antiquité : textes – images

textes réunis et édités par
Gaëlle Herbert de la Portbarré-Viard & Renaud Robert

— Bordeaux 2018 —

Notice catalographique :
Herbert de la Portbarré-Viard, G. et Robert, R. (2018) : *Architectures et espaces fictifs dans l'Antiquité : textes – images*, Ausonius Scripta Antiqua 114, Bordeaux.

Mots clés :
Architecture antique, imaginaire, techniques de décor (peintures, mosaïques, stucs), espaces et lieux des architectures fictives, genres littéraires et architectures fictives, ekphrasis, trompe-l'œil

AUSONIUS
Maison de l'Archéologie
F - 33607 Pessac cedex
http://ausoniuseditions.u-bordeaux-montaigne.fr

Directeur des Publications : Olivier Devillers
Préparation de copie : Cécile Desveaux
Éditrice : Léa Pawlaczyk, Stéphanie Guionneau (Vincent)
Graphisme de Couverture : Stéphanie Guionneau (Vincent)

ISSN : 1298-1990
ISBN : 978-2-35613-227-7

septembre 2018

Auteurs

Nicole Blanc	CNRS-ENS, UMR 8546 – Institut AOROC
Pierre-Alain Caltot	Université Aix-Marseille CNRS-UMR 7297 – CPAF/TDMAM
Hélène Eristov	CNRS-ENS, UMR 8546 – Institut AOROC
Gaëlle Herbert de la Portbarré-Viard	Université Aix-Marseille CNRS-UMR 7297 – CPAF/TDMAM
Anne-Françoise Jaccottet	Université de Genève
Éloïse Letellier-Taillefer	École française de Rome
Claude Pouzadoux	CNRS/EFR, USR 3133 – Centre Jean Bérard, Naples
Renaud Robert	Université Bordeaux-Montaigne EA 4593 – Institut CLARE
Stéphanie Wyler	Université Paris Diderot UMR 8210 – Institut ANHIMA

Sommaire

Introduction

Gaëlle Herbert de la Portbarré-Viard & Renaud Robert

Le présent recueil d'articles est le fruit de la collaboration entre deux laboratoires de l'Université d'Aix-Marseille, l'Institut de Recherche sur l'Architecture Antique (USR – 3155) et le Centre Paul-Albert Février (Textes et documents de la Méditerranée antique et médiévale – UMR 7297). Son sujet se situe à l'intersection des préoccupations scientifiques des deux équipes : l'un des axes de recherche du Centre Paul-Albert Février porte, en effet, sur la "pratique littéraire des architectures fictives de l'Antiquité à la Renaissance", tandis que l'IRAA s'intéresse depuis longtemps à la question des modes de représentation – antiques aussi bien que modernes – de l'architecture. Cette collaboration a donné lieu à une première rencontre scientifique dont les résultats ont fait l'objet d'une récente publication[1]. Aux deux équipes aixoises, s'est jointe en 2012, une équipe d'accueil de l'Université de Bordeaux-Montaigne (EA 4593 – Cultures. Littératures. Arts. Représentations. Esthétiques). Une journée d'études sur le concept d'architecture fictive a ensuite été organisée à la MMSH d'Aix-en-Provence en février 2013, et c'est de cette rencontre que sont issus les articles du présent volume entièrement consacré à l'Antiquité gréco-romaine. Elle a été suivie en octobre 2014 par l'organisation à l'Université de Bordeaux-Montaigne d'un colloque international intitulé "Architectures fictives", plus spécialement consacré aux rapports entre écriture et architecture dans une perspective pluridisciplinaire et diachronique élargie. Un nouveau colloque international s'est tenu à la Maison Méditerranéenne des Sciences de l'Homme d'Aix-en-Provence en février 2018 : il portait sur les "Pratiques artistiques et littéraires des architectures et décors fictifs de l'Antiquité au XVIIe siècle, entre fiction, illusion et réalité". La publication des Actes des deux colloques s'effectuera en deux volumes consacrés à la problématique des architectures et décors fictifs, le premier de l'Antiquité au XVIe siècle, le second du XVIIe siècle à nos jours.

Architecture – fictions

Les rapports anciens et complexes qu'entretient l'architecture avec la fiction sont au cœur des travaux cités précédemment. Une des questions soulevées par ces débats est de comprendre par quels procédés la matérialité de l'architecture s'est depuis toujours prêtée à une transposition dans un *medium* de nature très différente, la peinture ou le stuc, par exemple, et surtout le langage. Les différentes modalités de cette transposition, dans les textes ou dans les images, font l'objet des deux premières sections du présent ouvrage. Une

1 Robert 2016.

autre question est celle des rapports entre architecture et paysage, car, comme le montrent les trois études rassemblées dans la dernière partie, l'architecture réelle contribue parfois à instaurer un paysage fictif, que son support spatial soit le jardin lui-même ou un élément architectural.

Si une architecture est un ensemble d'éléments (plan, élévation, structures architecturales, couverture, décor lié à l'architecture) qui se déploient dans l'espace réel tri-dimensionnel, une architecture fictive est un ensemble d'éléments qui renvoient à un référent architectural plus ou moins précis et qui se déploient dans un espace fictif, expression qui peut être comprise de plusieurs manières selon le domaine dans lequel se situe l'architecture considérée : espace textuel, espace pictural de la représentation quand il s'agit d'une architecture liée au décor, ou bien espace d'un objet support (par exemple, les vases apuliens). L'architecture fictive, dans tous les cas, introduit une structure architecturale dans un espace qui n'est pas le sien à l'origine, tout en imitant (reproduisant, transposant) ses caractéristiques à l'aide d'un autre langage : les arts décoratifs avec des couleurs, des lignes et des reliefs, les genres littéraires avec des mots.

Dans les textes, les architectures fictives viennent s'insérer dans un espace fictif à plusieurs titres : d'abord parce qu'une réalité matérielle extrinsèque doit trouver un équivalent transposable en mots ; ensuite parce que cet espace est lié à la perception subjective du récit et à l'imaginaire mis en jeu par l'acte de lire, et enfin parce qu'il vient s'inscrire dans une fiction poétique ou romanesque. Cet espace fictif est un espace pour ainsi dire "dématérialisé", ce qui constitue une différence essentielle avec la perception visuelle de l'architecture qui peut varier suivant le regard, mais se fonde sur un référent matériel dont l'existence est tangible.

Nous insistons sur le fait que, dans ces différents cas, la question du rapport à la réalité doit absolument être posée. Ce lien nous semble d'autant plus important que, quel que soit le type d'espace fictif auquel on a affaire, il n'existe que par rapport à l'espace réel à partir duquel il est perçu et avec lequel il entretient des relations plus ou moins complexes. Même si, dans les textes, l'architecture fictive est souvent liée à l'imaginaire de la fiction poétique ou romanesque, ce type de description ne peut pas ne pas entretenir des liens avec la réalité et avec l'expérience que le lecteur a de la réalité architecturale qui nourrit sa mémoire et, partant, son imaginaire. Par ailleurs, il existe des descriptions qui se rapportent à des monuments existants, qui ne sont pas à proprement parler des architectures fictives mais qui peuvent entretenir des liens – notamment intertextuels – avec celles-ci, comme c'est le cas par exemple de la description de l'église-cathédrale de Lyon par Sidoine Apollinaire. Parallèlement, il existe des images qui prétendent évoquer une architecture ou un paysage réels, mais qui usent du même langage pictural que des images sans référent architectural avéré. On pense, par exemple, aux vases en verre gravé représentant le paysage urbain antique de Pouzzoles ou de Baia : si l'objet de la représentation est certifié par l'inscription que portent certains exemplaires, les conventions graphiques adoptées ne diffèrent guère de celles qu'utilisent les artisans pompéiens pour représenter les paysages imaginaires de bords de mer[2].

2 En dernier lieu : Golvin 2008, 157-174.

De manière générale, les architectures fictives visuelles et les architectures fictives textuelles sont liées au monde réel par les matériaux artistiques qui les constituent. Dans la littérature, les architectures fictives sont construites à l'aide d'un lexique qui est souvent le même que celui des textes techniques relatifs à l'architecture et au décor qui lui est lié. Elles peuvent aussi entretenir des rapports, mis en évidence par les données archéologiques ou d'autres sources textuelles, avec des architectures réelles. Quant aux architectures fictives visuelles, elles imitent souvent des architectures réelles, qu'elles soient provisoires ou non, et leur empruntent un vaste répertoire de formes architecturales et décoratives, tout en pouvant aussi laisser libre cours à l'imagination des artistes. Il faut enfin évoquer le cas extrême où c'est une architecture réelle qui reproduit une architecture fictive, comme dans le cas de la matérialisation du "bel antre toujours vert dionysiaque".

Si les frontières entre architecture fictive et architecture réelle sont souvent difficiles à établir, on peut également se demander si les concepts d'architectures fictives et d'architectures imaginaires se recoupent entièrement. En effet, dans la fiction poétique ou romanesque, l'auteur peut évoquer un monument réel, donné pour tel, mais substituer au référent architectural existant un monument générique entièrement imaginaire. C'est l'une des difficultés à laquelle se heurte l'historien quand il prétend utiliser une description poétique ou une représentation picturale comme source d'information archéologique. La fiabilité des représentations plus ou moins génériques de monuments réels sur les monnaies continue à faire l'objet de maintes discussions. Ainsi a-t-on pu débattre de la valeur documentaire à accorder à la description de Carthage au livre premier de l'*Énéide*[3]. Quelle Carthage Virgile prétend-il décrire : la Carthage de Didon, celle précisément qu'exigerait la fiction poétique, la colonie césaro-augustéenne, contemporaine de l'auteur, une Carthage imaginaire qui dessinerait les contours d'une ville idéale ? Pour autant, ce sont des édifices qui ont des référents bien réels, susceptibles d'éveiller un écho dans l'esprit des lecteurs du poème (un temple de Junon, un théâtre, des remparts) que décrit le poète. En ce qui concerne la poésie latine tardive, quand Sidoine Apollinaire, dans son *carmen* 11 (épithalame composé en l'honneur de Ruricius et d'Hiberia), décrit le temple de Vénus à Corinthe, il substitue au temple réel disparu une architecture fictive qui a pour matériaux des éléments tirés d'autres descriptions fictives. N'en est-il pas toujours de même chaque fois que le poète fait référence à un monument disparu, à un lieu de mémoire, dont aucune trace tangible ne subsiste, mais que la fiction a la capacité de recréer. En ce cas, la fiction remplit le vide du réel en puisant dans un imaginaire architectural lui-même construit à partir de l'expérience que les lecteurs ont de la réalité.

Il importe donc de définir strictement le domaine de pertinence du terme "architecture fictive" : ne doit-il concerner que les architectures imaginaires ou doit-il embrasser toute description dont la visée programmatique n'est pas seulement de refléter le réel, mais de le transcender en une vision esthétique ? On songe en particulier aux descriptions de villas bien réelles chez Stace ou même chez Pline : la description minutieuse du bâti, certainement bien connu des destinataires des poèmes ou des lettres, vise autant à brosser un portrait idéalisé de son propriétaire qu'à fournir au lecteur une image fidèle des bâtiments décrits.

3 Gros 1990, 547-573.

Il faudrait alors tenter de définir le degré à partir duquel, bien que liée à la réalité, une description architecturale ne peut plus être définie strictement à partir du réel. Inversement, les architectures, perçues comme imaginaires, ne semblent pas toujours réductibles à la fiction.

Et peut-être est-il plus juste de parler d'architectures fictives et/ou fictionnelles. La notion d'architecture fictive est extrêmement difficile à définir dans les textes littéraires dans la mesure où l'adjectif "fictif" peut être compris de deux manières différentes : – qui n'est pas réel ou – qui est relatif à la fiction, donc à une invention du récit qu'il soit poétique ou prosaïque, bien que l'on puisse également employer à ce sujet l'adjectif "fictionnel". Le rapport complexe qu'entretiennent les architectures fictives et/ou fictionnelles avec la réalité est rendu encore plus ardu par la difficulté que l'on peut avoir à définir la notion de réalité dans le domaine de la littérature. La réalité par rapport à laquelle se définit l'architecture fictive et/ou fictionnelles peut être en effet le monde réel et tangible, dont elle donne une image qui en est plus ou moins éloignée, mais elle peut aussi renvoyer à la réalité de l'espace textuel constitué par toutes les autres descriptions qui nourrissent ces représentations fictives et/ou fictionnelles.

Architecture et fiction : un débat antique

L'importance de l'élément architectural dans la fiction picturale ou littéraire antique n'est plus à démontrer. Les descriptions d'édifice sont nombreuses, notamment dans l'épopée, mais il ne semble pas qu'elles aient suscité des commentaires particuliers chez les rhéteurs. Comme on le sait, le terme d'*ekphrasis*, qui désigne une forme de récit particulièrement pourvu de suggestion visuelle (ἐνάργεια ou *euidentia*) ne renvoie pas spécifiquement à une description d'architecture, ni même, contrairement à ce que laisse supposer l'emploi moderne du mot, à une description d'œuvre d'art[4]. Tout au plus doit-on noter que, lorsqu'il veut donner un exemple d'*ekphrasis*, Aphthonios (*Progymnasmata*, 12.4-12) choisit précisément de décrire un ensemble architectural, l'acropole d'Alexandrie.

Le décor mural hellénistique et romain, quant à lui, s'inspire dès l'origine du vocabulaire architectural. La genèse et la signification des décors de premier et de second styles pompéiens ont fait l'objet, chez les spécialistes modernes, de débats nombreux et passionnés[5]. Les architectes antiques eux-mêmes savaient traduire un projet architectural en dessin : c'est la fonction de l'*orthographia*, définie par Vitruve (1.2.2) comme une *erecta frontis imago* (représentation de la façade orthogonale de la construction) ; elle est associée par lui à l'*ichnographia* (représentation en plan) et à la plus controversée *scaenographia*[6]. Vitruve (7, *praef.* 11) toujours cite parmi ses sources un architecte, Agatharcos, réputé avoir réalisé un décor pour une tragédie d'Eschyle et connu par ailleurs pour avoir été contraint par Alcibiade à décorer sa maison[7]. Les liens entre dessin d'architecture, décor théâtral et

4 Webb 2009.

5 Sauron 1995, 249-267.

6 Gros [1985] 2006, 239-262.

7 Ps. And., *Contr. Alc.*, 17 ; Dem., *Contr. Mid.*, 147 ; Plut., *Alc.*, 16.4.

morphogénèse du second style pompéien sont encore très discutés[8]. Mais la question qui importe aujourd'hui à notre propos est ailleurs.

Vitruve (7.5.3-4) en effet, lorsqu'il évoque le décor pictural des maisons contemporaines, déplore amèrement son évolution. Ses critiques sont de deux sortes : les peintres créent des êtres hybrides[9] et surtout représentent des architectures sans fondement réel. Contrairement à leurs prédécesseurs qui préféraient des motifs *quae ex ueris rebus exempla sumebantur*[10], ils peignent des architectures végétalisées surgissant de candélabres et défiant les lois de la statique. C'est bien le lien des architectures peintes avec un référent réel qui est en jeu, car ces choses, dit Vitruve, *nec sunt, nec fieri possunt nec fuerunt*[11]. Le propos est illustré par l'anecdote fameuse (7.5.5-7) relatant les mésaventures du peintre Apatourios d'Alabanda qui orna l'*ecclesiasterion* de Tralles d'une peinture inspirée de l'architecture théâtrale (*scaena*). Le décor fut critiqué par le mathématicien Lykinos qui contraignit l'artiste à effacer son ouvrage. C'est bien parce qu'elle est un trompe-l'œil que la peinture d'Apatourios est critiquable : elle flatte la vue par son relief (*cum aspectus eius scaenae propter asperitatem eblandiretur omnium uisus*)[12], c'est-à-dire par les moyens picturaux (effets d'ombres et de plans) qui donnent l'illusion de la réalité, mais elle ne se réfère à aucune architecture existante ni, surtout, à aucune architecture susceptible d'être rationnellement justifiée (*in ueritate rationem habere*). Plus encore que la fiction picturale en elle-même – inévitable s'agissant d'une architecture feinte –, c'est une fiction qui n'obéit pas aux règles de la convenance (*indecens*) que l'homme de science doit ici réprouver. Le rapport de l'architecture à ses *imitations* a donc été interrogé dès l'Antiquité, mais c'est également la notion de fiction elle-même qui, en creux, est objet de réflexion. C'est pourquoi il nous a paru utile, dans les pages qui suivent, de rouvrir le dossier des *architectures fictives* à travers plusieurs études de cas tirées des décors picturaux aussi bien que de la littérature de l'Antiquité.

Références bibliographiques

Beyen, H. G. (1957) : "The Wall-Decoration of the Cubiculum of the Villa of P. Fannius Synistor near Boscoreale in its Relation to Ancient Stage-Painting", in : *Mnemosyne*, 4, 10, 147-153.

Desbordes, O. et Fleury, P. (2008) : Roma illustrata. *Représentations de la ville, Actes du colloque international de Caen, 6-8 octobre 2005*, Caen.

Golvin, J.-C. (2008) : "À propos de la restitution de l'image de Puteoli. Correspondances, ancrage, convergences", in : Desbordes & Fleury 2008, 157-174.

8 L'*adumbratio* qui entre dans la définition vitruvienne de la *scaenographia* semble une traduction du grec σκιαγραφία: Gros [1985] 2006, 248 ; sur la σκιαγραφία et l'origine du décor architectural en trompe-l'œil ; Rouveret 1989, 13-63, 114 et 166. Par ailleurs, Vitruve (7.5.2) associe les motifs architecturaux ornant les lieux ouverts (*patentibus locis*) à des fronts de scènes (*scaenarum frontes tragico more aut comico aut satyrico*) ; voir le commentaire controversé de Beyen 1957, 147-153.

9 Même refus de l'hybridation chez Lucr. 2.700-7006, 5.878-881 ; et de ses applications en peinture chez Hor., *Ars*, 1-14 ; Sauron 1994, 494-496 et 592-597 ; Grüner 2004, 186-202.

10 "Ces motifs qui étaient des copies tirées de choses véritables" (trad. B. Liou & M. Zuinghedau).

11 "Ces choses-là n'existent pas, ne peuvent exister, n'ont jamais existé".

12 "Comme la vue de cette scène flattait par son relief".

Gros, P. (1990) : "Le premier urbanisme de la *Colonia Julia Carthago*. Mythes et réalités d'une fondation césaro-augustéenne", in : *L'Afrique et l'Occident romain (Ier siècle av. J.-C. – IVe siècle ap. J.-C.), Actes du colloque international, Rome, 5-3 décembre 1987*, Coll.EFR 134, Rome, 547-573.

— [1985] (2006) : "Le rôle de la *scaenographia* dans les projets architecturaux du début de l'Empire romain", in : *Le dessin d'architecture dans les sociétés antiques, Actes du colloque de Strasbourg, 26-28 janvier 1984*, Leyde, 231-253 ; repris dans *Vitruve et la tradition des traités d'architecture*. Fabrica et ratiocinatio, Coll.EFR 366, Rome, 239-262.

Grüner, A. (2004) : Venus ordinis. *Der Wandel von Malerei und Literatur im Zeitalter der römischen Bürgerkriege*, Paderborn, Munich, Vienne, Zürich.

Robert, R., éd. (2016) : *Dire l'architecture dans l'Antiquité*, Aix-en-Provence-Paris.

Rouveret, A. (1989) : *Histoire et imaginaire de la peinture ancienne (Ve siècle av. J.-C. – Ier siècle ap. J.-C.)*, BEFAR 274, Rome.

Sauron, G. (1994) : Quis deum ? *L'expression plastique des idéologies politiques et religieuses à Rome*, BEFAR 285, Rome.

— (1995) : "Une polémique qui dure : le 'deuxième style pompéien'", in : *Topoi*, 5/1, 249-267.

Webb, R. (2009) : Ekphrasis, *Imagination and Persuasion in Ancient Rhetorical Theory and Practice*, Farnham.

Peintures

La représentation des *naïskoi* dans la céramique apulienne : une architecture fictive ou virtuelle ?

Claude Pouzadoux

Introduction

Je remercie les organisateurs de m'avoir associée à cette journée d'étude sur les architectures fictives dont je pense tirer un grand profit personnel pour l'analyse des scènes de *naïskos* sur la céramique apulienne, un schéma iconographique constitué d'un petit édicule peint abritant un ou plusieurs personnages et la plupart du temps entouré d'un public de jeunes gens. J'espère qu'en retour ma contribution, qui concerne une pratique picturale, apportera des éléments à une réflexion qui porte principalement sur une pratique poétique et littéraire. Je vois de toute façon un point commun entre les arts visuels et les arts poétiques autour de la question du rapport à la réalité et des notions d'intertextualité et de rhétorique qui mettent en jeu, dans les deux cas, l'efficacité d'un procédé visuel ou littéraire et conduisent à s'interroger sur ses modalités et sa fonction. Le dossier des représentations de *naïskoi* sur la céramique apulienne m'a paru répondre aux attentes formulées dans l'appel à communication dans la mesure où il s'agit de l'anticipation, en peinture, d'une forme de construction encore non attestée dans la réalité à partir d'un langage emprunté à l'architecture. Nous verrons donc les effets rhétoriques que les peintres ont tirés de la référence à une architecture plus virtuelle que fictive.

Ceci n'est pas un *naïskos*

La représentation canonique se présente, comme on le voit sur le cratère à volutes de Londres attribué au Peintre de l'Ilioupersis actif vers 360 a.C. (fig. 1)[1], sous la forme d'un édicule constitué d'une base, sur laquelle sont posées deux colonnes *in antis*, qui soutiennent une architrave surmontée d'un fronton. Il ne s'agit pas seulement d'un encadrement architectural, mais véritablement d'une boîte, d'un écrin architectural, dont la profondeur est suggérée par la présence de parois latérales, et d'un intérieur, le plafond, le tout présenté légèrement de trois-quarts. À l'intérieur on voit représentés une ou plusieurs figures, d'âge et de sexe differents, ou seulement des objets, voire des motifs végétaux. Autour est réuni un public de jeunes gens qui s'approchent avec des présents sans forcément regarder le monument.

1 B.M. F 283 : *RVAp* I, 8/7, pl. 61,1.

Fig. 1. Cratère à volutes apulien attribué au Peintre de l'Ilioupersis, face A (British Museum, B.M. F 283). Photo. ©Trustees of the British Museum.

Certains mêmes détournent le regard. La production est localisée à Tarente où le motif a été inventé dans le second quart du IVe s. a.C., soit à l'époque de la visite de Platon à Archytas. Ce motif jouit d'une grande faveur en Apulie, même en dehors de la cité. Il est également utilisé dans la production lucanienne, campanienne et sicilienne où il semble faire écho à la production tarentine.

Le problème central pour la signification de cette série iconographique est posé par le sens du *naïskos* lui-même : les exemplaires apuliens reproduisent-ils des monuments architecturaux et quelle est leur signification ? Ces questions structurent la monographie que H. Lohmann a écrite à ce sujet en 1979[2], le corpus de référence qui comprend 877 vases apuliens. Elles ont produit différentes interprétations jusqu'aujourd'hui divisées entre une réunion autour du tombeau ou l'accueil du défunt dans l'Au-delà par les Bienheureux. Dans

2 Lohmann 1979.

le premier cas le motif architectural tient lieu de monument funéraire à l'intérieur duquel le défunt est représenté sous la forme d'une statue, dans le second sa fonction n'est pas claire : il s'agit d'une sorte de petite chapelle qui lui sert d'abri.

Plusieurs arguments plaident en faveur d'une reproduction de monuments architecturaux et de l'assimilation de l'édicule à une tombe monumentale : la présence de ces scènes sur la panse de vases retrouvés pour la plus grande partie dans des tombes[3], l'association sur un même vase de représentations autour du *naïskos* et de réunions autour de stèles ou de colonnes funéraires (40 % du corpus), la similarité entre les porteurs d'offrandes qui les entourent, enfin, l'usage de la couleur blanche pour évoquer les monuments en pierre. Le travail de H. Lohmann s'est appuyé sur celui de R. von Pagenstecher qui avait même tenté, en 1912[4], de reconstruire les monuments funéraires tarentins à partir des images apuliennes[5], convaincu que ces dernières reproduisaient des monuments réels de Tarente. En l'absence de preuves en Grande-Grèce, il avait suggéré d'y voir l'héritage des stèles funéraires attiques. La limite de la comparaison avec les stèles attiques est liée au fait que ces monuments sont conçus comme de véritables architectures en trois dimensions et que les rapprochements les plus pertinents sont plus tardifs. Les premières stèles dont l'encadrement architectural est saillant sont postérieures à 350-340 a.C., comme le *naïskos* d'Aristonautès[6], daté vers 330 a.C., un des premiers monuments à passer de la stèle au *naïskos* indépendant, c'est-à-dire pour lesquels l'encadrement et la ou les statues sont conçus à part.

En 1979, H. Lohmann ne remet donc pas en doute le fait qu'il s'agisse d'une reproduction de monuments réels. Il voit même, dans le recours à la couleur blanche, la confirmation d'une représentation du matériau de construction de l'édifice et de la statue qu'il abrite. L'opposition entre ces personnages statufiés et les figures qui se trouvent à l'extérieur renforcerait son hypothèse. Le problème est que nous ne connaissons pas de monuments funéraires de ce type dans la seconde moitié du IVe siècle, ni à Athènes où les *naïskoi* apparaissent vers 330 a.C. une génération après la première représentation apulienne, ni à Tarente où les premiers datent, selon E. Lippolis, de la fin du IVe siècle[7]. Si le modèle est attique il ne peut s'agir que des stèles dont le motif ferait l'objet, selon lui, d'une "amplification rhétorique"[8]. L'apparition de ces monuments à Tarente n'est pas antérieure à cette date. Les quelques restes architecturaux retrouvés sont datables du dernier quart du IVe siècle[9]. Sauf à revoir la chronologie des représentations de *naïskoi* sur les vases et en l'absence de nouvelles données issues de l'archéologie, le hiatus demeure donc irrésolu.

La tradition iconographique des lécythes à fond blanc et de la céramique italiote[10] apporte, d'autre part, un éclairage sur la signification de ces monuments en suggérant

3 Pour des exemplaires provenant de sanctuaires, voir Silvestrelli 2018, 43.
4 Pagenstecher 1912.
5 Catalogo del Museo Nazionale Archeologico di Taranto, III, 1, 14, fig. 9.
6 Musée archéologique national d'Athènes, inv. 738 : Kaltsas 2002, 204-205.
7 Lippolis 1994, 113.
8 *Ibid.*
9 *Ibid.*, p. 110, fig. 71 et 72 montrant la découverte d'une tombe avec des fragments de *naïskos*, d'une statue et d'un monument funéraire.
10 Söldner 2009, fig. 2 et 3.

Fig. 2. Cratère à volutes apulien attribué au Peintre de l'Ilioupersis, face B. Photo. ©Trustees of the British Museum.

Fig. 3. Cratère en cloche paestan attribué au Peintre de Naples 2585 (Museo archeologico nazionale del sannio caudino montesarchio, inv. 21189). Photo. d'ap. Pouzadoux 2016, 126, fig. 2.

d'identifier comme marqueurs de tombe les colonnes placées sur une base (fig. 2 et 3)[11]. La structure des *naïskoi* est cependant plus complexe et semble relever d'une proposition novatrice dans laquelle M. Söldner a proposé de reconnaître une architecture à caractère héroïsant qui emprunte son langage à l'architecture sacrée en adaptant l'espace de l'*hérôon* prévu dans la céramique attique pour Héraclès au monde des humains dans la céramique apulienne.

Dans son article de 2009[12], elle met l'accent sur l'aspect fictionnel et imaginaire de cette construction, contrairement à ceux qui y ont vu une reproduction de monument funéraire réel. Il s'agirait donc d'une tradition exclusivement picturale. M. Söldner retrace les étapes de cette élaboration effectuée au sein de l'atelier du Peintre de l'Ilioupersis où l'on peut suivre l'entrée graduelle de la figure à l'intérieur de la niche avec laquelle l'unité formelle se trouve progressivement renforcée.

Une architecture fictive pour des héros virtuels

Le point de départ supposé du *naïskos* est donc ce cratère à volutes de Londres (fig. 1) attribué au Peintre de l'Ilioupersis actif vers 360 a.C. qui en donne la représentation

11 Revers du cratère à volutes B.M. F 283 : *RVAp* I, 8/7, pl. 61, 2 ; cratère en cloche provenant de la tombe 272 de Caudium : D'Henry 1973, n. 231.

12 Söldner 2009.

canonique. On y reconnaît l'architecture décorée, sacralisée par des colonnes ioniques et un fronton, sur une base décorée de triglyphes et de métopes, abritant un jeune homme nu statufié en appui sur un bassin (*louterion*).

L'origine attique de cette iconographie utilisée pour l'apothéose d'Héraclès est perceptible sur un cratère du Peintre du Louvre 508 (fig. 4), daté des années 400-375 a.C. et peut-être retrouvé à Naples[13]. Assis sur un des degrés du podium, le héros est entouré de quatre divinités, Athéna, Apollon, Hermès et Héra, qui l'accueillent dans l'Olympe. Cette tradition passe dans la céramique apulienne où elle est employée pour différentes figures mythologiques dont Patrocle et Héraclès : (fig. 5)[14] et (fig. 6)[15].

Fig. 4. Cratère en cloche attique attribué au Peintre du Louvre 508. Photo © RMN-Grand Palais (musée du Louvre) / Hervé Lewandowski

Fig. 5. Cratère à volutes apulien attribué au Peintre de l'Ilioupersis, provenant de Ruvo (Museo archeologico nazionale di Napoli, inv. 82 921). Photo : su concessione del Ministero dei Beni e delle Attività Culturali e del Turismo-Museo Archeologico Nazionale di Napoli).

13 Cratère en cloche (Musée du Louvre, G 508) vers 400-375 a.C. Amphore du cercle du Peintre de Talos avec Héraclès sur une marche de son *hérôon* retrouvée à Tarente (inv. 143544 : CVA Taranto, 19-21, pl. 27-32). Pour les vases attiques qui ont diffusé ce schéma en Grande-Grèce à la fin du ve siècle, et en particulier à Tarente, voir Söldner 2009, 44 et fig. 8.

14 Cratère à volutes attribué au Peintre de l'Ilioupersis, provenant de Ruvo (Musée archéologique national de Naples, inv. 82 921) : *RVAp* I, 8/9 ; Lohmann 1979, pl. 10,2.

15 Amphore attribuée au Groupe de Ruvo 423, provenant de Ruvo (Musée national archéologique Jatta, K 71/J 423) : Sichtermann 1966, 49-50, pl. 114-116, 117,2 ; *RVAp* I, 15/41, pl. 142,4.

Fig. 6. amphore apulienne attribuée au Groupe de Ruvo 423 (Museo Nazionale Archeologico Jatta, K 71/J 423). Photo d'ap. Sichtermann 1966, p. 49-50, pl. 115.

À la différence de l'*hérôon* attique, l'architrave est surmontée d'un fronton décoré d'acrotères en forme de palmettes. Cette amplification rhétorique recourt au pouvoir évocateur du fronton qui peut aussi symboliser, en association avec deux bucranes, un temple dans le sanctuaire d'Apollon[16] ou transformer un simple porche en *naïskos* (fig. 7)[17]. Aux figures humaines les *naïskoi* de la céramique apulienne offrent donc des *hérôa* virtuels en empruntant leur langage à une architecture sacrée qui ne sera mise en œuvre pour des défunts qu'à l'époque hellénistique. Cette élaboration est le résultat d'expérimentations picturales qui eurent lieu notamment au sein de l'atelier du Peintre de l'Ilioupersis pour aboutir à la création d'un motif unifié par une insertion progressive de la figure dans le *naïskos*[18]. Une hydrie attribuée à ce peintre (fig. 8)[19] montre comme figure principale un jeune homme tenant un bâton et une phiale assis devant un *naïskos* et accoudé à un bassin (*louterion*). L'architecture est constituée d'un stylobate à un degré et de deux colonnes doriques *in antis*. Un cadre assez similaire, avec des colonnes à chapiteau ionique, encadre, sur une hydrie du même peintre conservée à Naples (fig. 9)[20], une figure assise non plus à l'extérieur comme le jeune homme, mais sur un autel placé sur le stylobate.

16 Lécythe attribué au Peintre de Darius (détail) (Ville de Genève, Musées d'art et d'histoire, inv. no HR 0134) : RVAp Suppl. 2, 152, no 70a ; http://aitia.revues.org/docannexe/image/923/img-5.jpg.

17 Amphore lucanienne (Pulsano, coll. Guarini, inv. 31) : Pontrandolfo *et al.* 1988, fig. 41, 4.

18 Pour les antécédents, voir Pontrandolfo, Prisco, Mugione, Lafage 1988, 192-193.

19 Autrefois Londres, marché de l'art : RVAp, I, 8/43, pl. 63, 2 ; Söldner 2009, 40-41, fig. 4.

20 Musée archéologique national de Naples, inv. 82299 : RVAp, I, 8/41, pl. 63, 1.

Fig. 7. Amphore lucanienne (Pulsano, coll. Guarini, inv. 31). Photo d'ap. Pontrandolfo et al, 1988, fig. 41, 4.

Fig. 8. Hydrie attribuée au Peintre de l'Ilioupersis, Autrefois Londres, marché de l'art. Photo d'ap. Söldner 2009, p. 40-41, fig. 4.

Fig. 9. Hydrie attribuée au Peintre de l'Ilioupersis, Musée archéologique national de Naples, inv. 82299. Photo d'ap. RVAp, *I, 8/41, pl. 63, 1.*

Malgré cet emplacement à l'intérieur de l'édicule, son corps sort en partie du cadre. Cette situation intermédiaire entre le dedans et le dehors est indiquée non seulement par la boîte qu'elle tient dans la main gauche devant la colonne, mais surtout par la position de ses pieds qui prennent ostensiblement appui sur le rebord et à l'extérieur du stylobate. Le débordement est analogue à celui du bassin représenté sur le cratère à volutes de Londres (fig. 1). Une telle sophistication qui signale une recherche approfondie et minutieuse des modalités propres à restituer l'illusion de la profondeur accompagne la monumentalisation des édifices par le rehaussement de la construction et l'enrichissement du décor, comme on peut le voir sur le cratère de Bonn du Peintre de Lycurgue (fig. 10)[21]. Dans ce cas le problème spatial lié à l'insertion de la figure à l'intérieur du cadre architectural est résolu par la représentation des trois-quarts de la vasque du bassin. L'unité ainsi formée par le *naïskos* et la figure est renforcée par l'usage du blanc : celle-ci n'est pas encore réalisée sur l'hydrie de Naples (fig. 9) où le corps de la femme se distingue en réserve de l'architecture peinte. De telles variantes et combinaisons entre les représentations d'architectures et de figures associées suggèrent que l'image canonique du *naïskos* relève plutôt d'un développement de la peinture que d'une traduction en peinture de monuments funéraires préexistants ou contemporains. Des éléments qui lui confèrent sa sacralité M. Söldner retient surtout le podium.

Fig. 10. Cratère à volutes attribué au Peintre de Lycurgue, Akademisches Kunstmuseum-Universität Bonn, inv. 100. Photo. d'ap. Söldner 2009, 41, fig. 5.

21 Akademisches Kunstmuseum-Universität Bonn, inv. 100 : *RVAp I*, 16/14, pl. 150, 1 ; Söldner 2009, 41, fig. 5.

Parmi les édifices architecturaux de la céramique italiote, palais et temples, le *naïskos* est le seul en effet qui bénéficie d'une élévation plus ou moins soulignée par sa hauteur et son décor qu'il emprunte parfois aux espaces sacrés. L'utilisation d'une frise de triglyphes et métopes sur le soubassement d'une construction, comme on peut le voir sur le cratère de Londres du Peintre de l'Ilioupersis (fig. 1), n'a pas de comparaison dans l'architecture réelle[22]. On les trouve en revanche sur les autels peints sur des vases apuliens du style orné, notamment sur ceux du Peintre de l'Ilioupersis[23] et du Peintre de Darius[24], qui reprennent, en peinture, des éléments de décoration de blocs d'autels attestés à Sélinonte et à Syracuse depuis l'époque archaïque[25]. La priorité d'une sacralisation de la structure par le répertoire décoratif est manifeste sur le cratère de Bonn où la bande décorée de phiales insérée entre le podium et les pieds du jeune homme est dépourvue de toute vraisemblance architecturale[26]. En exploitant toutes les ressources ornementales des formes et des couleurs, les peintres créent l'illusion d'une architecture dont la matérialité s'estompe au profit de la force symbolique du dispositif d'encadrement. Cette solution picturale permet d'isoler, de distinguer et de hiérarchiser les figures pour mettre en valeur le personnage central au sein du groupe.

Primus inter pares

Peu déterminées, les figures réunies autour du *naïskos* sont caractérisées par la représentation du visage de profil, leur jeunesse et différents types d'offrandes (couronnes, guirlandes, patères, cistes, miroirs, plats contenant des aliments, grappes de raisin)[27]. Bien qu'elles semblent les destiner au monument, elles ne lui prêtent pas toujours l'attention qu'on attendrait dans ce contexte. Même quand elles ne sont pas occupées à converser, elles n'expriment en outre aucun signe d'affection, ni de deuil[28]. Ces éléments ont fait penser qu'il s'agissait des âmes de l'Au-delà au sein desquelles le mort trouvait sa place[29] ou de membres d'une association d'initiés aux mystères de Dionysos. D'autres hypothèses sont envisageables comme ces jeunes hommes et jeunes filles qui accompagnent les funérailles des redresseurs dans la République utopique décrite par Platon dans les *Lois* (947b.c). De tels acteurs semblent particulièrement aptes à mettre en valeur les personnages dont le statut héroïque est exalté non seulement par leur attitude, leurs attributs et le recours à la couleur blanche, mais aussi par leur position à l'intérieur d'un dispositif architectural.

22 *Ibid.*

23 Cratère à volutes B.M. F 160 : *RVAp I*, 8/8 ; Moret 1975, pl. 8 et 10.

24 Amphore (Saint-Pétersbourg, State Hermitage Museum, 1705/St. 452) : *RVAp Suppl.* 2, 18/47a ; *Peintre de Darius et son milieu*, fig. 75. Cratère à volutes (Suisse, coll. priv.) : *Homère chez Calvin*, C20, 160-161, fig. coul.

25 Mertens 1991, pl. LIV ; Söldner 2009, 42.

26 Ead., 41.

27 Schmidt *et al.* 1976 ; Giuliani 2009.

28 Le geste de la jeune femme qui pose sa main sur l'épaule d'une compagne au revers de la loutrophore décorée sur la face principale d'une représentation du mythe de Niobé reste exceptionnel (Musée archéologique national de Naples, inv. 82267) : *RVAp I*, 13/22.

29 Schmidt *et al.* 1976, 20-22.

Conclusion

Le corpus des *naïskoi* est bien au cœur d'une réflexion sur les architectures non seulement fictives dans la mesure où ces images évoquent des constructions qui n'existent pas encore, mais aussi virtuelles car ces représentations contiennent en puissance la mise en œuvre de monuments funéraires et fournissent une expression figurée, à la fin du premier quart du IVe siècle, des porches destinés à créer de faux-semblants de vertu si décriés par Platon dans la *République*[30]. Ces dispositifs mobilisent tous les éléments aptes à construire l'exemplarité en exaltant les qualités qui la constituent. Le résultat de l'abondante production à laquelle ils ont donné lieu est une diffusion bien réelle des images idéales d'une société.

Références bibliographiques

D'Henry, G. (1973) : *Testimonianze di Caudium. Mostra celebrativa del primo centenario del Museo del Sannio*, Bénévent.

Étienne, R. et Le Dinahet, M.-T., éd. (1991) : *L'espace sacrificiel dans les civilisations méditerranéennes de l'Antiquité, Actes du colloque tenu à la Maison de l'Orient, Lyon, 4-7 juin 1988*, Lyon.

Giuliani, L. (1995) : *Tragik, Trauer und Trost, Bildervasen für eine apulische Totenfeier*, Berlin.

Homère chez Calvin (2000) : *Homère chez Calvin. Figures de l'hellénisme à Genève. Mélanges Olivier Reverdin*, Genève.

Kaltsas, N. (2002) : *Sculpture in the National Archaeological Museum, Athens*, Los Angeles, The J. Paul Getty Museum.

Kästner, U. et Schmidt, S., éd. (2018) : *Inszenierung von Identitäten. Unteritalische Vasen zwischen Griechen und Indigenen*, CVA Supplement 8, Munich, 39-51.

Lippolis, E. (1994) : "La tipologia dei semata", in : Lippolis 1994, 109-130.

Lippolis, E., éd. (1994) : *Catalogo del Museo Nazionale Archeologico di Taranto. III, 1. Taranto, la necropoli : aspetti e problemi della documentazione archeologica tra VIII e I sec. a.C.*, Martina Franca.

Lohmann, H. (1979) : *Grabmäler auf unteritalischen Vasen, Archäologische Forschungen, 7*, Berlin.

Lo Porto, F. G. (1973) : *Museo Nazionale di Taranto 4, Corpus Vasorum Antiquorum, Italia 70* (= CVA Taranto), Rome.

Mertens, D. (1991) : "Bemerkungen zu westgriechischen Monumentalaltären", in : Étienne & Le Dinahet 1991, 187-191.

Moret, J.-M. (1975) : *L'Ilioupersis dans la céramique italiote. Les mythes et leur expression figurée au IVe siècle*, Genève.

Pagenstecher, R. (1912) : *Unteritalische Grabdenkmäler*, Strasbourg.

Pontrandolfo, A., Prisco, G., Mugione E. et Lafage F. (1988) : *Semata e* naïskoi *nella ceramica italiota, in : La parola, l'immagine, la tomba, Atti del convegno internazionale di Capri, 20-23 aprile 1988, AION* (*archéol.*), 101-202.

Rouveret, A. (1989) : *Histoire et imaginaire de la peinture ancienne (Ve siècle av. J.-C. - Ier siècle ap. J.-C.)*, BEFAR 274, Rome.

Trendall, A.D. et Cambitoglou, A. (1979) : *The Red-figured Vases of Apulia, Volume I. Early and Middle Apulian*, Oxford (= *RVAp* I).

— (1982) : *The Red-figured Vases of Apulia, Volume II, Late Apulian*, Oxford (= *RVAp* II).

30 Pla., *Rép.*, 365c : πρόθυρα μὲν καὶ σχῆμα κύκλῳ περὶ ἐμαυτὸν σκιαγραφίαν ἀρετῆς περιγραπτέον : "comme apparence de vertu il faut que je dessine autour de moi un porche et une figure en cercle". Sur cette question voir Rouveret 1989, 56-57.

— (1991-1992) : *Second Supplement to The Red-figured Vases of Apulia, BICS Suppl. 60*, Londres (= RVAp Suppl. 2).

Schmidt, M., Trendall, A.D et Cambitoglou, J. (1976) : *Eine Gruppe Apulischer Grabvasen in Basel, Studien zu Gehalt und Form der unteritalischen Sepulkralkunst*, Bâle.

Schmitz, C. et Bettenworth, A., éd. (2009) : *Mensch, Heros*, Gott, Stuttgart.

Sichtermann, H. (1966) : *Griechische Vasen in Unteritalien aus der Sammlung Jatta in Ruvo*, Tübingen.

Silvestrelli, F. (2018) : "La ceramica italiota a figure rosse ad Eraclea (ultimo quarto del v – prima metà iv secolo a. C.)".

Söldner, M. (2009) : "*Naïskoi* für Menschen. Eine heroisierende Fiktion im unteritalischen Vasenbild", in : Schmitz & Bettenworth, éd. 2009, 35-51.

Fiction de l'architecture
Architecture de la fiction

Hélène Eristov

Le fait est qu'une image, pour représenter un objet, doit en être un symbole, valoir pour lui, y faire référence ; mais aucun degré de ressemblance ne suffit à établir le rapport requis de référence. La ressemblance n'est d'ailleurs nullement *nécessaire* pour la référence ; presque tout peut valoir pour n'importe quoi d'autre. Une image qui représente un objet – ou une page qui le décrit – y fait référence et, plus particulièrement, le *dénote*. La dénotation est le cœur de la représentation et elle est indépendante de la ressemblance.

Goodman, *Langages de l'art*, Nîmes, 1990, 34-35.

Des relations privilégiées unissent fiction et architecture dans la peinture romano-campanienne. Son foisonnement débridé qui a longtemps découragé l'analyse accueille une foule de motifs annexes et s'entrelace de tableaux, de vignettes, de figures, que les chercheurs tendent souvent à considérer comme autant de données indépendantes les unes des autres[1]. Or le décor romain introduit le spectateur dans la spatialité à la fois familière et déroutante de constructions architecturales imaginaires, et ce monde possible offre à la narration un espace où la fiction peut se déployer. Une double question se pose alors : quel rapport ces architectures fictives entretiennent-elles avec des constructions réelles ? Quel rapport entretiennent-elles avec les fables qu'elles abritent ? En d'autres termes, il s'agit de savoir, d'une part si la représentation architecturale donne effectivement l'image d'une construction réelle ou réalisable, se référant à des modèles connus, et d'autre part si la scène ou la figure qui s'y inscrit entre en cohérence avec ce cadre, en acquiert ou en renforce la signification.

1 En revanche, pour Schefold 1972, 197-198, "le style néronien supprime souvent la séparation entre le tableau principal et la sphère divine environnante constituée par les tableaux accessoires : toutes les figures sont insérées dans la façade peinte du mur, pour donner une impression unitaire de puissance divine." ; Bragantini & Parise Badoni 1984, envisagent la question du point de vue des ateliers ; Bragantini 2003, 86, l'envisage à nouveau, mais du point de vue du "dépeçage" pratiqué par les fouilleurs des Bourbons, et consistant à prélever les morceaux jugés intéressants au détriment de leur cadre décoratif.

H. Eristov, in : *Architectures et espaces fictifs dans l'Antiquité*, p. 29-47

L'architecture comme fiction

Dans la peinture campanienne de la dernière période (45-79 p.C.) le thème architectural se développe selon des modalités spécifiques, toujours à l'œuvre dans les siècles suivants, et qui sont marquées notamment par la composition symétrique et spéculaire dans l'espace réel de la pièce peinte, les parois se répondant deux à deux. Au centre de la zone principale de chacun des murs, l'édicule s'offre comme une façade monumentale servant de cadre à un tableau et est flanqué d'échappées architecturales. En zone supérieure d'autres membres architecturaux se déploient symétriquement sur un fond souvent clair qui suggère une ouverture. L'analyse formelle de ces architectures fictives permet de les caractériser et de comprendre les modalités de leur production, en dépit de leur incohérence structurelle due en particulier aux insuffisances du traitement perspectif[2]. Trois axes essentiels se dégagent ; je les résume brièvement ici[3].

En premier lieu, les motifs architecturaux, pour complexes qu'ils soient, reposent sur la combinatoire d'éléments unitaires qui correspondent au stock d'images plus ou moins mentales que les décorateurs ont à disposition et qu'ils font varier ; de sorte qu'il est possible de remonter de la multiplicité apparente des formes à un petit nombre de motifs de base que quelques traits de pinceau transforment à l'infini. En second lieu ces architectures relèvent du domaine du fantastique, à comprendre dans le sens précis que lui donnait R. Caillois : "Le fantastique manifeste un scandale, une déchirure, une irruption insolite, presque insupportable dans le monde réel (…) le fantastique n'est pas un milieu, c'est une agression[4]." Et en effet les échappées architecturales fonctionnent non seulement comme les déchirures d'un réel que matérialisent champs ou tentures, mais aussi comme déchirures de l'espace. Ce sont "d'étranges vides, des territoires interdits et sans étendue, des poches insituables"[5], parfois habités de figures ou de monstres qui amplifient leur inquiétante étrangeté. Enfin, appréhender le rapport entre l'architecture fictive et son référent réel passe par la notion de bricolage tel que le définit C. Lévi-Strauss pour caractériser la pensée mythique : elle consiste à "élaborer des ensembles structurés non pas directement avec d'autres ensembles structurés, mais en utilisant des résidus et des débris d'événements[6]." De fait, les décors architecturaux sont des ensembles structurés construits à partir de fragments architecturaux qui correspondent de façon plus ou moins approximative à des éléments de l'architecture réelle, de même que les épisodes d'un mythe correspondent à des épisodes réellement survenus. Les ressemblances entre peinture et architecture se limitent à des détails, à des fragments devenus étrangers à leur ensemble originel et réintégrés dans un nouvel ensemble dont la cohérence ne doit pas faire oublier qu'il s'agit d'un équivalent architectural et non d'une construction effective.

À partir de ces présupposés, il est possible d'établir une typologie des formes de base utilisées par les décorateurs. La majorité des motifs architecturaux présente des

2 Eristov 2005.
3 Eristov 1994.
4 Caillois 1958, 3.
5 *Ibid.*, p. 10.
6 Lévi-Strauss 1962, 32.

caractéristiques voisines : ils délimitent un espace intérieur, abritent éventuellement une figure, ont un toit ou un couronnement plus ou moins développé ; autrement dit ce sont des abrégés de temples, de maisons ou de porches ; mais aussi ils se différencient assez nettement les uns des autres pour que l'on tente de retrouver leur exacte dérivation. L'une des difficultés principales pour ce faire consiste à établir le seuil entre platitude et spatialité, entre formes bi-dimensionnelles et espaces possédant une certaine profondeur. Or c'est la nature même des édifices qui est en jeu : entre l'étroit passage et l'espace "habitable" il y a une différence perceptible mais non justifiable, même par la présence d'un plafond, car celui-ci peut se réduire à une simple indication schématique ou se trouver largement détaillé avec ses solives ou ses caissons. La présence d'une figure ou d'une statue ne possède pas davantage de pertinence, car elles se trouvent également réparties dans des architectures bi- ou tri-dimensionnelles. Une seconde difficulté tient aux critères de jugement convoqués pour rapprocher ou différencier les motifs : soit ils sont intrinsèques à l'architecture (présence d'un fronton, d'une paroi fermée, d'une porte), soit ils sont extrinsèques et tiennent aux données de la représentation (vue de face, latérale ou fuyante). La conciliation des contraires – intuition et rationalisation, peinture et architecture – impose de faire jouer les critères intrinsèques et extrinsèques. Et si l'on met à part les motifs aisément identifiables (édifices à plan centré, balcons et pergolas), cinq types principaux se dégagent (fig. 1)[7].

	Extrinsèques			Intrinsèques		
	Vue frontale	Vue latérale	Vue fuyante	Fronton	Entablement	Espace intérieur
1. édicule	+	=	=	+	+	=
	ou →	→	→	→ ou		
2. pavillon	-	=	=	-	+	+
3. baie	=	=	-	-	-	+
4. portique	+	+	+	=	+	=
5. portique curviligne	=	=	=	=	+	=
7. pylône	-	-	+	-	+	-

Le signe + indique la présence, le signe – l'absence, le signe = signifie que le critère considéré est indifférent, le fronton présent ou absent, un espace intérieur délimité ou non.

7 Pour le détail de la typologie, Eristov 1994.

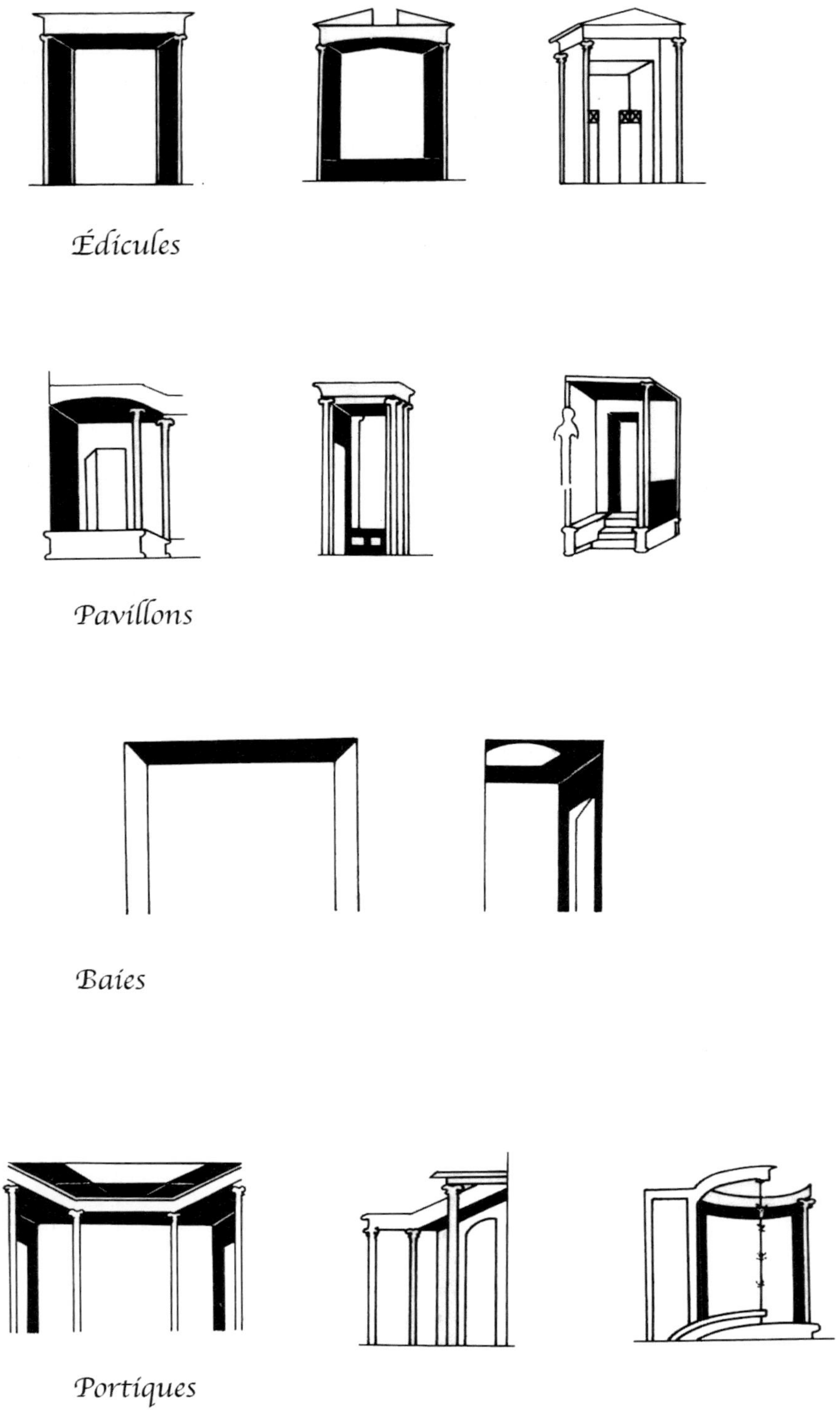

Fig. 1. Quelques types d'éléments architecturaux (d'ap. Eristov 1994).

Le premier motif (l'édicule) impose un centrement du regard obtenu soit par la présence d'un élément architectural, le fronton (critère intrinsèque positif) qui hiérarchise les édifices et signale la façade dont l'éventuelle mise en perspective ne modifie en rien la prééminence, soit par un critère extrinsèque, le bâtiment étant présenté en vue strictement frontale et symétrique. Absolue frontalité et présence du fronton peuvent cœxister, mais un seul de ces critères suffit à déterminer le motif.

Le deuxième motif (le pavillon) est dépourvu de ce caractère majestueux. Le critère intrinsèque qui le définit est la présence d'un espace intérieur plus ou moins profond mais nettement affirmé. En revanche, son mode de représentation est libre puisque seule la vision strictement frontale est exclue.

Le troisième motif (la baie) se définit d'abord par un critère intrinsèque négatif, l'absence d'entablement, qui en fait une ouverture fictive dans la paroi, et non un élément autonome.

Les quatrième et cinquième motifs (portique et portique curviligne) présentent des retours à angle droit ou curvilignes qui déterminent une aire centrale ouverte. Dans ce cas, une même représentation associe vue frontale, latérale et fuyante, et on assiste à une interpolation des caractères architecturaux et picturaux : c'est le mode de représentation qui contribue à la définition architecturale. Le seul critère intrinsèque positif est la présence d'un entablement.

Le sixième motif (édifice à plan circulaire), aisément repérable, rassemble tholos, monoptère et rotonde.

Le dernier motif (le pylône) possède deux critères positifs, l'un intrinsèque (la présence d'un entablement), l'autre extrinsèque (la vue fuyante) ; tous les autres sont négatifs. Il se réduit à deux ou trois supports et un épistyle.

Je limiterai ici l'analyse aux édicules, pavillons, baies et portiques qui se prêtent le mieux aux développements de la fiction.

La fiction dans l'architecture

Dans le discours archéologique une nette séparation s'opère entre scènes ou figures qui relèvent de l'iconographie, et éléments décoratifs divers considérés comme dénués de sens. Pourtant le décor pariétal, même exécuté par plusieurs individus au sein d'une équipe plus ou moins stable[8], ne se résout pas à l'addition aléatoire ou fantaisiste de motifs totalement interchangeables. Si la logique qui y préside échappe le plus souvent au regard moderne, c'est faute de considérer le décor d'une pièce comme un système unitaire dans lequel tous les éléments concourent à la même fin, tiennent un discours cohérent, aussi polysémique

8 Esposito 1999, 53-54 ; *contra* Blanc 1995, 86-90.

soit-il[9]. Dans cet ensemble hiérarchisé de fins et de moyens constitutif de toute création[10], le cadre architectural est un *parergon*[11] entendu au sens de "ce qui ne se tient pas simplement hors d'œuvre, agissant aussi à côté, tout contre l'œuvre (*ergon*)" mais constitue "ce qu'il faut pour donner lieu à l'œuvre (*ergon*) et se protéger de son énergie (*energeia*) [...]"[12]. Cadre de la fiction, fiction elle-même, l'architecture est le lieu où les figures, même isolées, deviennent porteuses d'un récit plus ou moins élaboré. Ce qui est à examiner, ce sont les modalités diverses selon lesquelles cette double fiction s'introduit dans le monde réel ; comment structure illusoire et figure se crédibilisent-t-elles les unes les autres ? Quel type d'espace contribuent-elles à créer dans l'espace domestique ?

L'édicule

Dans la typologie des formes architecturales peintes, l'édicule occupe une place prééminente : monumentalisé par un fronton et/ou mis en scène par une vue axiale, il attire le regard. Qu'en est-il des figures qu'il abrite ? On l'examinera de préférence en zone supérieure puisque l'édicule central de la zone médiane fonctionne davantage comme encadrement d'un champ ou d'un tableau que comme "habitat" pour des figures.

Le dispositif le plus fréquent au quatrième style consiste à installer en zone supérieure, au centre de chaque paroi, des figures divines ou héroïques, en trône sous des édicules. Isolées, frontales, mises en scène dans cette niche cultuelle parfois posée sur un piédestal ou superposée à un tableautin qui lui sert de socle, ces figures se donnent à voir comme des statues qui dominent la composition pariétale et font écho aux tableaux.

Dans le *triclinium* [p] de la maison des Vettii, les édicules sur piédestal abritent sur le mur nord Apollon, sur le mur est Fortuna, sur le mur sud Bacchus. Une relation claire unit ces divinités aux tableaux de la zone médiane qu'ils surmontent, puisque Pasiphaé est fille d'Hélios, que la roue d'Ixion évoque la Fortune, que Bacchus fait écho à l'épisode d'Ariane à Naxos.

Cette logique apparemment simple est vite contredite par la polysémie des images librement associées et sans relation univoque les unes avec les autres : le Bacchus du *triclinium* [r] dans la Maison de la Reine Marguerite V.2.1 (mur ouest), renvoie à la folie de Lycurgue du tableau médian, la Fortuna du mur sud à Ariane abandonnée, et le satyre dansant du mur est à Narcisse entre des nymphes et des Amours. Dans la Maison des Dioscures VI.9.6-9, pièce [43], le Bacchus sous un édicule du mur ouest surmonte un tableau relatant le mythe de Scylla et Minos (père d'Ariane), tandis que la Fortuna du mur nord sous un monoptère veille sur la naissance d'Adonis. La zone supérieure de l'*oecus* [17] de la

9 Coralini 2002, 331-343, met à juste titre l'accent sur l'analyse iconologique et sur la lisibilité de ces images fonctionnant à plusieurs niveaux dans la mesure où le discours figuratif se développait dans le temps et dans l'espace, en relation avec la position de l'observateur, au temps de son séjour dans cet espace, à son arrière-plan culturel.

10 Gombrich 1988, 24.

11 Plin., *Nat.*, 35, 101, emploie le diminutif *parergia* pour les détails d'un tableau.

12 Derrida 1978, 44-63.

maison d'Ariane (VII.4.31-51) est dominée par un édicule composite où trône, sur le mur sud Fortuna, clairement associée au tableau de la zone médiane où Vénus chevauche un monstre marin ; sur le mur ouest, un pseudo-édicule à coquille posé sur un *pinax* encadre Danaé au-dessus du tableau qui représente son fils, Persée, montrant à Andromède le reflet du visage de Gorgone.

Sur le mur ouest de la maison de la Chasse antique, VII.4.48, pièce [6][13] (fig. 2a), une scénographie avec Achille à Skyros occupait la zone médiane ; au-dessus, Mercure trône dans un édicule[14], avec une double résonance : dieu de la tromperie, il préside justement au déguisement d'Achille comme à la ruse d'Ulysse ; et d'autre part il joue un rôle dans la guerre de Troie où il soutient tantôt le camp des Grecs puisque son fils, Eudore, est l'un des compagnons d'Achille, tantôt celui des Troyens et aide Priam à réclamer à Achille le corps d'Hector.

Parfois les figures de la zone supérieure et celles de la zone médiane s'intervertissent : ainsi dans la pièce [e] de la maison des Vettii (fig. 2b), les édicules posés sur un piédestal tels des niches cultuelles abritent des divinités trônantes : sur le mur sud Léda assise surmonte un tableau avec la lutte de Pan et Amour devant le thiase, Danaé sur le mur nord surmonte la métamorphose de Cyparis. À l'inverse, dans la maison de la Chasse VII.4.48, [4][15], Danaé (mur ouest), Léda (mur sud) et Vénus pêchant (mur sud) forment le sujet des tableaux de la zone médiane, surmontées, la première par une Victoire, la deuxième par une figure perdue, la troisième par une offrante avec patère et guirlande. Ces récits échangent donc leurs propriétés, sans qu'il nous soit véritablement possible de décoder la (ou les) signification(s) à accorder à ces interversions dans le dispositif décoratif[16]. En tout état de cause leurs résonances multiples ne pouvaient qu'alimenter la réflexion, la rêverie ou les conversations des convives, de même que, dans les controverses, s'échangeaient les sentences – arguments de l'accusation et de la défense –, les divisions – plans où articuler ces arguments selon le droit ou selon l'équité –, et les couleurs – motifs non juridiques peignant les actes reprochés à l'inculpé[17].

Si Danaé semble avoir joui d'une faveur particulière en haut de paroi (on la trouve également dans la pièce [f] de la maison d'O. Quartion, et dans la maison de Fabius Rufus,VII, 16, 22 [48]), et dans une moindre mesure Léda (dans la pièce [62] de la maison de Fabius Rufus), cet emplacement privilégié appartient généralement aux Olympiens : dans la maison des Dioscures VI.9.6-9, la pièce [35] dénuée de tableaux centraux est présidée au sud par Junon, à l'ouest par Neptune, au nord par Minerve. À Herculanum, la pièce [13] de la

13 = [13] dans Allison 2002, 32-34, 71 et fig. 145-150.

14 Moormann 1988 (34, 54, 195 *et id.*) et 1983, 108 : Mercure assis – dont il n'y a pas d'autre occurrence à Pompéi – dérive d'une statue colossale de Zénodore dont de nombreuses copies ont été commandées par Néron.

15 = [14] dans Allison 2002, 72-74.

16 Allison 2002, 72-74, analyse l'iconographie des tableaux en relation avec les *tondi* à thème planétaire (Jupiter, Sol, Luna, Mercure), sans, toutefois, examiner les liens possibles avec ceux de la zone supérieure.

17 Sénèque le Père, *Sentences, divisions et couleurs des orateurs et des rhéteurs* ; préface de P. Quignard, 13-14.

Fig. 2a. Pompéi, maison de la Chasse antique [6] d'ap. Rochette 1846-53, pl. 12.

Fig. 2b. Pompéi, maison des Vettii [e] (cl. Eristov).

maison de la Colonnade toscane[18], également sans tableaux, montre Apollon lyricine debout sur un piédestal à l'intérieur de l'édicule à plafond en coquille du mur nord, et Bacchus dans celui du mur est. En trône ou sur un piédestal, ces figures sont des statues[19].

Outre Fortuna et la Victoire, des héros ou des personnifications occupent plus rarement les édicules de la zone supérieure : c'est Pâris assis dans la maison de l'Alcôve à Herculanum, sur le mur est de la pièce [19] (fig. 3) dépourvue de tableaux, ou bien un Génie chaussé d'*embades* et tenant une patère et une *cornucopia*, dans la maison d'Ariane (VII.4.31-51), sur le mur ouest de l'*ala* [7], au-dessus d'un tableau figurant Apollon et Daphné.

Parfois, seule une représentation symbolique de la divinité est préférée à sa présence ; dans la maison du prince de Naples, VI, 15, 7, le pseudo-édicule de la zone supérieure dans le *triclinium* [k][20] renferme, sur le mur nord, une panthère devant un canthare au-dessus du groupe de Persée et Andromède en zone médiane, et sur le mur est une corbeille mystique au-dessus du tableau montrant Vénus et Adonis[21]. Ils évoquent ici une présence dionysiaque diffuse et une atmosphère sans prétention, "ohne gedankliche, gar philosophische

18 Manni 1974, 31 et pl. XII-XIII.

19 Moormann 1988, 23-35 et 112, cat. 035/4.

20 Strocka 1984, 43-44, et fig.104-105.

21 Le tableau lacunaire pourrait également figurer Pâris et Hélène, mais Strocka 1984, 49, préfère la première lecture.

Fig. 3. Herculanum, maison de l'Alcôve [19] (cl. ANR VESUVIA).

Überhöhung"[22], quoiqu'une lecture initiatique et sôtérique associant des personnages héroïsés et sauvés à l'image du myste ne soit pas à exclure[23].

Sorte de niche cultuelle, l'édicule se prête, on le voit, à la mise en scène de figures plus ou moins statuaires, assises, statiques, isolées, relevant le plus souvent du monde des dieux, et qui assisteraient, comme un public immortel, aux représentations "théâtrales" jouées au-dessous d'eux[24] .

Le pavillon

Défini par son plan à peu près carré et dépourvu de contraintes tant dans ses éléments constitutifs que dans ses possibles usages, le pavillon peut être en vue latérale ou fuyante. Répété symétriquement, il encadre l'édicule en zone supérieure, ou meuble les échappées en zone médiane ; étant donné qu'il définit un espace intérieur "habitable", le traitement fermé, ouvert ou entr'ouvert de ses murs dynamise la narration.

Les échappées architecturales à fond noir, précieuses et légères de la maison d'O. Quartion, pièce [f] sont occupées pour l'essentiel par des pavillons étagés sur plusieurs plans qui doivent leur effet de réel aux portillons entr'ouverts et aux petits escaliers qui y mènent. Des figures, non caractérisées, ni divines ni héroïques, s'y encadrent avec théâtralité et accentuent le caractère cultuel de la pièce dévolue au culte isiaque, puisqu'une statue d'Isis occupait la niche centrale du mur ouest, des prêtres et des saisons les panneaux latéraux. C'est également une figure secondaire qui occupe un pavillon de l'*oecus* [11] de la maison d'Adonis blessé VI, 7, 18 : de part et d'autre du tableau du mur est qui représente Hermaphrodite, les pavillons des échappées fonctionnent comme des passages largement ouverts ; un portillon s'ouvre sur le fond bleu, mais étrangement c'est dans le plan fuyant que s'ouvre l'escalier où se tient une Ménade tenant chevreau et *flabellum,* vue de trois-quarts dos, la tête tournée vers le spectateur, comme dans un élan vers la scène centrale. De même, à une échelle plus monumentale, dans le Macellum VII, 9, 4-12, où les champs s'encadrent d'échappées de forme asymétrique. À droite, un pavillon surmonté d'une Victoire en bige laisse passer une figure masculine pieds nus et en toge qui vient de descendre l'escalier et se tourne vers le tableau du mur ouest avec Io et Argus ; le geste de ses mains suggère qu'il portait un vase d'offrandes, aujourd'hui effacé.

Le pavillon manifeste le passage, mais il l'interdit parfois par une clôture sous la forme d'une barrière, d'une plaque, d'un tableau, d'un muret, et c'est généralement le cas en zone supérieure. Dans l'*ala* [10] de la maison de la Reine Caroline, VIII, 3, 14, la gravure qui documente ce décor disparu[25] témoigne d'un schéma élaboré encadrant les tableaux (Hercule et Acheloos, Persée et Andromède, les Divinités de la lumière). En zone supérieure deux pavillons symétriques sont habités : derrière un portillon entr'ouvert, des figures, l'une semble-t-il masculine, l'autre féminine et portant une torche, se tournent vers le centre, mais

22 Strocka 1984, 49, qui juge l'ensemble de ce décor conventionnel et peu raffiné.

23 Je remercie N. Blanc pour cette suggestion.

24 Allison 2002, 72.

25 Les faibles traces *in situ* confirment la justesse de la gravure de D'Amelio, *EAA-PPM*, VIIII, 402, fig. 10.

leur attitude dynamique est contrariée par la barrière basse qui obstrue le passage. De même dans la maison des Vettii, *triclinium* [p][26] où les offrantes, ici statiques, encadrant Fortuna sur le mur est et plus petites qu'elle (0,47 m contre 0,66 m), sont mises à distance, au second plan derrière une barrière à croisillons : celle de droite, couronnée, tient une corbeille d'où elle tire des fleurs, celle de gauche tient un tambourin et un thyrse et s'assimile à une bacchante. Il en est de même pour l'offrante couronnée à l'extrémité droite du mur nord, tandis que sur le mur sud, le pavillon de l'extrémité gauche est occupé par une figure apparemment masculine non seulement isolée par une barrière, mais encore vue de dos et se détournant du centre de la scène.

L'artifice de la clôture renforce donc entre les figures une hiérarchie déjà signalée par dimensions et attributs ; en l'absence de procédés efficaces de mise en perspective, la clôture repousse à l'arrière-plan ce qu'elle dissimule partiellement et établit, de ce fait, une communauté spatiale entre ces figures secondaires et le spectateur. Si l'escalier et le portillon entr'ouvert faisaient pénétrer les figures dans l'espace réel, la barrière qui les en empêche met en même temps en évidence cette potentialité et joue, finalement, le même rôle.

La baie

Espace non habité mais simple ouverture sur un ailleurs, la baie n'est qu'exceptionnellement peuplée. Dans la villa San Marco à Stabies, la pièce [14] (fig. 4) au décor atypique présente en zone médiane des baies fermées par une haute cloison sur laquelle sont assises trois figures masculines identifiables par leur nombre et leur costume comme des Cabires, et trois féminines, l'une voilée, l'autre semblable aux jeunes gens et peut-être identifiable comme une des trois nymphes Cabirides, la troisième sous l'aspect d'une Ménade (MANN 8964 et NR 679, 681, 682)[27]. Sans véritable impact architectural, la baie les encadre sans délimiter l'espace où elles se trouvent, d'autant que, les jambes pendantes sur la cloison, elles empiètent sur l'espace du spectateur dans lequel elles semblent prêtes à sauter.

Lorsque, rarement, des groupes de figures s'inscrivent dans une baie, ils concourent à un récit qui échappe aux limites du tableau et se meuvent librement dans l'espace architectural fictif. Dans le *triclinium* [7] de la maison dite des *Forme di Creta* VII 4,61-63[28], la zone supérieure du mur nord, au-dessus du tableau avec Hylas et les nymphes (MAN 8882), s'organise selon un dispositif architectural dans lequel, entre les édicules latéraux, une voûte à caissons suspendue sans entablement[29] simule une ouverture ; à l'intérieur (ou au-delà) un groupe peint directement sur le fond rouge rassemble Dionysos debout appuyé sur Silène jouant de la lyre, entre deux satyres, l'un avec un tympanon et l'autre jouant de la flûte. Il est

26 Sogliano 1898, 311.

27 Eristov 1999, 190-192 et fig. 458-459 ; Allroggen-Bedel 1999, 31-32 et fig. 17-20.

28 Staub Gierow 2000, 100-101, 108-109 et fig. 350-351.

29 Staub-Gierow 2000, 100-101 interprète cette structure comme une pergola ("unter dem bogenförmigen Gitterdach der Pergola"), ce qui est possible également, mais en l'absence de vestiges conservés, il est difficile de s'assurer de la transparence ou non de ce couvrement (à juste titre, l'auteur remarque les "bizarreries" de ce décor de la dernière période, qui se rattache à l'atelier de via Castriccio : De Vos 1981, 119 sq.).

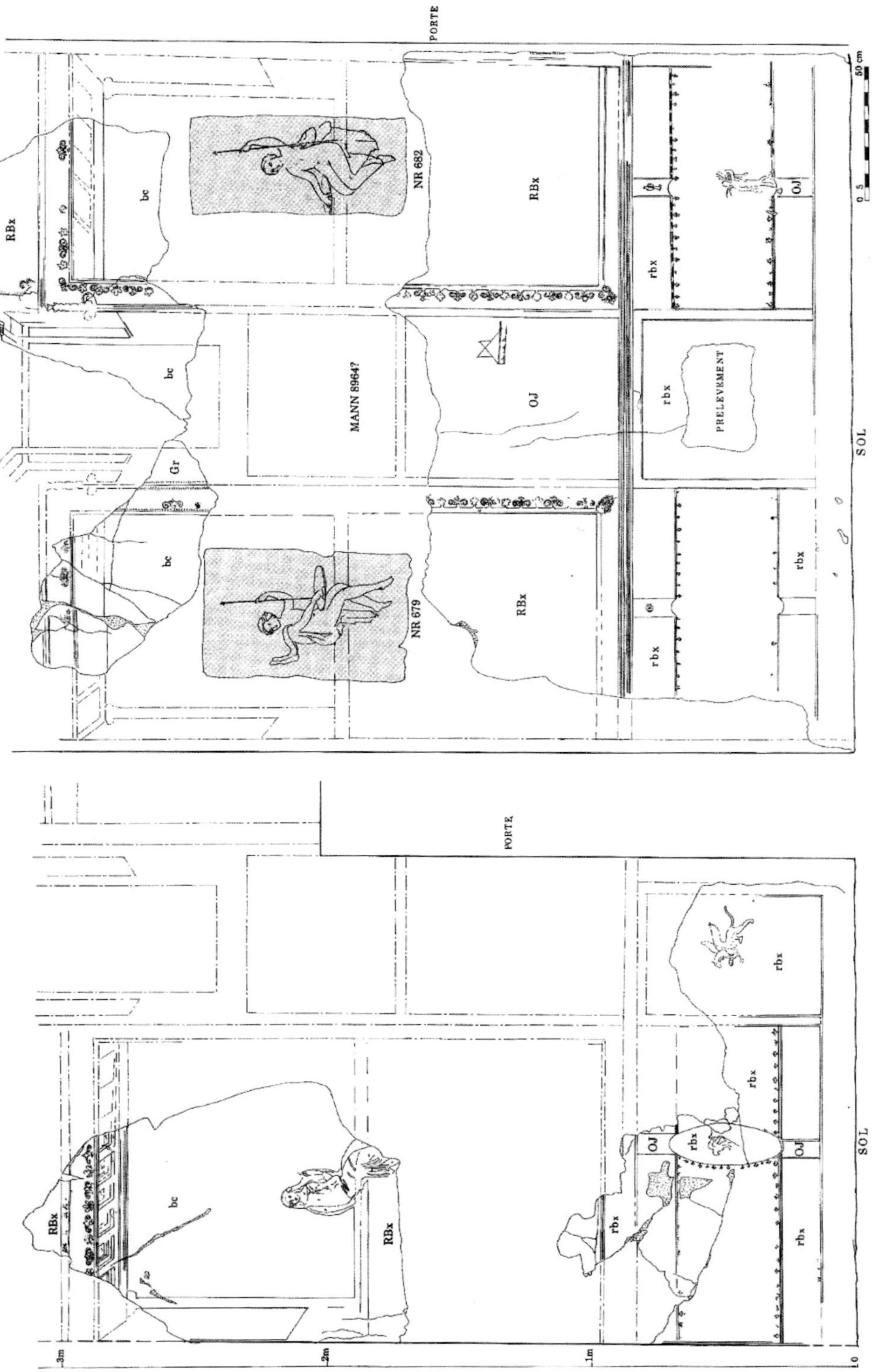

Fig. 4. Stabies, villa San Marco [14] (d'ap. Eristov 1999, fig. 458).

très rare, note M. Staub-Gierow, de trouver en zone supérieure des groupes inscrits de façon aussi irréaliste, et aussi dénués de point d'appui fixe, d'arrière-plan, de contexte[30].

C'est la même vision qui est à l'œuvre dans le *triclinium* [15] de la maison du Poète tragique VI, 8, 3. La baie à encadrement cintré en zone supérieure abrite – sans l'enfermer – le groupe de Marsyas et son jeune disciple Olympos tels que les décrit Pausanias dans la Lesché des Cnidiens à Delphes : "... Marsyas assis sur un rocher, à ses côtés se trouve Olympos sous les traits d'un beau garçon. Il apprend à jouer de la flûte[31]." La scène se déroule sur le fond ocre jaune de la paroi dans un espace absolument distinct de celui du tableau de la zone médiane où Vénus et Adonis observent un nid d'Amours dans un paysage d'arbres, de collines et de quelques constructions. Au-dessus, en revanche, le fond uni, de la couleur dominante de la pièce, installe Marsyas et Olympos dans un environnement qui, pour être abstrait, n'en est pas moins celui des convives du *triclinium*, mêlant ainsi le fictif et le réel, le lieu du récit et celui de la vie.

Le portique

Son caractère principal qui est de délimiter une aire ouverte se prête mieux à la mise en scène d'un récit discursif que les formes fermées précédentes. Dans ce cas également, je centrerai l'analyse sur les zones supérieures où l'organisation formelle se donne à voir le plus clairement. Le tablinum [i] de la maison IX.5.6 présente une partie haute peuplée de figures de même taille, isolées dans des sections de portiques, mais sémantiquement liées entre elles. Sur les murs nord et sud, un pseudo-édicule en forme de niche abrite la figure centrale, et des portiques les figures latérales, tandis que sur les murs est et ouest, les bras d'un long portique continu mettent en scène les cinq acteurs. Sur tous les murs, une Ménade centrale et des poètes surmontant les échappées latérales sont posés, comme des statues, sur un piédestal. En revanche, de part et d'autre de la figure centrale, des offrantes "vivantes", ne sont vues qu'à mi-corps derrière une barrière. Ce dispositif théâtral complète le discours narratif de la légende troyenne présent sur les tableaux des murs est (la rencontre de Didon et Énée)[32] et ouest (Pâris et Œnone).

En effet, si une partie des décors de quatrième style appartient au genre dit "scénographique" et se développe en zone médiane, une attention particulière se portera ici sur les scénographies de la zone supérieure en tant qu'une action s'y déroule dans la succession de portiques ouverts et communicants. L'exemple le plus connu est celui du vaste *oecus* [q] de la maison des Vettii (fig. 5) où les grands champs rouges de la zone médiane séparés par des inter-panneaux noirs sont quasi-dépourvus d'illusionnisme, réservé à la zone haute et à ses enchaînements d'architectures peuplées. Très incomplètement conservée, elle a été documentée, pour le mur nord, par une gravure de Niccolini peu fiable, car elle interpole des groupes de figures[33]. Sur le mur du fond (nord), le centre est occupé par un

30 *Ibid.* p. 108-109.

31 Paus., *Description de la Grèce*, 10.30.8, trad. de M.-C. Fayant dans le cadre du projet *Dire le Décor antique*.

32 Dardenay 2007, 46-47.

33 Sogliano 1898, 377-382.

Fig. 5. Pompéi, maison des Vettii [q], mur nord, moitié droite (photo. Eristov).

portique curviligne dont le contenu est détruit ; de part et d'autre, les portiques s'enchaînent, alternativement ouverts et partiellement fermés par une cloison basse au travers de laquelle le corps des personnages transparaît. La moitié gauche voit se succéder les acteurs d'un thiase : Silène trébuchant dans son ivresse et soutenu par une Ménade, une joueuse de double flûte, en mouvement vers la droite, un vieux satyre tentant de dénuder une Ménade vue de dos et jouant du tympanon. Sur la moitié droite, Satyre tenant un skyphos est suivi par une Ménade au thyrse, puis un Satyre tombé à terre et sur lequel une Ménade verse du vin, enfin Bacchus appuyé sur le thyrse la tête baissée vers un petit Pan. Les groupes des deux moitiés de la paroi convergent vers le centre, leurs attitudes, de trois-quarts, de profil, de dos, dynamisent la scène de même que le jeu spatial des corps, partiellement dissimulés par les colonnes ou les cloisons. Les murs latéraux n'ont conservé que leur extrémité nord, suffisante pour en identifier l'iconographie : sur le mur ouest on reconnaît, de gauche à droite, une joueuse de cithare en concours musical avec un satyre, une Muse tenant un masque comique, probablement Ménandre auprès duquel est posé un masque comique et accompagné d'un satyre ; sur le mur est, Aratus est assis, pensif, auprès d'Uranie tenant un globe ; dans le portique contigu, on ne discerne plus qu'un masque tragique posé. Ces deux longs murs étaient donc consacrés aux Muses et à leurs serviteurs, répartis dans les espaces des portiques selon un schéma discursif et fluide, théâtralisé par les ouvertures, les passages et les cloisons plus ou moins opaques.

Ce caractère théâtral trouvait une expression toute particulière dans un décor aujourd'hui perdu mais que plusieurs éléments permettent de restituer[34], celui du petit *triclinium* [l] de la maison des Épigrammes V, 1, 18 (fig. 6), situé à gauche du tablinum et ouvrant sur le péristyle au fond duquel se trouve la pièce [y] aux épigrammes. De la zone médiane articulée en

34 Dimensions : 4,13 x 3,01 m. En partie basse, Mau 1877, 24, signale dans les panneaux noirs des groupes d'animaux et sur les compartiments étroits du mur de droite (nord), les oiseaux aquatiques luttant, l'un contre un serpent (*MANN* 110876), l'autre (*MANN* 110877) contre un lézard, auprès de la représentation d'un chien blanc accompagné de son nom : A. SYNCLETVS : *CIL*, IV, 3406 ; URL : http://www.pompejiprojektet.se/admin/rwdx/inscriptions/Casa_degli_Epigrammi_Greci.pdf

Fig. 6. Pompéi, maison des Épigrammes [l] (info. Vibert-Guigue).

panneaux rouges et jaunes séparés par des échappées architecturales à fond blanc il subsiste *in situ* les grandes zones colorées, et d'autre part une aquarelle de Presuhn 1882 documente l'aspect d'une échappée ainsi qu'un groupe volant sur le champ latéral droit. Seul le tableau du mur droit est conservé et montre la lutte amoureuse entre un satyre et une Ménade (MANN 110878). Au-dessus d'une corniche de stuc, la zone supérieure aujourd'hui totalement effacée prenait la forme d'une complexe scénographie qui ne nous est plus connue que par une photo du DAI[35] et par la description de Mau : "L'architettura si compone di tre padiglioni leggeri, immaginati di legno dorato, con tende però ed ornamenti di vari colori, ognuno con tre aperture accessibili mediante scale a tre gradini : di quelle in mezzo rimane la sola apertura sin. Quelli a d. ed a sin. sono sormontati ognuno da una Vittoria in biga, lavorata in bronzo; ne' due interstiti si vedono pergola di vita sorrette da Erme rosse panneggiate, con braccia, il cui carattere, però, vista la poca conservazione, non può precisarsi. Le figure sono

35 Neg. 56.438 et 56.2039 ; URL : http://arachne.uni-kœln.de/fotothektest/rom : Filmnummer 1110_C13, et C14 ; *EAA-PPM*, III, 550, fig. 22-23 ; description par Mau 1877, 27-29.

distribuite in modo che le persone principali, e che fanno proprio parte dell'azione, stanno ne' due interstiti fra i padiglioni, e probabilmente tre in ognuno." Dans cette succession d'édicules, de pavillons et de portiques, se répartissent les protagonistes du mythe d'Alceste et Admète sur le mur gauche (sud), des lambeaux de celui d'Achille à Skyros[36] sur le mur du fond. La description de Mau relève justement que les groupes principaux, celui d'Alceste[37] et Admète (sans doute accompagnés de l'oracle) à droite du centre, celui des parents et de la nourrice à gauche, occupent les intervalles entre édicules et pavillons. Dans les petits édicules encadrant le centre où se dressaient vraisemblablement soit Apollon ou Artémis, soit Héraclès, des figures secondaires apparaissent derrière les portillons entr'ouverts, tandis que les pavillons munis d'escaliers livrent passage à d'autres personnages, et que des figures féminines au geste pensif ou dubitatif s'encadrent dans les pavillons à épis[38] des extrémités.

Ici les acteurs d'un récit unitaire se distribuent sur toute la longueur du mur articulé en zones hiérarchisées et en motifs architecturaux permettant de distribuer les figures sur trois plans : le "podium" devant et entre les édifices, le haut des marches devant les portes, et l'arrière-plan derrière les portes[39]. Comme dans la maison des Vettii, zone médiane et zone supérieure contrastent tant dans leur traitement spatial que dans la teneur des récits qu'elles portent : le schéma classique des champs bi-dimensionnels interrompus par des échappées tranche avec la spatialisation totale de la zone haute qu'elle annonce pourtant ; à la connotation légère et dionysiaque de la première s'oppose l'atmosphère de la seconde inspirée de l'*Alceste* d'Euripide, où l'égoïsme des vieux parents conduit Alceste, épouse modèle, à mourir à la place d'Admète, tragédie qui se résoudra heureusement grâce à Héraclès. Les vertus de l'hospitalité qui lui est accordée complètent la connotation d'un *triclinium*[40]. Entre le mythe d'Alceste et Admète et celui d'Achille à Skyros, des liens possibles se tissent où l'on peut voir, entre autres, les dangers possibles d'un don d'immortalité partielle fait par les dieux. La perte des sujets des deux autres murs ne permet guère d'aller plus loin dans les hypothèses.

Dans le traitement des mythes, deux options non exclusives sont à l'œuvre ; l'une les traite dans ce qu'il est convenu d'appeler une pinacothèque, le récit se circonscrivant à l'espace fermé du tableau, l'autre les déploie dans un espace architectural dont les composantes règlent l'agencement des acteurs, mais qui ouvre également l'espace réel du *triclinium* sur un monde imaginaire. Une bonne part de l'efficacité de ces trouées illusionnistes tient, on l'a vu, à ce que Caillois analysait comme une déchirure dans le réel, les "territoires interdits" dont

36 On distinguait, en 1877, un guerrier sonnant d'une longue trompe et descendant un escalier, et une autre figure masculine tenant une lance : Mau 1877, 29.

37 C'est la lecture de Mau, tandis que les auteurs de *EAA-PPM*, III, 552, voient Alceste dans la femme assise à gauche : or elle fait un geste de dénégation, comme l'homme debout derrière elle, ce qui indique bien que ce sont là les vieux parents refusant de se sacrifier pour leur fils.

38 Ce sont des éléments composés associant pavillon et portique.

39 Curtius 1929, 178, souligne que tous ces éléments font partie du vieux "stock" réorganisé. Mais on pourrait aussi penser, à l'inverse, que ces scénographies livreraient la cohérence initiale d'un dispositif dont les éléments constitutifs seraient ailleurs scindés et réutilisés dans un recyclage de formes polysémiques.

40 "Maison accueillante et toujours ouverte d'un maître généreux..." dit le Chœur (Trad. M. Delcourt-Curvers, Paris, Bibliothèque de la Pléiade, 1962).

il parlait hantés de figures mythiques, du reste familières aux habitants, et qui colonisent les hauteurs de la pièce. Dans la maison des Épigrammes comme ailleurs, le *triclinium* donne sur un jardin dont le mur du fond s'ornait lui-même de paysages fictifs[41].

Conclusion

Au terme de ces quelques analyses, les rapports qu'entretiennent les architectures fictives et les constructions réelles s'établissent sur le plan non de l'imitation, non de la pure fantaisie, mais de l'équivalent architectural. Leur élaboration relève d'un "bricolage" qui emprunte ses matériaux au domaine architectural sans citer précisément tel ou tel monument connu, tout en évoquant des types repérables, sans non plus se plier à une quelconque viabilité du bâti puisque, en tout état de cause, il ne s'agit que d'objets picturaux.

D'autre part ces objets picturaux installent un espace qui, en dépit (ou à cause) de ses impossibilités mêmes, crédibilise les fables qui s'y déploient. La hiérarchie des personnages, leurs interrelations, leur insertion dans des plans distincts, leur position derrière des barrières ou des portes entrouvertes, se jouent dans un lieu qui est à la fois ici et ailleurs, familier et étranger, repérable et inconnu. Le discours figuratif se développe toujours dans un temps et un espace qui entremêlent ceux de l'observateur et ceux du récit mythique ; dans le cas du décor pariétal romain, il s'y ajoute la dimension spécifique d'architectures fictives aussi éloignées des simulations d'assises d'appareil hellénistiques que des perspectives construites de la Renaissance.

Références bibliographiques

Allison, P. M. et Sear, F.B (2002) : *Casa della Caccia antica (VII 4, 48), Häuser in Pompeji*, 11, Munich.

Allroggen-Bedel, A. (1999) : "Presentazione storica, 2. Gli scavi borbonici nella villa S. Marco e le pitture staccatevi nel settecento", in : Barbet & Miniero 1999, 21-40.

Barbet, A. et Miniero, P., dir. (1999) : *La villa San Marco a Stabia*, Rome-Naples-Pompéi.

Blanc, N. (1995) : "Hommes et chantiers : à la recherche des stucateurs romains", in : *MededRom* 54, 81-97.

Bragantini, I. et Parise Badoni, F. (1984) : "Il quadro pompeiano nel suo contesto decorativo", in : *Incontro di studio ad Acquasparta, 8-10 aprile 1983, Dialoghi di Archeologia*, Rome, 119-129.

Bragantini, I. (2003) : "La documentazione degli affreschi antichi" in : Catalano & Prisco 2003, 33-95.

Caillois, R. (1958) : *Anthologie du fantastique*, Paris.

Catalano, M.-I. et Prisco, G., dir. (2003) : *Storia del restauro di dipinti a Napoli e nel Regno nel XIXe secolo, Atti del Convegno internazionale di Studi, Napoli, Museo di Capodimonte, 14-16 octobre 1999. Bollettino d'Arte*, Rome.

Colpo, I., Favaretto, I. et Ghedini F. (2002) : *Iconografia 2001, studi sull'immagine, Atti del convegno (Padova, 30 mai- 1 juin 2001), Antenor – Quaderni*, 1, Rome.

Coralini, A. (2002) : "Una 'stanza di Ercole' a Pompei. La sala del doppio fregio nella casa di D. Octavius Quartio (II,2,2)", in : Colpo *et al.* 2002, 331-343.

Curtius, L. (1929) : *Die Wandmalerei Pompejis*, Cologne.

Dardenay, A. (2007) : "La diffusion des mythes fondateurs de Rome dans la peinture murale et la mosaïque antique", in : Guiral Pelegrin 2007, 41-48.

41 Eristov 2014, 90-91 et fig. 10 a et b.

Deloffre, V., éd. (2005) : *Illusions d'antique*, catalogue d'exposition, 07.04.2004-30.04.2005, Musée-site d'archéologie, Bavay.

Derrida, J. (1978) : *La vérité en peinture*, Paris.

De Vos, M. (1981) : *Pompei 1748-1980. I tempi della documentazione. Catalogue d'exposition, Rome, juillet-septembre 1981*, Rome.

EAA-PPM (1990-2003) : *Enciclopedia dell'Arte antica. Pompei, Pitture e Mosaici, I-IX*, Rome.

Eristov, H. (1994) : *Les éléments architecturaux dans la peinture campanienne du quatrième style*, Coll.EFR 187, Rome.

— (1999) : "Le pitture del quarto Stile, 3. Quartier de la piscine", in : Barbet & Miniero 1999, 183-239.

— (2005) : "Les pièges de la perspective - Illusion spatiale dans le quatrième style pompéien", in : Deloffre 2005, 45-67.

— (2014) : "Peintures de jardins à Pompéi : une question de point de vue", in : Morvillez 2014, 81-103.

Esposito, D. (1999) : "La 'Bottega dei Vettii' : vecchi dati e nuove acquisizioni", in : *Rivista di Studi pompeiani*, X, 23-61.

Gombrich, E. (1988) : *Les moyens et les fins*, trad. fr., Paris.

Guiral Pelegrin, C., dir. (2007) : *Circulación de temas y sistemas decorativos en la pintura mural antigua, Actas del IX Congreso internacional de l'AIPMA*, Saragosse.

Lévi-Strauss, C. (1962) : *La pensée sauvage*, Paris.

Manni, M. (1974) : *Le Pitture della casa del Colonnato tuscanico, Ercolano*, fasc II, Rome.

Mau, A. (1877) : "Scavi di Pompei", in : *Bullettino dell'Istituto di Corrispondenza archeologica*, 17-30.

Moormann, E.M. (1983) : "Rappresentazioni teatrali su *scaenae frontes* del quarto stile a Pompei", in : *Pompeii, Herculaneum, Stabiae* I, 73-117.

— (1988) : *La pittura parietale come fonte di conoscenza per la scultura antica*, Assen-Maastricht.

Morvillez, E., dir., (2014) : *Paradeisos, genèse et métamorphose de la notion de paradis dans l'Antiquité, Colloque international, Avignon, 20-22 mars 2009*, Paris.

Rochette, R. (1846-1853) *Choix de peintures de Pompéi la plupart de sujet historique*, Paris, Pl. 12. URL : http://arachne.uni-kœln.de/item/buchseite/475282

Schefold, K. (1972) : *La peinture pompéienne. Essai sur l'évolution de sa signification*, Latomus 108, Bruxelles.

Sénèque le Père (1992) : *Sentences, divisions et couleurs des orateurs et des rhéteurs*, préf. Quignard, P., Paris.

Sogliano, A. (1898) : "La casa dei Vettii in Pompei", in : *Accademia Nazionale dei Lincei, Monumenti Antichi*, VIII, Rome.

Staub Gierow, M. (2000) : *Casa della Parete Nera (VII 4, 58-60), Casa delle Forme di Creta (VII 4, 61-63) Häuser in Pompeji* Bd.10), München.

Strocka, V.M. (1984) : *Casa del Principe di Napoli* (*Häuser in Pompeji* Bd.1), Tübingen.

Relief et Illusion
Les avatars des architectures fictives stuquées en Italie romaine (Ier-IIe siècles)

Nicole Blanc

La notion de fictif, évidente en peinture, est beaucoup moins claire dès qu'on aborde le relief. Enduit architectural, le stuc se confond avec son support et la réalité d'un édicule stuqué n'est pas davantage interrogeable que celle d'un édicule sculpté. Durant toute l'époque hellénistique, les palais et tombeaux macédoniens ou alexandrins, quoiqu'enduits et peints, participent pleinement de l'architecture et non de la fiction. La question commence à poindre au tournant du IIe s. a.C. lorsque le stuc connaît à Rome une évolution qui voit changer son statut : devenu technique décorative à part entière, il sert à dissimuler le support sous une autre forme, modelée et moulée, qui devient la forme visible de l'architecture et lui confère sa "réalité". C'est donc sur le lien à la réalité de ce substitut de réalité ou pour le dire autrement de son "réalisme", de sa vraisemblance, que la question se déplace.

Dans son usage le plus large, le relief architectural, considéré comme "fictif" en tant que placage, peut en effet s'appréhender comme une imitation : nous examinerons d'abord les architectures stuquées pour interroger les formes en termes de fidélité ou d'invention. Nous verrons ensuite comment les architectures peintes du quatrième style pompéien viennent parasiter ce système vers le milieu du Ier s. p.C. et amènent les stucateurs à remplacer la copie de "choses véritables" par l'évocation "de choses qui n'existent pas, ne peuvent exister, n'ont jamais existé"[1]. Quelques exemples permettront de suivre les évolutions qu'entraîne l'introduction de l'illusionnisme dans les architectures de stuc.

Les architectures "vraisemblables" des stucateurs

À l'époque hellénistique, le stuc contribue à l'élaboration des systèmes à colonnes et pilastres, appliqués aux façades et murs extérieurs, plus souvent pour lisser la pierre et servir de support à la peinture ; il peut aussi collaborer au décor architectonique, en complétant tel ou tel détail, comme les denticules des corniches ou les fleurons des caissons de soffite. Ce rôle modeste de substitut d'un matériau plus précieux est bien illustré à Pompéi par la tombe aux Guirlandes de la Porte d'Herculanum[2]. Les parties nobles et visibles sont en marbre :

1 Vitr. 7.5.3-4.

2 Nécropole de la Porte d'Herculanum, tombe nord 6 : Kockel 1983, 126-151, fig. 24-34, pl. 39-50 (90-60 a.C.).

N. Blanc, in : *Architectures et espaces fictifs dans l'Antiquité*, p. 49-65 c'est le cas, en façade, des colonnes, des chapiteaux à têtes de chimères et de la frise à rinceau qui couronne l'édicule du second étage. En revanche, sur les murs latéraux, la frise était sculptée dans le tuf et stuquée : sa parfaite identité avec l'exemplaire en marbre se vérifie avec la disparition presque totale de l'enduit, un simple *dealbamentum*.

Très proche dans sa forme, le sanctuaire domestique (h. 2,65 m), appuyé sur le mur du *viridarium* de la maison IX 6,8, daté de la dernière période de la ville, montre l'évolution du stuc dans son rapport au support architectural. En effet, cet édicule en forme d'exèdre est façonné de toute pièce dans l'enduit polychrome qui recouvre en façade la structure cubique de mœllons[3] (fig. 1). Le fronton triangulaire, orné au tympan d'une patère entre un couteau à sacrifice et un aspersoir, est porté par deux pilastres à chapiteaux corinthisants. La niche ronde, décorée d'une belle coquille au cul-de-four, est flanquée de deux étroits pilastres censés supporter l'arc bordé de denticules ; celui-ci repose en fait sur la corniche qui marque curieusement un retour en façade, donnant l'illusion qu'un second chapiteau, ponctué d'une énorme rosette, vient coiffer le premier. Ce défaut de logique architecturale n'est pas une exception. Il se manifeste aussi sur la façade stuquée de la tombe-exèdre [9] de la Porte d'Herculanum qui suit à peu près le même schéma décoratif[4]. Il faut un examen attentif pour saisir la faille de cette splendide ordonnance architecturale. De fait, les deux pilastres sans base, à fût cannelé et chapiteau corinthisant qui soutiennent l'arc de la niche, sont surmontés de deux pilastres identiques mais moins hauts qui supportent directement le fronton, transcription irréaliste d'un système à deux ordres superposés. En outre, le caractère monumental que veut suggérer ce schéma est contredit par l'absence d'entablement. Il semble que, tout en figurant scrupuleusement les éléments architecturaux, les stucateurs sont indifférents à la vraisemblance de leur agencement, à moins qu'ils n'en comprennent pas la fonction.

Le statut modeste de ces réalisations ne suffit pas à expliquer ces écarts, comme l'imposant *Iseum* de Pompéi en offre la démonstration. L'édifice, rénové après le séisme, a été intégralement recouvert d'un enduit stuqué qui l'a rhabillé au goût du jour[5]. Cette couche très épaisse, ignore le substrat de briques et de tuf, pour recréer de toute pièce un décor, étranger à son support comme aux canons de l'architecture. Les deux édicules à fronton triangulaire qui flanquent le corps central sont traités de façon autonome ; les pilastres cannelés ne sont pas couronnés des chapiteaux corinthisants employés en façade, mais d'un modèle hybride, où l'acanthe centrale est surmontée d'une palmette circonscrite dans un arceau végétal : le même chapiteau reparait, avec une légère variante, dans l'ordre intérieur du *caldarium* féminin des thermes de Stabies[6]. De fait, il s'agit d'une adaptation du chapiteau à esse à deux volutes[7], déjà employé dans les architectures fictives de la *Domus Aurea* (infra) et connu à Pompéi par des exemplaires sculptés. Ces chapiteaux encadrent, au lieu de le soutenir, un pseudo-entablement, dépourvu de tout rôle fonctionnel et dont la frise est composée d'un rinceau formé de deux esses affrontés, noués à chaque extrémité par un lien

3 *EAA, PPM,* IX, 766-767, fig. 1-5.

4 Kockel 1983, 159-161, pl. 55-56.

5 Blanc *et al.* 2000, 257-260, fig. 9.14.

6 Blanc 1995, 92-93, dessin C3, fig. 9 et C4, fig. 10.

7 Ginouvès 1992, 97, *s.v.* "chapiteau corinthien à S à deux volutes", pl. 51,2.

Fig. 1. Sanctuaire domestique. Pompéi, IX 6, 8, viridarium (cl. Eristov).

d'où surgit au centre une palmette ; on retrouve le motif, à peine modifié, sur l'intrados de la niche creusée dans le mur ouest de la *cella*, et sur l'entablement stuqué de la palestre des thermes de Stabies[8]. C'est la transcription simplifiée d'un modèle dont le temple de *Mars Vltor* à Rome offre une version raffinée, à l'entablement du portique où court une frise d'esses affrontés sculptée dans le marbre de Luni[9]. Enfin, ultime indifférence à la cohérence de l'édifice, la façade du corps central de l'*Iseum* pompéien est occupée par des architectures illusionnistes, composition en abyme qui nie la réalité même du *naos* en ouvrant le mur sur un espace imaginaire. Limite extrême de la "déconstruction" du modèle architectural, cette réalisation se prête à une double lecture. La perte de la fonction qui génère un usage gratuit des formes architecturales explique que le stuc, seul investi de la charge ornementale, tende à développer un répertoire qui lui est propre, soumis à d'autres influences, dont celle de la peinture. Le phénomène est d'autant plus sensible à Pompéi que, dans la phase de reconstruction qui suit le séisme, les mêmes artisans ont dû travailler rapidement, en diversifiant autant que possible un nombre limité de formes "standard" pour répondre à la demande. Toutefois, cette explication ne rend pas compte intégralement du phénomène, observable dans d'autres circonstances où des équipes plus spécialisées étaient à l'œuvre. Cet usage particulier de la syntaxe et du vocabulaire architectural est spécifique au stuc et le distingue de la sculpture qui constitue moins un modèle qu'une référence.

Le décor des entablements fournit un exemple supplémentaire permettant de mesurer l'écart entre réalisations sculptées et stuquées. Le modèle ionique perdure, avec la frise traditionnelle à rinceau ; reproduite sans discontinuer par les stucateurs jusqu'à la fin du IIe s. p.C., elle se diversifie en grêles enroulements ou en riches volutes habillées d'acanthe. D'autres schémas cependant se développent ; ainsi, la frise choisie pour le temple de Portunus sur le *forum Boarium* à Rome, dont subsistent des fragments de guirlande et candélabres, est à peu près impossible à restituer et à dater car on ne lui connaît pas de parallèles sculptés[10]. Un modèle original, bien attesté celui-ci, s'est imposé dès le milieu du Ier s. p.C., la frise discontinue, à panneaux alternativement longs et étroits alignés sur les colonnes. Ce système peut être rattaché, s'il faut lui trouver une généalogie, à la frise dorique à métopes ; mais il se comprend plutôt dans la logique du compartimentage, une contrainte technique, indépendamment des choix esthétiques, pour les voûtes stuquées à caissons et panneaux. Ce modèle se développe en Campanie, sur les monuments privés ou publics, où le stuc introduit le répertoire qui lui est familier : personnages isolés dans les panneaux étroits, comme dans les thermes de Stabies à Pompéi, tandis que les panneaux longs s'ornent de scènes figurées, adaptées au contexte, paysages sacro-idylliques et épisodes de chasse dans le péristyle de la villa San Marco à Stabies[11]. Ce type de frise se décline à différentes échelles : miniaturisé, il couronne les parois peintes du décor domestique, comme dans la *Domus Aurea*[12] ou la maison des Amours Dorés à Pompéi[13]. Il peut prendre des dimensions monumentales dans

8 Blanc 1995, 91-93, dessins C1-C2, fig. 7-8.

9 Ungaro 2007, 151-153, fig. 199-201 (face intérieure de l'entablement).

10 Adam 1994, 63-78, fig. 42-62.

11 Blanc 1993, 53-55, fig. 1-9.

12 Exemplaire bien conservé dans la pièce [119] : voir n. 16.

13 *Cubiculum* [Q] : *EAA, PPM*, V, 827, n° 199-200; Seiler 1992, 61-62, fig. 72-75 ; 414 ; 417 ; 420-424 ; 434-436. *Cubiculum* [R] : Seiler 1992, 59, fig. 62 ; 404-405.

le décor public, comme à Rome sur la façade dominant le Forum que Domitien fait plaquer sur la *Domus Tiberiana* : au-dessus du premier niveau d'arcatures stuquées, on distingue les traces de la frise qui devait courir sur toute la longueur de l'édifice ; le détail des motifs ornant les panneaux n'est plus déchiffrable, mais le schéma se lit encore parfaitement[14].

Le décor architectural des stucateurs ne se lit donc jamais en termes de copie : c'est un exercice d'interprétation, qui oscille entre imitation plus ou moins fidèle et libre réappropriation sans complexe des éléments du répertoire, utilisés et modifiés en fonction des contextes. Les nuances sont nombreuses et la chaine discontinue des vestiges ne montre pas d'évolution des schémas mais permet de suivre les déformations induites par les changements d'échelle et de supports. La juxtaposition aberrante de schémas peut trouver parfois sa justification : ainsi, insérées sur une façade "vraisemblable", les architectures "fictives" du temple d'Isis devaient servir de cadre aux cérémonies qui se déroulaient dans la *cella*, largement ouverte sur le parvis durant le culte[15].

Les architectures "illusionnnistes" des stucateurs

Les systèmes illusionnistes en relief s'inscrivent, du moins au départ, dans une autre réalité, celle des scénographies peintes de Quatrième style auxquelles les stucateurs vont apporter leur contribution.

Le processus de contamination apparaît clairement dans la *Domus Aurea* où des systèmes mixtes, associant des architectures pariétales peintes et stuquées, sont attestés ou du moins employés de façon systématique pour la première fois. Leur ampleur est conditionnée par celle des revêtements de marbre, appliqués à grande échelle. Les architectures de stuc viennent structurer la zone haute de la paroi, mais aussi la zone médiane quand seul le socle bénéficie du précieux placage. L'exemple le mieux conservé est la salle d'Achille à Skyros [119] : au-dessus du marbre qui atteignait plus de 6 m de hauteur, la zone supérieure est scandée par des pilastres qui soutiennent une corniche à panneaux. Dans les entrecolonnements, se déploient des architectures polychromes sur fond blanc dont le stuc vient rehausser les articulations : de minces filets soulignent les fûts des colonnettes mais les chapiteaux sont peints, de même que les couronnements à acrotères et les linteaux, simplement bordés de languettes estampées. Des panneaux bleus à reliefs figurés tantôt suggèrent des parapets, tantôt s'intercalent sans vraisemblance dans les entrecolonnements[16]. En revanche, dans la grande scénographie qui se déroule en zone supérieure sur la façade des pièces ouvrant sur la cour pentagonale [80a], architectures et figures sont entièrement dues au relief[17]. Les édicules prennent la forme d'un monoptère hypèthre à deux niveaux occupé par un personnage se détachant sur un fond bleu ou rouge : on distingue deux fois un guerrier, portant casque à cimier et bouclier ; l'étage est également orné de figures plus petites, debout

14 Wadsworth 1924, 46, pl. XII, 1 ; Krause 1985, 63, fig. 60 ; Tomei 1996, 193, pl. 54, 1.

15 Sampaolo 2006, 91.

16 Iacopi 1999, 51-71 fig. 1, 48-67 ; Meyboom & Moormann 2013, 228-230, fig. 119, 1-8.

17 Elle est conservée sur le mur est à hauteur des pièces [117-88] : Mielsch, 1975, 41 ; 127 K 32d ; Meyboom, Moormann 2013, 208-210, fig. 80a.1-6.

sur le linteau, statues et caryatides. Des paysages peints s'intercalent entre les édicules, suggérant un panorama mi-naturel, mi-construit. Ce système assez simple de juxtaposition d'édicules n'offre pas la complexité des architectures illusionnistes de la pièce [119], dues majoritairement à la peinture. Plus d'une vingtaine d'autres pièces comportaient des architectures stuquées, souvent trop mal conservées pour en laisser déchiffrer le détail. Le relief néanmoins semble employé selon ces deux modalités : tantôt, il constitue un système paratactique de colonnettes et linteaux qui scande les architectures peintes – pièces [22], [39], [41], [42], [50, [55], [74], [81], [119], [129] – tantôt il figure un ensemble d'édifices – pièces [34], [60], [66], [76] – comme dans la cour pentagonale. Toutefois, s'agit-il vraiment de deux systèmes différents ou de deux types d'édifices, dont la répartition hiérarchique sur la paroi – édicules à fronton au centre, pavillons et portiques situés latéralement – n'est plus lisible sur des décors partiellement conservés ?

La question posée ici concerne plus généralement les conséquences du relief sur un phénomène communément analysé comme pictural, même si nous voyons que le stuc s'y trouve associé pratiquement dès l'origine. L'illusion n'est-elle pas soluble dans la matérialité du relief en trois dimensions ? Et s'agit-il bien du même système décoratif dès lors qu'il acquiert une autonomie qui lui permettra même de se développer sans la peinture ? Autrement dit, les scénographies où le relief intervient prennent-elle une forme spécifique ? Pour répondre à cette interrogation, la compréhension du système qui régit les architectures pariétales de quatrième style est indispensable. L'étude morphologique et syntaxique des peintures due à H. Eristov[18], fournit l'outil nécessaire à l'analyse et la comparaison terme à terme des réalisations stuquées qui, disons-le d'emblée, relèvent de la même typologie. De cette étude systématique effectuée sur l'ensemble du corpus, nous présentons ici quelques exemples significatifs[19].

Le tablinum [8] de la maison de Méléagre (VI 9,2) à Pompéi a livré en 1829 une scénographie qui, déposée au Musée archéologique de Naples, a conservé tout le détail des motifs et de la polychromie[20] (fig. 2). Au-dessus de la zone médiane ornée d'architectures peintes encadrant des tableaux mythologiques, elle couvrait la zone supérieure des trois murs nord, sud et est, face à l'entrée, au-dessus d'une corniche à compartiments simulant un *pulpitum*. Sur le mur du fond, la partie droite seule préservée, présente plusieurs anomalies (fig. 2 centre). Deux éléments, totalement hétérogènes, sont juxtaposés sous un entablement : à gauche, se succèdent une porte semi-ouverte et un édicule bi-dimensionnel fuyant à deux niveaux[21], coiffé d'un fronton triangulaire ; les *claustra* au premier niveau se poursuivent curieusement jusqu'à la porte, sans doute afin de créer une continuité factice entre l'édicule et la porte, artifice inconnu des peintres. À droite, fait suite une structure aberrante : un hybride d'édicule frontal à côtés ouverts et de portique en *oméga*[22] qui en

18 Eristov 1994. Voir aussi p.28, fig. 1. avec un résumé des grands types architecturaux.

19 Cette étude doit beaucoup à H. Eristov qui m'a aidée tout au long du déchiffrement et de la description du gros corpus des architectures illusionnistes de stuc.

20 Naples, MNN inv. 9595-9596 ; 9625 : Bragantini & Sampaolo 2010, 282-287 n°121a-c ; Vanderpœl 1961; Mielsch 1975, 147-148, K 57 ; Blanc 1991, 129, fig. 8 ; *PPM*, IV 684-685, fig. 53-55.

21 Eristov 1994, 85-87, fig. 64 : type 1.3.3.

22 Eristov 1994, 76-78, fig. 51 : type 1.1.2.

Fig. 2. Pompéi, maison de Méléagre. Tablinum, décor des parois nord (gauche), est (centre) et sud (droite) (info. Vibert-Guigue)

constitue l'entablement. À l'intérieur, s'imbriquent trois éléments hétérogènes : au centre, une plaque rouge sépare un étage supérieur d'un étage inférieur fermé par des *claustra*, impossibles a priori dans un édicule auquel on doit accéder.

Ces anomalies ne sont pas dues au caractère lacunaire de la paroi comme en témoignent les deux murs latéraux, sud et ouest, qui obéissent très normalement au même schéma de composition (fig. 2 gauche et droite). L'édicule central à deux niveaux avec fronton en arc double et plafond à caissons, est encadré de deux édicules de même structure; mais ils sont curieusement figurés en vue frontale pour l'intérieur, en vue latérale pour l'entablement et les piédestaux. Les édicules latéraux sont flanqués à leur tour de deux pseudo-édicules en vue fuyante surmontés d'un fronton triangulaire, dans lesquels une porte s'ouvre au premier niveau, assemblage aberrant du type déjà vu sur le mur du fond. Là encore, des plaques rouges ou vertes, forment contre toute logique un parapet au bas des édicules, prétexte à l'installation de tableaux mythologiques. L'œil est d'abord frappé par les figures de grand format en fort relief qui se détachent sur le fond rouge de l'édicule central : au sud, Silène ivre s'appuie sur un Satyre qui allume un petit autel de sa torche, tandis qu'un second, tenant une situle, suit à droite en dansant; sur le mur nord, c'est Dionysos ivre qui s'avance vers l'autel, soutenu par un Satyre dadophore et suivi d'un compagnon brandissant un rhyton. Ces groupes en marche rompent avec l'habitude des peintres qui très logiquement placent des personnages de face dans les édicules en vue centrale. Ici, les membres du thiase défilent dans les architectures et jusque dans les pseudo-édicules en vue fuyante dont la porte à double battant s'entrouvre sur un Satyre. La thématique est identique à celle des *pictores* qui ont cependant installé une Ménade plus statique de part et d'autre du groupe dionysiaque central.

La polychromie obéit à deux logiques, qui montrent la répartition des tâches. Les espaces traités par les *pictores* se reconnaissent à la richesse de la palette mise en œuvre pour traiter les motifs : figures féminines dans les portes et les pavillons, nature morte, paysage... En revanche, les motifs en relief sont modelés sur un fond uni, bleu, rouge ou vert, qui met en valeur la blancheur du stuc : la figure féminine assise sur les *claustra* à gauche, les héros mythologiques – Persée et Andromède, Hylas... – sur les plaques, et tout le décor des édifices, frises d'êtres végétalisés sur les frontons, acrotères en forme de Centaures, Victoires, Griffons et cavaliers, guirlandes, *clipei* et *cornucopiae* accrochés aux linteaux. La technique en effet commande cette répartition : la structure de la scénographie – colonnes, entablements, linteaux – est "tirée" au gabarit sur le fond que les *tectores* peuvent laisser blanc ou couvrir d'une couleur en aplat, bleu ou rouge en général, afin de mieux faire ressortir le relief. D'emblée, les conditions mêmes de la mise en œuvre introduisent une spécificité des architectures stuquées, indépendamment de la spécialisation des artisans qui cumulent parfois les deux compétences[23]. Ce partage chromatique a pour conséquence de compromettre la cohérence déjà approximative des scénographies, en rompant la continuité des édifices et des perspectives suggérées. Le relief, en s'appropriant les schémas picturaux, en gauchit nécessairement les visées et les effets : le fractionnement en panneaux engendre des édifices aberrants et la répartition des couleurs "casse" la crédibilité illusionniste de la scénographie. Pourtant, dans la maison de Méléagre, l'unité de la paroi est visiblement pensée par la maîtrise d'œuvre : dans la zone médiane peinte, les échappées "ouvrent" les inter-panneaux, tandis que les panneaux, encadrés d'une simple guirlande, sont "mis en espace" par les architectures stuquées de la zone haute (fig. 2).

Cette coordination toutefois ne trouve pas à s'exercer lorsque les architectures stuquées occupent en totalité la paroi ou des emplacements spécifiques, comme frises et lunettes. C'est souvent le cas dans les balnéaires des cités vésuviennes où le motif jouit d'une faveur remarquable dans la période qui suit le séisme, comme en témoignent les thermes de la Porta Marina et les thermes de Stabies à Pompéi, ou les thermes Suburbains à Herculanum, pour ne citer que les réalisations les plus spectaculaires. Chef d'œuvre du genre, la scénographie qui couvre le mur ouest de la palestre des thermes de Stabies est l'illustration du fameux passage de Vitruve liant les *scaenarum frontes* aux espaces ouverts, *propter amplitudines parietum* (VII 5,2). Prenant appui sur une plinthe de marbre, elle se déployait en façade des pièces [E]-[F] sur une hauteur de 4,5 m et une longueur supérieure à 20 m, dont 12 m subsistent actuellement[24] (fig. 3a). L'éclat de la bichromie, bien atténué aujourd'hui, est confirmé par les relevés exécutés lors de la découverte[25]. Au-dessus du *pulpitum*, orné de motifs nilotiques, les architectures courent sur deux niveaux pour former un ensemble homogène qui gomme la distinction entre zone médiane et zone haute, la première étant interrompue par la porte d'accès au nymphée. On y retrouve les procédés et les anomalies détaillés pour la maison de Méléagre : perspectives aberrantes avec des édifices à quatre faces visibles et deux côtés fuyants, pavillons superposés afin de couvrir la hauteur de paroi. Enfin, la longueur inhabituelle de ce mur conduit à enchainer des compositions où la logique architecturale se perd complètement : des drapés dissimulent des jonctions improbables entre des édicules et des édifices à balcon, une ouverture cintrée s'encadre dans un pseudo-édicule à fronton, lui-même emboité dans un portique en fer-à-cheval. Quant au décor architectonique, il s'éloigne totalement de la réalité : frontons à volutes ou en esses affrontés, fûts de colonnes

23 Voir l'exemple fameux du "sanctuaire iliaque" de la maison homonyme (I, 6, 4) : *EAA*, *PPM*, I, 296-305, fig. 20-43.

24 Mielsch 1979, 74-76, pl. 24c ; 54b ; 56a; *EAA*, *PPM*, VI, 166-177, n° 30-48.

25 La peinture *a tempera* de G. Abate (1859) en donne une image relativement juste, sinon complète : *EAA*, *PPM*, Immagine, 419, n° 246.

à balustres ou en stipes de palmier, oiseaux et autres créatures végétalisées courant sur les linteaux (fig. 3b). À l'exception d'une baie où s'entrevoit un paysage et d'un balcon occupé par deux figures peintes, architectures et personnages se détachent uniformément sur fond bleu ou rouge. L'Hercule *bibens* qui s'encadre dans la *tholos* au premier niveau, le Jupiter trônant au centre d'un pavillon au second niveau, comme les autres figures, ne permettent pas d'accréditer une lecture théâtrale de cette scénographie où s'inscrivent des motifs familiers du répertoire peint et stuqué[26].

a b

Fig. 3. Pompéi, thermes de Stabies, mur de la palestre.
a. Relevé (côté ouest). D'après Eschebach 1979.
b. Détail de la tholos centrale. (cl. Blanc)

Le *caldarium* [9] des thermes Suburbains d'Herculanum manifeste dans une autre version l'attrait des architectures fictives et leur exploitation formelle[27] (fig. 4). Les édifices trouvent à se succéder sur les parois malgré les multiples décrochements créés par l'abside et l'*alveum* qui en contrarient l'agencement ; vides d'habitants, ils encadrent des paysages et des offrandes posées ou accrochées de façon peu crédible. La finalité esthétique doit primer dans la représentation de ces colonnes et linteaux qui se combinent, s'emboîtent et se superposent sans l'apport ou le secours de la couleur. Il ne faut pas négliger toutefois l'effet produit par les ombres portées des architectures sur la blancheur éclatante de l'enduit, dans une pièce presque totalement privée de lumière.

Les architectures s'installent également sur les parois intérieures des niches, "ouvrant" de façon redondante un espace qui l'est déjà structurellement : négation de sa réalité ou invitation à traverser le miroir ? Dans le nymphée en hémicycle de la villa San Marco à Stabies, huit niches sont revêtues d'architectures à deux niveaux entourant un monoptère où se dresse une divinité suggérant une statue réelle. Les limites du jeu illusionniste sont nettement marquées : les habituels aplats de couleur, ici très vifs – jaunes, bleus, et rouges

26 Pour les allusions possibles au répertoire théâtral, voir Moormann 1983, 111-112, fig. 25.
27 Mielsch 1975, 141-142 K53 b, pl. 47-49.

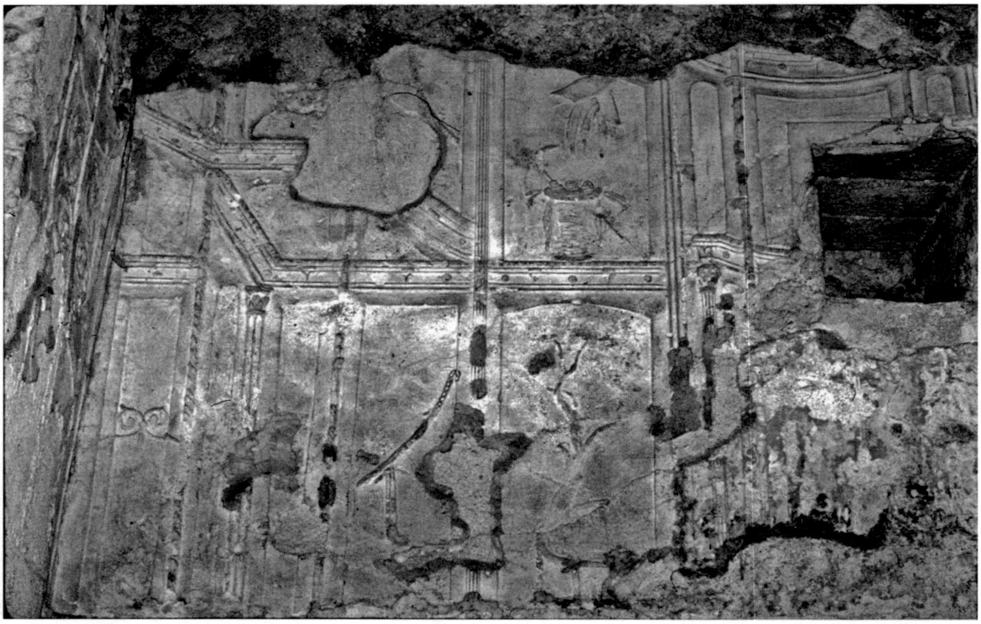

Fig. 4. Herculanum, thermes Suburbains, caldarium, mur ouest, côté sud. (cl. Blanc).

dans deux nuances – rompent l'unité des édifices pour mettre en valeur le blanc éclatant des figures. Inversion de la réalité puisque la polychromie aurait dû être réservée aux pseudo-statues, si la volonté d'imiter la ronde bosse avait été poussée systématiquement[28].

L'intérêt formel du motif se voit plus clairement encore sur les voûtes en berceau dont les lunettes, situées dans le prolongement direct de la paroi, constituent un espace privilégié pour les architectures fictives qui s'organisent commodément sur la surface semi-circulaire : une composition tripartite simple installe un édicule entre deux pavillons symétriques ; une subdivision des champs latéraux générant cinq champs permet de rajouter portiques ou échappées pour meubler les extrémités de l'arc. Ce système qui prolonge sur la voûte les architectures fictives pariétales, connaît un grand succès dans les thermes publics campaniens où la lunette porte la charge décorative que les parois, pour de simples raisons pratiques, ne peuvent assumer[29]. Cette composition rigide qui reprend le schéma tripartite traditionnel des parois, peut produire des architectures illusionnistes très crédibles comme dans le *frigidarium* des thermes de la Porta Marina à Pompéi où édicules et pavillons s'enchainent en respectant la perspective et la forme des édifices[30]. D'autres réalisations en revanche se contentent d'un simple habillage architectural du compartimentage. Ainsi, la préoccupation purement décorative domine sur la lunette ouest du vestibule de l'*apodyterium* des thermes de Stabies[31] : une Néréide voguant sur un *kétos* occupe tout l'espace du portique central en fer-à-cheval, encadré par deux portiques curvilignes où des Amours en vol accrochent des

28 Sur la polychromie de la statuaire hellénistique voir Bourgeois & Jockey 2009.
29 Parois mises en péril par la fréquentation du public ou occupées par les installations techniques.
30 Jacobelli 1991, 149, fig. 4.
31 *EAA*, *PPM*, VI, 183, fig. 62.

guirlandes. Les *pinakes* disproportionnés en guise d'acrotères et le ruban festonné qui borde la lunette, accusent le caractère ornemental de cette réalisation.

Un système décoratif sans illusion(s) ?

La perte de crédibilité devient plus sensible sous Domitien où le succès des architectures fictives en relief ne se dément pas. Sur des parois majoritairement occupées par les placages de marbre, le relief exploite le système sur un nombre plus restreint d'espaces : les zones hautes et les lunettes. Les formes s'en trouvent forcément conditionnées, comme le montrera l'étude de quelques décors en contexte.

Le Colisée conserve une scénographie sur l'*extrados* de l'entrée nord, décorée au plus tard dans les années 80 p.C.[32] Les architectures monochromes suggèrent un espace construit que perce l'arc du passage et se fondent dans les architectures réelles qui les environnent. Elles sont traitées en structures légères du type "portique" où se dessinent des figures volantes. Leur irréalité va de pair avec le réalisme des détails architecturaux. Les caissons encadrés d'une moulure de feuilles et ornés d'un fleuron central reflètent en miroir les "vrais" caissons stuqués qui ornent la voûte; les fûts à cannelures spiraliformes, les frises superposées – rinceaux, feuilles et modillons – traduisent le même souci du détail évocateur. La perspective sans faute indique la maîtrise du système illusionniste, dans une composition au demeurant assez simple. Le lieu oriente vers une vision globale du décor où les architectures fictives accompagnent les architectures réelles prises dans un jeu de miroirs qui multiplie les points de vue. En ce sens, elles font doublement illusion. D'un côté, elles renforcent le caractère imposant et majestueux de l'édifice, surchargé de ces perspectives crédibles qui élargissent l'espace offert au public. Mais cette entrée solennelle par où passait l'empereur peut se lire aussi à la lumière des architectures factices, décors provisoires qu'on édifiait le temps d'une cérémonie pour la mise en scène du pouvoir.

Dans la *Domus Tiberiana* du Palatin, les hautes pièces, aménagées dans la nouvelle façade évoquée supra, sont systématiquement ornées de scénographies polychromes, appliquées sur les zones hautes et les lunettes. Dans la pièce [10] récemment explorée, l'organisation tripartite des architectures se traduit de façon plus rigide encore que dans les exemples campaniens[33]. Un édicule central à étage est flanqué de deux pavillons à un niveau, en vue latérale. Les retombées de l'arc ont été utilisées au mieux pour suggérer le côté fuyant des pavillons et son sommet a permis d'insérer un étage, matérialisé uniquement par deux colonnes ; l'entablement se confond avec la corniche de la lunette qui reprend le même décor à languettes et modillons que celui des architectures fictives. Le soubassement en forme de *pulpitum* est abandonné : les colonnes reposent directement sur la corniche. Les figures peintes dans les pavillons, tournées symétriquement vers celle qui s'encadre de face dans l'édicule central, créent une continuité artificielle dans cet espace très cloisonné. L'économie du répertoire architectural va de pair avec une perspective simplifiée qui élimine les effets de profondeur. Dans la pièce [12] plus anciennement connue, le décor, très fragmentaire, est

32 Mielsch 1975, 157, K78 ; Paparatti 1988, 87-88, fig. 7-8 ; Blanc 2007, 130-131, fig. 2.

33 Tomei 1996, 193-195, pl. 59,1 et 60 ; Blanc 2007, 131, fig. 3.

guidé par les mêmes principes : les pavillons latéraux prennent la forme d'un compartiment, séparé en deux registres par une moulure suggérant un linteau qui les rattache à l'édicule central où s'encadre une scène cultuelle peinte[34]. Le schématisme des architectures, réduites à deux dimensions, accentue leur fonction de cadre pour des motifs peints ou en relief. Cette sobriété peut se justifier esthétiquement mais elle contribue à instituer l'illusionnisme en convention.

Le théâtre de l'*Albanum* de Domitien à Castelgandolfo montre un autre usage des architectures fictives, développées ici en frise monochrome dans le couloir annulaire du théâtre[35] (fig. 5). Au-dessus du parement de marbre, elles déroulent un système régulier d'édifices à deux niveaux, dont seul le premier est bien conservé. Chaque séquence, répétée autant de fois que nécessaire pour couvrir l'étendue du passage, est composée d'un édicule central (III-IX), séparé par deux panneaux à double registre (II-IV-VIII-X) de deux pavillons en vue latérale fermés par des *claustra* (I-V-VII) ; des personnages habitent chacun des champs ainsi délimités, y compris les panneaux (II-IV-VIII-X), traités au même titre que les pavillons ; leur second niveau, orné d'un cratère végétalisé entre deux créatures ailées pourrait suggérer un couronnement de linteau, si le cadre, simplement mouluré et estampé, ne contrariait cette lecture illusionniste. En outre l'enchaînement des séquences se fait grâce à un motif intercalaire délimité par deux candélabres, constitué d'un panneau rectangulaire surmonté de deux compartiments (VI). Ces panneaux portent des scènes figurées, comme les plaques remplissant le rôle plus ou moins crédible de parapet dans les œuvres antérieures. Les architectures se modifient pour s'adapter aux règles de la frise ornementale : régularité et symétrie. Les figures abritées dans les architectures se répètent aussi, avec de légères variantes : femmes et philosophes (?) debout derrière les *claustra*, figures féminines assises dans les pavillons, tenant divers attributs, cithare, masque et tablette. On a voulu identifier des Muses mais la composition exigeant plus de neuf figures, il faut plutôt reconnaître des figures allégoriques des arts accueillis dans le théâtre. Les architectures, tout en gardant les traits principaux qui les différencient et guident l'identification, sont devenues un cadre commode pour mettre en scène des personnages sur les parois.

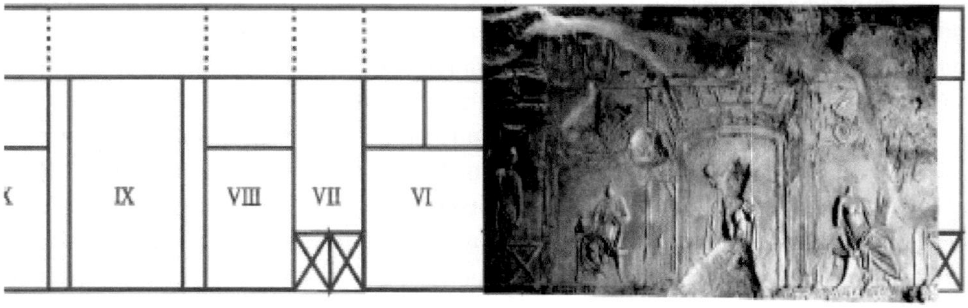

Fig. 5. Castelgandolfo, théâtre, corridor annulaire. Composition de la frise, extrait. (cl. et montage Blanc).

34 Mielsch 1975, 159, K86 III (avec biblio) ; Krause 1985, 64, fig. 61 ; Tomei 1996, 196-197, pl. 62,2-4-63 ; Blanc 2007, 131-132, pl. 12,34.

35 Wadsworth 1924, 49-55, pl. 13-15,1 ; Mielsch 1975, 157, K77a, pl. 72,1, Blanc 1997, 132-133, fig. 4.

En contexte funéraire où le programme iconographique se spécialise pour exprimer les attentes du défunt, le poids des figures devient prépondérant même quand le cadre architectural est traité avec soin. C'est ce qu'on observe dans une tombe de Bovillae, près de Frascati, dont la chambre funéraire, datée au plus tard du dernier quart du Ier s. p.C., était entièrement stuquée[36]. Ce n'est pas la voûte ornée de simples caissons qui porte, comme il est plus fréquent, le programme funéraire mais les parois sur lesquelles se déploie une scénographie occupant les trois murs face à l'entrée, au-dessus du socle disparu. Le relevé publié laisse deviner un système de pilastres cannelés, délimitant des panneaux à extrémité supérieure cintrée ou rectiligne encadrant des personnages. Ce sont en fait des architectures dont seul s'est bien conservé, comme à l'habitude, le premier niveau. Les clichés nous autorisent à lire dans la structure ainsi schématisée un pseudo-édicule flanqué de deux monoptères suivis d'un portique curviligne. Sur les murs latéraux, le panneau central, également cintré, pourvu d'un entablement orné de deux volutes affrontées, est entouré de deux panneaux rectilignes surmontés de deux compartiments : sans doute un pseudo-édicule flanqué de deux pavillons couronnés d'une baie. Les guirlandes accrochées aux pilastres contribuent à suggérer une profondeur que les constructions ne parviennent pas à rendre, encore que l'état de conservation ne rende pas justice à ce décor. Parmi les personnages, on identifie dans un édicule Hercule armé de sa massue, posant la main sur la tête d'un personnage féminin, probablement Alceste ramenée des Enfers. Un monoptère abrite Diomède, reconnaissable au *palladion* qu'il tient au creux du bras gauche; les autres figures – Ménades et Satyres ? – sont moins aisées à identifier.

La tombe des Pancratii, sur la via Latina à Rome, datée du milieu du IIe s. p.C. au plus tard, donne à voir l'évolution du système : les vastes lunettes dégagées par la voûte d'arêtes s'ornent d'architectures abritant des figures héroïques et divines[37]. Les éléments constitutifs des différents édifices sont scrupuleusement figurés, mais sans aucun effet spatial, ce que l'exceptionnelle qualité du décor ne permet pas d'attribuer à l'incapacité des artisans (fig. 6). La même composition, quatre fois reproduite, montre un édicule central entre deux épis reliés par un entablement passant à l'arrière-plan. Les pavillons sont identiques sur les quatre parois : en vue latérale, sans fronton, à côtés ouvert[38]. En revanche, l'édicule central obéit à deux formes. Sur le mur du fond et son opposé, on reconnaît un type banal, sans fronton, à côtés ouverts, tandis que sur les deux autres parois, c'est un édicule de type curviligne coiffé d'une coquille : l'effet est celui d'une niche ronde à cul-de-four, forme familière aux stucateurs mais plus rarement illustrée en peinture. Le traitement correct de la perspective et le soin apporté aux détails architecturaux vont de pair avec l'abandon des conventions illusionnistes. Le linteau censé délimiter un second niveau est traité en bande ornementale, en contradiction avec la forme même de l'édifice : sous la coquille centrale qui implique une niche ronde, le linteau délimite un espace quadrangulaire et à l'inverse, il s'arrondit en arc dans les pavillons. Les côtés "ouverts" des édicules et pavillons sont arrêtés avant l'entablement : ils se muent ainsi en simples panneaux décoratifs, annulant l'effet d'échappée au profit d'une vue frontale. Les colonnes reposent directement sur la corniche qui surmonte la paroi,

36 De Rossi 1979, 209-219, fig. 336-345 ; Blanc 2007, 133, fig. 5.

37 Wadsworth 1924, 73-78, pl. 33-35 ; Mielsch 1975, 90-92 ; 171-172, K 115, pl. 82,2 ; Blanc 2007, 133-134, fig. 6.

38 Eristov 1994, 77-78, fig. 51 : type 1.1.2.

Fig. 6. Rome, via Latina, tombeau des Pancratii. Lunette. (cl. Alinari)

entérinant la disparition du pseudo-*pulpitum*. Les grosses palmettes et les croisillons figurés sur les épis, mi-caissons mi-*claustra*, trahissent l'intention ornementale de ces architectures qui mettent chacune en scène un personnage modelé en haut relief sur fond blanc, à mi-chemin entre type statuaire et être vivant : une Victoire debout, tenant palme et *clipeus*, entre Apollon et Bacchus Sardanapale, Diomède, avec le *palladium* entre Ulysse et Philoctète blessé, Achille et deux Myrmidons, enfin Hermès à gauche et Dionysos à droite sur la lunette d'entrée où l'édicule central est escamoté par la fenêtre. Formellement, cette "mise en scène" peut se lire dans la continuité des grandes scénographies pompéiennes de Quatrième style habitées par des divinités et des héros bien identifiés, comme l'Hercule *bibax* de la palestre des thermes de Stabies (fig. 3b). Mais les édifices traités en deux dimensions et la disparition de la visée illusionniste composent plutôt un cadre ornementé pour les figures tutélaires qui accompagnent le défunt.

Un dernier décor, daté du début du IIIe siècle, conservé à Ostie dans les thermes du Phare (IV II, 2-3), illustre les développements tardifs du système illusionniste[39]. Les stucs sont conservés sur deux parois faisant l'angle d'une pièce, à la destination imprécise. Très fragmentaires, ils ne permettent pas d'avoir une vision claire de l'effet obtenu, mais la composition associe des éléments hétéroclites, a priori contradictoires : un pilastre cannelé imposant suggère une véritable colonnade engagée dont la vraisemblance est ruinée par un entablement illusionniste et la présence d'un Amour en vol dans l'entrecolonnement. Cet ultime avatar illustre la contamination des deux systèmes, architectures "vraisemblables" et architectures fictives : épuisement des schémas illusionnistes dont le sens s'est perdu ou éclosion d'un nouveau modèle ? Les vestiges qui permettraient de répondre font défaut.

39 Bedello Tata & Spada 1988, 492-494, fig. 10 ; Blanc 2007, 135, fig. 8.

Conclusion

Les rapports entre relief et illusionnisme sont complexes. Tout d'abord, n'est-il pas réducteur de supposer que la vocation du stuc est d'imiter des architectures réelles, partant de le cantonner au rôle de substitut ? Les vestiges indiquent une constante indépendance par rapport aux modèles canoniques, probablement induite par le matériau lui-même qui n'impose pas au modeleur les contraintes du sculpteur. Ensuite, l'intrusion bien datée des architectures illusionnistes de Quatrième style dans le répertoire du stuc ne saurait non plus être comparée à la "révolution" dénoncée par Vitruve. Elle se fait tardivement, marquant l'influence inévitable des modèles picturaux, comme ce fut le cas déjà pour le Troisième style, dès lors que le stuc est employé sur la paroi[40]. L'adoption du système dans la *Domus Aurea* semble procéder d'une démarche de nature à la fois pragmatique et esthétique : il s'agit de structurer des zones supérieures, sur des murs très hauts, par des colonnades qui reprennent le schéma des balustrades et *claustra* du Style structural. Le choix d'un système illusionniste, peut-être encouragé par la volonté de respecter l'unité de la paroi, s'explique aussi par l'attrait formel de ce nouveau répertoire pour le stuc qui en possède déjà le vocabulaire : la végétalisation des formes, active depuis les premières frises de "Grotesques" dans les années 30 a.C., s'applique à grande échelle dans les scénographies. Très logiquement la visée décorative prime sur l'objectif illusionniste dans un système qui ne dispose pas des mêmes artifices que la peinture pour suggérer l'espace. L'insertion dans des architectures réelles – façades monumentales, niches, voûtes – d'architectures fictives dont personne ne peut être dupe, tout comme le maintien des conventions picturales propres au relief, affirment sans ambigüité les limites de l'emprunt et le détournement de l'esprit fondateur. Ce sont les mêmes outils qui "tirent" au calibre les moulures et les colonnes, compartimentent les parois comme les voûtes, fractionnant inévitablement les édifices en panneaux autonomes où les scénographies perdent leur unité et leur sens. La tendance s'affirme avec plus de force au IIe s. p.C., mais cette évolution traduit peut-être aussi un dépérissement plus général de l'illusionnisme puisque les scénographies peintes connaissent à cette époque les mêmes transformations[41].

Références bibliographiques

Adam, J.-P (1994) : *Le temple de Portunus au Forum Boarium*, Coll.EFR, 119, Rome.

Barbet, A. et Miniero, P., éd. (1999) : *La villa S. Marco à Stabies*, CJB 18, Coll.EFR 258, Sopr. Arch. Pompei, Naples, Rome, Pompéi.

Bendinelli, G. (1926) : "Il monumento sotterraneo di Porta Maggiore in Roma (contributo alla storia dell'arte decorativa augustea)", in : *MonAnt.*, 31, col. 601-848.

Blanc, N. (1993) : "Au-delà des styles : les entablements peints et stuqués".

— (1995) : "Hommes et chantiers : à la recherche des stucateurs romains", in : *Meded*, 54, 81-97.

— (2004) : "Entre voûte et paroi : le décor des lunettes peintes et stuquées de l'Italie romaine".

40 Voir l'influence très nette du troisième style pompéien sur les parois de l'hypogée de la Porte Majeure, divisées en panneaux par des candélabres et ornées de petits paysages au centre : Bendinelli 1926, col. 775-792, pl. X ; XIV ; XXXIX-XL.

41 Eristov 2007, 125-128.

— (2007) : "La transcription des schémas architecturaux sur les parois stuquées du Ier au IIIe siècle ap. J.-C.", in : Guiral Pelegrin 2007, 129-138.

Blanc, N., Eristov, H. et Fincker, M. (2000) : "*A fundamento restituit ?* Réfections dans le temple d'Isis à Pompéi", in : *RA*, 227-304.

Bedello Tata, M. et Spada, L. (1988) : "Stucchi ostiensi : un approcio ai problemi di conservazione e di studio", in : *Archeologia laziale*, 9, 488-494.

Borhy L., éd. (2004) : *Plafonds et voûtes à l'époque antique, Actes du VIIIe colloque international de l'AIPMA*, Budapest, 37-44.

Bourgeois, B. et Jockey, Ph. (2007) : "Le marbre, l'or et la couleur. Nouveaux regards sur la polychromie de la sculpture hellénistique de Délos", in : Descamps-Lequime, éd., 2007, 163-191.

Bragantini, I., éd. (2010) : *Atti del X congresso internazionale, Association internationale pour la peinture murale antique (AIPMA), Napoli 17-21 sett. 2007*, Università degli Studi di Napoli "L'Orientale", I-II, Naples.

Bragantini, I. et Sampaolo, V. (2010) : *La pittura pompeiana, Museo Archeologico Nazionale di Napoli*, Naples.

Conforto M. L. *et al.*, éd., *Anfiteatro flavio. Immagine, testimonianze, spettacoli*, Rome, 83-89.

De Caro S., éd., 2006, *Egittomania. Iside e il mistero*, cat. expo. Naples, Mus. Arch. Naz 12/10/2006-26/02/2007, Milan, 87-118.

De Rossi, G.M. (1979) : *Bovillae. Forma Italiae. Regio I, 15*, Florence, n°184, 209-226.

Descamps-Lequime S., éd., 2007, *Peinture et couleur dans le monde grec antique, Actes du colloque, Musée du Louvre*, Paris, 163-191.

EAA, PPM : *Pompei, Pitture e Mosaici*, I-X. *Enciclopedia dell'Arte Antica.* Rome, 1990-2003.

— (1995) : *Immagine* : *Pompei, Pitture e Mosaici. L'immagine di Pompei nei secoli XVIII e XIX. Enciclopedia dell'Arte Antica*, Rome.

Eristov, H. (1994) : *Les éléments architecturaux dans la peinture campanienne du quatrième style*, Coll.EFR, 187, Rome.

— (2007) : "Espace et structure : les motifs architecturaux dans la peinture du Ier au IIIe siècle ap. J.-C.", in : Guiral Pelegrin 2007, 123-128.

— (2010) : "Relief fictif ou genre pictural : les frises et bandeaux figurés dans la peinture murale romano-campanienne", in : Bragantini 2010, 159-171.

Eschebach, H. (1979) : *Die Stabianer Thermen in Pompeji*, Denkmäler Antiker Architektur, 13, Berlin.

Ginouvès, R. éd. (1992) : *Dictionnaire méthodique de l'architecture grecque et romaine, II, Eléments constructifs : supports, couvertures, aménagements intérieurs*, Coll.EFR 84, Rome.

Guiral Pelegrin, C., éd. (2007) : *Circulación de temas y sistemas decorativos en la pintura mural antigua, Actas del IX Congreso Internacional AIPMA, Zaragoza - Calatayud, 21-25 septembre 2004*, Calatayud.

Iacopi, I. (1999) : *Domus Aurea*, Rome.

Jacobelli, L. (1991) : "Le pitture e gli stucchi delle terme Suburbane di Pompei", in : *KölnJb*, 24, 147-152.

Kockel, V. (1983) : *Die Grabbauten vor dem Herkulaner Tor in Pompeji*, Mayence.

Krause, C. éd. (1985) : *Domus Tiberiana. Nuove ricerche. Studi di restauro*, Zurich.

Ling, R. (1977) : "Stucco decoration at Baia", in : *PBSR*, 45, 24-51.

Meyboom, P. G. P. et Moormann, E.M. (2013) : *Le decorazioni dipinte e marmoree della Domus Aurea di Nerone a Roma*, BABESCH Suppl. 20, Louvain.

Mielsch, H. (1975) : *Römische Stuckreliefs, RM*, Erg.-H. 21, Heidelberg.

— (1979) : "Gli stucchi", in : Eschebach 1979, 74-80.

Moormann, E.M. (1983) : "Rappresentazioni teatrali su *scaenae frontes* del quarto stile a Pompei", in : *Pompeii, Herculaneum, Stabiae* I, 73-117.

Moormann E. M., éd. (1993) : *Functional and spatial analysis of wall-painting, Proceedings of the Fifth International Congress on ancient wall painting, Amsterdam, 8-12 sept. 1992, BABesch*, suppl. 3, 51-58.

Paparatti, E. (1988) : "Osservazioni sugli stucchi", in : Conforto *et al.*, éd.,Rome, 83-89.

Sampaolo, V. (2006) : "L'Iseo pompeiano", in : De Caro, éd., 2006, Milan, 87-118.

Seiler, F. (1992) : *Casa degli Amorini Dorati (VI 16,7.38)*, Häuser in Pompeji 5, Munich.

Tomei, M. A. (1996) : "La Domus Tiberiana dagli scavi ottocenteschi alle indagini recenti", in : *RM*, 103, 165-200.

Ungaro, L. éd. (2007) : *Il museo dei Fori Imperiali nei mercati di Traiano*, Rome.

VanderPœl, H. B. (1961) : "The frieze of the house of Meleager at Pompeii", in : *Archaeology*, 14/3, 180-187.

Wadsworth, E. (1924) : "Stucco reliefs of the first and second centuries still extant in Rome", in : *MAAR*, 4, 1924, 9-102.

Trompe-l'œil et métalepse dans la peinture romaine

Stéphanie Wyler

De telles inventions suggèrent que si les personnages d'une fiction peuvent être lecteurs ou spectateurs, nous, leurs lecteurs ou spectateurs, pouvons être des personnages fictifs.

Borges [1937] 1957

Pergula pictorum ueri nihil omnia ficta
Lucil., *Sat.*, 15, fr. 18-19 Charpin

Commençons par un saut dans le temps et suivons l'analyse par D. Arasse du tableau d'autel de l'*Annonciation*, peinte vers 1470 par Francesco del Cossa (fig. 1)[1], dans "Le regard de l'escargot", le premier chapitre de son essai *On n'y voit rien*[2]. L'historien de l'art attire l'attention sur la présence d'un gros escargot qui apparaît sur le bord inférieur du tableau, le long du cadre aujourd'hui disparu, et s'interroge sur la fonction que "le lieu de l'escargot"[3] révèle : il met en évidence que le gastéropode est peint *sur* le tableau, mais pas *dans* le tableau, c'est-à-dire qu'"il est à son bord, à la limite entre son espace fictif et l'espace réel d'où nous le regardons". Le peintre désignerait ainsi "cette limite de la représentation en mettant en scène son escargot au seuil même de cette représentation, à sa limite". Il ne s'agit donc pas à proprement parler d'un trompe-l'œil, puisque l'escargot de Cossa "est peint sur le tableau et ne surgit pas de son espace", contrairement à la mouche du *Christ soutenu par deux anges* de Giovanni Santi[4], et dépasse le simple jeu du réalisme. Il se distingue également de la sauterelle du *Saint-Jérôme Pénitent* de Lorenzo Lotto[5], qui, comme le gastéropode, "nous invite(nt) à entrer mentalement dans l'image" en fixant "le lieu d'entrée de notre regard dans le tableau", "le lieu où se joignent et s'échangent notre espace et celui du tableau". Mais, contrairement à l'escargot, la sauterelle marque une "perméabilité"[6] entre le monde du tableau et le nôtre,

1 Francesco del Cossa, *Annonciation* (*c.* 1470-1472), Dresde, Gemäldegalerie.
2 Arasse 2000, 31-56.
3 Expression, 35, et citations suivantes, 42, 46, 47, 49, 53.
4 Giovanni Santi, *Le Christ soutenu par deux anges* (*c.* 1490), Budapest, Musée des Beaux-Arts. Cf. Golsenne 2008.
5 Lorenzo Lotto, *Saint-Jérôme pénitent* (*c.* 1513-1515), Bucarest, Muzeul National de Artă al României.
6 Lucco 1997, 104.

S. Wyler, in : *Architectures et espaces fictifs dans l'Antiquité*, p. 67-86

dans la mesure où la sauterelle appartient au monde de saint Jérôme, et aurait sauté dans le nôtre. Au contraire, l'escargot n'a rien à faire effectivement dans le palais de Marie (même s'il peut symboliser la Vierge par la métaphore de son ensemencement par la rosée), et le sens est à chercher ailleurs : par le jeu d'échelles, le gastéropode "fait échec à la profondeur fictive de la perspective et restaure la présence matérielle de la surface du panneau, du support de la représentation". "Il construit un lieu scénique pour représenter (présenter à nouveau, autrement, transformer en scène) la rencontre de Dieu et de sa créature" que signifie l'Annonciation. "Posé dans cet espace de représentation et le désignant comme tel, l'escargot nous montre qu'il ne faut pas nous laisser prendre à l'illusion de ce que nous voyons, ne pas y croire" ; "c'est au terme de ce tour de force perspectif que le peintre ruine subrepticement le prestige de la perspective".

Cette analyse de D. Arasse met ainsi parfaitement en lumière un procédé pictural que G. Genette, notamment, a analysé, dans le domaine de la narratologie, en partant du trope de la métalepse dont il élargit le champ d'application[7]. Il s'agit d'une "manipulation – au moins figurale, mais parfois fictionnelle (...) – <d'une> relation causale particulière qui unit (...) le producteur d'une représentation à cette représentation elle-même", "une transgression délibérée du seuil d'enchâssement"[8], "un moment de (con)fusion entre l'univers du discours et l'univers de l'histoire", "une abolition des frontières entre l'espace de celui qui représente et l'espace de ce qui est représenté"[9]. J.-P. De Giorgio et S. Dubel, qui ont organisé en 2010 un colloque à Clermont-Ferrand sur cette figure de la métalepse dans les textes et les images antiques[10], précisent que "le procédé est tantôt compris comme transgressif et métafictionnel, créant un 'effet de bizarrerie' qui affiche le caractère construit de la représentation, comme dans le cas de l'escargot de Cossa, "ou bien au contraire comme renforçant l'illusion réaliste d'une co-présence au monde représenté, c'est-à-dire relevant d'une poétique de l'évidence", de l'*euidentia*, qui "fait voir" le passage entre les différents "effets de présence"[11].

L'intérêt d'appliquer le trope de la métalepse aux peintures romaines est de révéler les processus de *débordement*, au sens littéral du terme, de *franchissement des seuils de représentation* mis en œuvre par les peintres, pour s'interroger sur les enjeux de ces transgressions éventuelles aux codes de la *mimesis*. Le cas de la peinture d'architectures fictives sur les architectures réelles que constituent les murs des maisons romaines se prête particulièrement bien à cette lecture. En effet, ces décors reposent sur toute une gamme d'imitations, d'illusions, de trompe-l'œil et de faux-semblants, déjà bien étudiés[12],

Fig. 1 (sur la page de gauche). Francesco del Cossa, Annonciation (c. 1470-1472). *Dresde, Staatliche Kunstsammlungen, Gemäldegalerie, inv. 43.*

7 Genette 2004 ; Pier & Schaeffer 2005.
8 Genette 2004, 14.
9 Genette 1972, 244.
10 De Giorgio & Dubel, 2010. Voir également De Giorgio 2011.
11 Lévy & Pernot, 1997.
12 Notamment Robert 1996 et Rouveret 2002.

qui s'appuient sur une réflexion philosophique longue de plusieurs siècles sur le statut de l'image, et que les imagiers ont su intégrer à leurs expérimentations : les peintres des vases attiques en ont joué en leur temps[13], les artistes hellénistiques les ont théorisés et pratiqués[14], les Romains les ont adaptés et développés, dans un dialogue permanent avec les virtualités des fictions littéraires[15].

Il s'agit donc d'étudier, si elles existent, les différentes stratégies métaleptiques que l'on peut observer dans les décors pariétaux romains, pour s'interroger ensuite sur la motivation des peintres à jouer sur ces effets. En particulier, "l'effet de bizarrerie" qui peut apparaître au spectateur contemporain doit être mis dans la perspective du regard antique, ce qui ne va pas sans poser problème. En d'autres termes, les effets de franchissement des seuils de représentations qui apparaissent dans les architectures peintes en trompe-l'œil fonctionnent-ils comme la mouche de Crivelli, comme un jeu ponctuel pour tromper le spectateur et le faire sourire sur son illusion, comme la sauterelle de Lotto, pour le faire s'interroger sur la perméabilité entre le décor représenté et le monde réel, ou comme l'escargot de Cossa, pour susciter une réflexion non seulement sur l'illusion de la perspective, mais aussi sur le statut métaphorique du champ iconique, par la dénonciation de ses effets scénographiques ?

Le corpus envisagé pour cette enquête mériterait une approche sinon exhaustive, du moins plus approfondie que les premières réflexions présentées ici : à terme, il est possible de proposer une typologie de ces effets et des marqueurs visuels qui fonctionnent comme des embrayeurs du glissement métaleptique. Nous nous pencherons, dans le cadre de cet article, sur plusieurs cas de figures susceptibles d'ouvrir la réflexion sur l'affirmation ou la dénonciation de la fiction des architectures peintes dans les décors domestiques de "deuxième style", qui présentent des cas moins évidents que ceux de "quatrième style" auquel nous emprunterons quelques comparaisons, mais qui révèlent une phase d'expérimentation des virtualités de l'illusion picturale. Le premier dossier concerne les fameuses fresques de l'*oecus* 15 de la villa dite de Poppée à Oplontis, vers le milieu du Ier s. a.C., animées par les paons bien connus que cette introduction animalière entendait suggérer. Le deuxième porte sur la question du jeu sur les matériaux représentés en peinture, à partir d'un détail de la pièce 11 de la villa des Mystères, à Pompéi, datant des années 60 a.C., figurant un griffon qui attaque un Arimaspe et dont on peut douter de la nature exacte des supports. Le troisième analyse un cas d'anomalie de perspective, que l'on peut interpréter comme volontaire, observée dans la pinacothèque peinte en trompe-l'œil dans le *cubiculum* B de la villa de la Farnésine, à Rome, dans les années 20 a.C. En dernier lieu, nous envisagerons le statut des personnages insérés dans les perspectives scénographiques, qui font face au spectateur et se situent sur les espaces de transition entre deux plans, à partir du *frigidarium* 20 de la Maison du Cryptoportique à Pompéi (I, 6, 2) – ouvrant sur un procédé qui connaîtra un succès relativement important dans la peinture du Ier s. p.C.

13 Mitchell 2009. Parmi leurs nombreuses études, voir notamment Lissarrague 2008 et Frontisi-Ducroux 2010.

14 Prioux 2007 et 2008.

15 Prioux 2010.

Fig. 2. Oplontis, villa A, oecus 15, mur est, in situ. Sur concession du Ministère pour les biens et les activités culturelles, Surintendance spéciale pour les biens archéologiques de Naples et Pompéi (*cl. Wyler*).

Paons, paons, pattes à paons : de la villa d'Oplontis à la maison IX, 1, 7

La scénographie complexe de l'*oecus* 15 de la villa A d'Oplontis, peinte dans les années 50 a.C., est bien connue, et ses interprétations contradictoires également[16]. Les deux paons qui nous intéressent ont été peints, de manière symétrique, perchés sur une corniche dorée surmontant un mur plein rouge, les pattes posées sur un orthostate : il s'agit d'un espace ouvert, délimité par une corniche rouge en haut, et deux parois peu profondes, vertes, en partie masquées par les colonnes corinthiennes dont la base repose sur le podium au premier plan. Cet espace, ouvrant sur le double portique en perspective, abrite des masques de théâtre posés sur des petites corniches, et un voile sombre a été accroché à l'extérieur de la partie postérieure de l'ouverture.

Les paons se situent précisément à la limite, au seuil de cet espace de transition – entre le premier plan, strictement architecturé par le podium, les colonnes corinthiennes

16 Présentation des débats et interprétation dans Sauron 2007, 98-128.

et l'entablement doré, et la colonnade du portique à double niveau. On voit clairement que les pattes de l'oiseau de gauche, mieux conservées que celle de son compagnon, s'étalent tout au bord de la corniche, tandis que sa longue queue sort de cet espace pour étaler ses plumes jusque devant le mur rouge. Dans la composition d'ensemble, il invite à franchir les plans du regard, avec sa queue en diagonale qui vient adoucir la rigueur orthogonale du cadre dans lequel il se trouve. Le masque, au contraire, est bien cloisonné par les bornes de la structure, tandis que le voile sombre, que l'on image pendre de l'autre côté du muret, est fixé à l'extérieur.

On ne constate là aucune entorse aux règles de vraisemblance perspective, mais la présence insistante des paons invite à y voir, au moins à titre d'hypothèse, une invitation au spectateur à franchir non seulement les plans par le regard, mais aussi, par l'esprit, les degrés de réalité sur lesquels ouvrent les différents espaces, tels que G. Sauron notamment a bien su les caractériser[17]. Sans insister sur tous les aspects de la riche symbolique associée à l'oiseau d'Héra que l'on retrouve dans d'autres pièces de la villa[18], on peut souligner, comme l'avait judicieusement remarqué R. Robert[19], qu'en tant que volatile, il est en partie liée avec le *topos* des oiseaux et des raisins de Zeuxis[20] dont les citations picturales ne sont pas rares dans les décors de l'époque, à commencer par la pièce 23 de la même villa[21]. Dans l'*oecus* 15, il n'y a pas de raisin, mais deux autres petits oiseaux posés sur le podium, et surtout un rideau, qui n'a sans doute pas la qualité de celui de Parrhasios, mais dont l'association avec le paon n'est peut-être pas fortuite. En outre, en lien avec le mythe d'Argos, les plumes de la queue du paon sont associées aux yeux[22]. Est-ce pousser trop loin l'analyse que de suggérer que, dans cette position trans-liminale, l'oiseau invite le spectateur à regarder au-delà de la succession des plans que lui-même franchit ? Comme, d'ailleurs, les yeux des masques peints, dont le référent dans le monde réel est dépourvu[23], et qui semblent se regarder l'un l'autre, comme le paon de gauche celui de droite ?

Tout cela reste évidemment difficile à démontrer. Ce qui semble plus assuré en revanche, c'est que, si les paons d'Oplontis peuvent être compris comme les indices d'une métalepse, du franchissement d'un seuil entre la réalité du spectateur et l'univers de l'illusion construit

17 Sauron 1994, 446-475.

18 Sauron 2007, 119. Andreae 1982. Voir par exemple, au registre supérieur de la niche du *caldarium* (mur est), les deux paons représentés de face, surmontant un *pinax* sacro-idyllique, de part et d'autre d'un personnage assis jouant de la lyre, au-dessus du tableau central représentant Hercule au jardin des Hespérides. Également un paon de face, perché sur une pergola végétale, dans la partie supérieure de *l'oecus* 66, au-dessus d'un moineau picorant une poire au centre du registre médian ; dans la même pièce, un second paon est perché sur une balustrade verte, entre deux colonnes surmontées d'un entablement sur lequel repose un masque de théâtre.

19 Robert 1993.

20 Plin., *Nat.*, 35.36. Sur ces anecdotes topiques transmises par les textes, Robert 1996, 58, qui remarque notamment que "l'oiseau, à l'égal de certains objets disposés parmi les architectures (*calathos*, canthares, portraits sur des boucliers, thyrses) crée une continuité entre l'espace réel du spectateur et la peinture".

21 D'autres oiseaux associés à des fruits : *triclinium* 14, *oecus* 66 (cf. supra le moineau, et un coq dans un *pinax* picorant des grenades tombées d'un panier renversé).

22 Ov., *Met.*, 1.720-723.

23 Frontisi-Ducroux 1995, 42.

par ces architectures fictives dont l'oiseau nous invite à prendre conscience, cette métalepse se place du côté d'une esthétique de l'*euidentia*, destinée à renforcer l'illusion réaliste d'une co-présence au monde représenté, et non du côté de "l'effet de bizarrerie" ludique.

C'est peut-être moins le cas d'un développement du motif dans le *triclinium* E de la maison IX, 1, 7 (fig. 3) à Pompéi[24]. L'ensemble de la pièce est décoré d'une architecture fantastique de "quatrième style". La paroi nord qui nous intéresse, fortement endommagée au centre (d'où a été détaché le fameux tableau de la visite de Thétis à l'atelier d'Héphaistos[25]), présente un schéma analogue aux extrémités est et ouest : le registre médian est composé d'un grand panneau jaune, au centre duquel apparaît une figure, une Victoire portant un trophée à l'ouest (son pendant est aujourd'hui illisible à l'est). Une ouverture a été peinte dans le registre supérieur, délimitée par une bordure brun-rouge longée par une bande de boutons de lotus blancs.

Fig. 3. Pompéi, IX, 1, 7, triclinium E, mur nord, in situ.
Sur concession du Ministèrepour les biens et les activités culturelles,
Surintendance spéciale pour les biens archéologiques de Naples et Pompéi.
D'ap. Sampaolo 1998, fig.15.

24 Sampaolo, 875-887.
25 Naples, Museo archeologico nazionale, inv. 9529.

Cette fenêtre ouvre sur une pièce peinte en perspective, où l'on distingue des pièces en enfilade, dont la première comporte un toit à *compluvium*. Mais la partie inférieure de la fenêtre est occupée par un aplat bleu, surmonté d'une bande de couleur (rouge à l'ouest, beige à l'est), qui fait office de balustrade sur laquelle est assis un petit personnage féminin qui donne à manger à un paon, proportionnellement grand par rapport à elle. Ses pattes sont posées sur la partie supérieure de la balustrade et, comme à Oplontis, la queue du paon du panneau ouest passe sur les plans beige et bleu. Mais ce sont surtout les deux personnages féminins qui assurent cette transition au seuil de la représentation "réaliste" de la pièce en perspective et de celle, plus "abstraite", des aplats de couleur : elles laissent en effet pendre négligemment une jambe sur la bande bleue, tout en étant bien assise sur la bordure supérieure qui porte l'ombre de leur cuisse.

Ce jeu du petit personnage assis à la limite entre deux espaces symboliques se retrouve sur d'autres images contemporaines, comme par exemple dans la *diaeta* occidentale 14 de la villa San Marco à Stabies[26], où cinq petits personnages sont sagement assis sur des cloisons rouges (qui apparaissent plus comme des aplats de couleur que comme des parapets), les pieds ballant dans le vide. Or ces effets se comprennent bien dans les décors de "quatrième style", qui ne reposent plus sur une illusion mimétique des architectures. De fait, si l'on revient à la maison IX, 1, 7 de Pompéi, l'ensemble de la paroi, pour autant qu'on parvienne à la reconstituer, est parsemé de détails du même ordre, qui relèvent les élaborations vertigineuses du "quatrième style". Nous ne citerons parmi eux, dans la partie médiane du pan oriental de la même paroi nord, que le personnage féminin, couvert d'un long vêtement, que l'on aperçoit de face entre les battants entre-ouverts d'une porte surmontée d'une clairevoie. Nous reviendrons sur ce type d'indices métaleptiques, en constatant pour l'instant que ces effets sont bien plus aboutis dans cette phase de la peinture romaine.

De la méta-image à la métalepse : ambiguïtés de la matière

Représenter une image dans l'image, en l'occurrence peindre une architecture comportant des éléments de décors sculptés et peints, est l'une des virtualités des décors pariétaux que les artisans romains ont su développer[27] : la constitution de collections fictives de statues, de pinacothèques, d'incrustations de matériaux précieux, représente même l'un des enjeux majeurs de la peinture murale, avec une stratégie évolutive à travers tous les "styles pompéiens" et au-delà[28]. Leurs scénographies souvent complexes reposent sur la construction d'illusions et de "faux-semblant", en conformité avec les règles de la *mimesis*, pouvant aller jusqu'au trompe-l'œil. Même lorsque ces architectures fictives dépassent les lois de la nature – et alimentent la critique virulente de Vitruve[29] –, elles se maintiennent

26 Barbet & Miniero 1999, 191-192, fig. 456-459. Il s'agirait des trois cabires, torse nu, tenant une haste à la main et un bouclier horizontal (Naples, MANN 679, 681, 682), une ménade avec un tambourin (Naples, MANN 8964) et une femme se dévoilant le visage (*in situ*).

27 Moormann 1988, sur les méta-images : Puma à paraître et Wyler à paraître.

28 Parmi de nombreuses études sur la question, voir en particulier Sauron 1998, Rouveret 2002, Prioux 2010.

29 Vitr. 7.5.2-3, éclairé par l'analyse de Rouveret 2002.

Fig. 4. Naples, Museo Archeologico Nazionale, sans numéro. De Pompéi, villa des Mystères, cubiculum 11, alcôve sud. Sur concession du Ministère pour les biens et les activités culturelles, Surintendance spéciale pour les biens archéologiques de Naples et Pompéi. (cl. Wyler).

dans le cadre qui leur est dévolu[30]. Or pour qu'il y ait métalepse, le méta-figuratif ne suffit pas, il faut qu'il y ait une rupture dans le pacte de la fiction visuelle.

C'est sans doute ce que l'on observe sur le détail d'une frise peinte provenant de la villa des Mystères à Pompéi, aujourd'hui au musée archéologique national de Naples (fig. 4)[31].

Il s'agit d'un élément du décor de "deuxième style" précoce, contemporain de la fameuse mégalographie, provenant du registre supérieur du *cubiculum* 11. Cette pièce formait, avec le *cubiculum* 14, une pièce plus vaste constituée d'une grande antichambre et deux profondes alcôves, et faisant pendant, par symétrie par rapport à l'axe du *tablinum* 2, au *cubiculum* 4 attenant au salon dionysiaque. Elle a subi une importante restructuration à l'époque augustéenne ou tibérienne, qui a scindé la pièce en deux et recouvert les fresques qui nous intéressent par un décor de "troisième style". Ce dernier s'est partiellement détaché, révélant de la couche précédente la partie supérieure d'un pilastre d'angle, la moitié d'un chapiteau corinthien et des fragments de la frise que nous allons examiner. Pour autant

30 Sur ces jeux de cadres dans la peinture romaine : Bergmann 2002.

31 Naples, MANN, s. n. De Pompéi, villa des Mystères, *cubiculum* 11. Maiuri 1931, 189-190, fig. 76-77 ; Delplace 1980, 352 ; Delplace 1990, 93, 95, fig. 11 ; Sauron 2000, 141-143. Le reste des décors, de la frise initiale comme de la phase finale, est encore conservé *in situ*. É. Prioux a développé cet exemple dans son intervention de Clermont-Ferrand, mais nous n'avons pas pu avoir accès à cette partie de son analyse.

qu'on puisse la reconstituer, cette dernière figurait, sur la paroi sud de l'alcôve orientale, une succession de personnages masculins juvéniles, un bras levé et un chapiteau sur la tête, en position de télamons, pour soutenir l'architrave peinte, derrière laquelle fuit en perspective un plafond à caissons et une console décorée de têtes de gorgones[32]. Sur les parois est et sud de l'alcôve méridionale, se déployait une grypomachie, construite sur une succession de griffons blancs de type aquilin dont les ailes coquillées, déployées, supportent les architraves peintes au-dessus d'eux. Sur le fragment le mieux conservé, le griffon prend appui avec ses pattes antérieures sur un Arimaspe qui tente de se protéger sous son bouclier en forme de pelte. Ce motif central est flanqué, d'un côté, d'un grand cratère argenté, rehaussé de métal doré sur les anses, la panse et le bord, évoquant les récompenses agonistiques, et de l'autre, d'un grand médaillon en forme de *clipeus* doré, cerclé de feuillages, entourant la tête d'une Minerve casquée représentée frontalement. L'ensemble suggère que la décoration pouvait représenter le pendant masculin, peut-être apollinien, du complexe dionysiaque qui exalte l'excellence des vertus féminines[33].

Cette frise, particulièrement soignée malgré une visibilité relative du fait de sa situation sur la paroi, joue à la fois sur la complémentarité des matières et l'animation de sa fiction architecturale. En effet, par leur position et leur couleur, les griffons sont caractérisés comme des éléments architecturaux : leurs pattes postérieures prennent appui sur le plan de la console sur lequel reposent les vases et les boucliers (disparus), et l'extrémité supérieure de leurs ailes soutient l'architrave en touchant celle du griffon suivant, ce qui assure la continuité architecturale et décorative de la frise. Ils remplissent ainsi la même fonction que les télamons de la frise sud. En outre, le blanc de leur corps et de leurs yeux, traité avec des jeux de clair-obscur particulièrement fin pour marquer le relief (depuis le bout des griffes sur le bouclier qui captent la lumière par un blanc éclatant jusqu'au traitement de l'ombre du poitrail et de l'aile droite, rendu par des hachures), renvoie certainement au marbre dans lequel ils ont été sculptés, alors que le seul texte qui mentionne la couleur de ces créatures insiste au contraire sur la riche polychromie de leurs plumes[34].

En l'occurrence, il est fort probable que le peintre ait joué de cette ambiguïté : considéré dans sa fonction architecturale que la structure des frises et la couleur de l'animal suggèrent, il représente une statue et, dans le même temps, il entre en interaction narrative avec

32 Esposito & Rispoli 2013, 76.

33 Pesando & Guidobaldi 2006, 174-175.

34 Ael., *NA*, 4.27 : τῶν μὲν νωτιαίων πτερῶν τὴν χρόαν μέλαιναν ᾄδουσι, τὰ δὲ πρόσθια ἐρυθρά φασι, τάς γε μὴν πτέρυγας αὐτὰς οὐκέτι τοιαύτας, ἀλλὰ λευκάς. τὴν δέρην δὲ αὐτῶν κυανοῖς διηνθίσθαι τοῖς πτεροῖς Κτησίας ἱστορεῖ, στόμα δὲ ἔχειν ἀετῶδες καὶ τὴν κεφαλὴν ὁποίαν οἱ χειρουργοῦντες γράφουσί τε καὶ πλάττουσι. φλογώδεις δὲ τοὺς ὀφθαλμούς φησιν αὐτοῦ. "D'une part, répète-t-on, ses plumes postérieures sont de couleur noire, et d'autre part, dit-on, ses plumes antérieures sont rouges, mais, cependant, que les ailes elles-mêmes, loin d'être aussi ainsi, sont blanches. D'autre part, Ctésias rapporte que son cou est parsemé de plumes bleu sombre, qu'il a un bec d'aigle et que sa tête est telle que les artistes la représentent dans leurs peintures et leurs sculptures. Il raconte aussi que ses yeux ont l'éclat de la flamme" (Trad. Delplace). Pour autant, les représentations de griffons dans la peinture et la mosaïque romaines sont souvent monochromes : voir par exemple le tableau provenant de la villa de Diomède (Paris, musée du Louvre P15.2 : Helbig 1868, 196-197). Delplace 1980 ne s'intéresse pas à la couleur des griffons dans son analyse.

l'Arimaspe qu'il attaque. Ce dernier, recouvert d'un costume oriental qui lui recouvre la tête et le bas du visage, est représenté avec la carnation, l'expression et le mouvement d'un personnage animé et non d'une statue peinte. Pour autant, il sert d'appui au griffon qui ne pourrait tenir son rôle d'élément portant sans lui : l'axe vertical constitué par les oreilles dressées, la tête et le poitrail de l'animal et prolongé par le bras gauche levé, la tête et le corps du guerrier révèle un équilibre particulièrement puissant.

Si l'un est bien une statue et l'autre un personnage animé, mais qu'ils font corps tous les deux, au point d'interagir à la fois narrativement et architecturalement, nous sommes bien en présence d'une forme de métalepse. Cet exemple est un cas limite, dans la mesure où il existe une longue tradition de "statues animées" dans la peinture ancienne. Mais il faut mettre à part le cas, le plus fréquent, des statues représentant des divinités, comme sur la base dite de l'autel de Cn. Domitius Ahénobarbus, qui met en scène une image qui peut être celle du dieu Mars aussi bien que celle de sa statue[35]. Ici, l'image rend visible, explicite, l'essence de la statue divine, à la fois artefact et divinité : ce sont des images qui parlent des dieux, et non des images. Il faut également distinguer des mythes comme celui de Pygmalion, qui repose précisément sur le brouillage des degrés de fiction et de réalité, mais dont la potentialité métaleptique est réduite par la mise en récit de la métamorphose[36]. Peut-être n'est-ce d'ailleurs pas un hasard si l'on ne trouve pas, du moins à ma connaissance, d'image représentant ce mythe dans l'Antiquité.

Le griffon et l'Arimaspe de la villa des Mystères jouent donc sur ce glissement métaleptique entre deux degrés de fiction : celle de l'architecture en trompe-l'œil et celle du mythe que l'image actualise. Or ce processus entrait vraisemblablement dans un ensemble plus complexe d'indices de jeux sur l'illusion de la peinture pariétale. En effet, le couple de la grypomachie alterne, comme nous l'avons dit, avec d'un côté un grand vase en métal (couramment associé à l'iconographie des griffons, gardiens de l'or et des richesses, outre la valeur agonistique exprimant l'excellence des valeurs masculines), et de l'autre avec une *imago clipeata*[37] représentant une Minerve vue de face, "animée" par sa carnation qui contraste avec le métal du bouclier, et coiffée d'un casque en bronze à ailettes vertes, remonté sur le front de la déesse, reproduisant schématiquement un visage au nez marqué et aux yeux étrangement fermés. Or cette image tient autant de l'allusion aristocratique aux *imagines clipeatae*, apparues à Rome sans doute peu de temps auparavant, que de l'épisème des boucliers, dont la recomposition en image a pu offrir un discours méta-figuratif[38]. Ici, c'est Minerve qui joue avec les faux-semblants par son casque et son regard frontal qui

35 Paris, musée du Louvre, inv. MA 975 ; Stilp 2001, 52-53. Le jeu a été poussé plus loin par les céramistes grecs et italiotes, comme sur une hydrie de Cléophradès représentant Cassandre qui cherche refuge auprès de la statue d'Athéna, qui semble attaquer Ajax (Naples, Museo archeologico nazionale, inv. 2422 ; *LIMC*, II.1, *s.v.* *"Athena"*, n. 84) ; également un cratère apulien de New York (Metropolitan Museum of Art, inv. 50.11.4) figurant une statue d'Héraclès peinte par un artisan, devant le dieu lui-même (*LIMC* IV, *s.v.* *"Herakles"*, 271/1569, *ThesCRA* II (2004), "Cult images", 40). Sur les implications religieuses de cette ambiguïté iconographique dans le cadre des images romaines de sacrifices : Huet 2008, spécialement 47-48 et 50-52.

36 Sur le renversement du processus par l'*ekphrasis*, Robert 1992.

37 Sur les *imagines clipeatae* à l'époque républicaine : Humm 2005, 43-46 et bibliographie antérieure.

38 Pour l'iconographie des vases grecs, Lissarrague 2008.

"apostrophe" le spectateur[39], tandis que le jeu se prolonge avec les *gorgoneia* qui lui font face dans l'alcôve méridionale. À nouveau, il s'agit là d'un cas limite de métalepse, mais la composition d'ensemble de la frise, telle du moins que ce fragment le laisse supposer, témoigne d'un jeu particulièrement abouti de la part du peintre sur la fiction de l'image qu'il met ainsi en scène. Il est vraisemblable qu'il appartienne au même atelier qui a exécuté la mégalographie de la pièce 5, qui met évidemment en scène des effets d'illusions visuelles variées, notamment autour d'objets-embrayeurs, comme le masque du silène, le miroir de l'Éros ou l'apostrophe du chevreau.

La sirène-caryatide de la Farnésine : un espace paradoxal

Avec la frise du *cubiculum* 11 de la villa des Mystères, le fonctionnement des effets métaleptiques n'apparaît qu'au prix d'un examen attentif, qui relève de la perméabilité entre différents espaces de la représentation, et non de l'effet de surprise immédiat, ce qui place le plaisir ou l'intérêt du spectateur dans une démarche active de réflexion sur l'illusion de ces architectures fictives peintes. C'est également le cas du deuxième exemple, qui nous transporte dans la Rome augustéenne des années 20 a.C., dans la villa urbaine trouvée sous les jardins de la Farnésine, sur les bords du Tibre[40]. La richesse de ses décors, certains détails iconographiques et son implantation topographique ont fait penser qu'il pouvait s'agir d'une villa ayant appartenu à Agrippa et Julie : si l'hypothèse n'est pas démontrable, la qualité des fresques et des stucs situe les concepteurs de ces décors dans l'élite de la Rome augustéenne[41].

Le détail qui nous intéresse se trouve dans le *cubiculum* B, qui développe, comme d'autres pièces de la villa, une pinacothèque peinte en trompe-l'œil, très savamment intégrée à des architectures fictives qui s'affinent et deviennent de plus en plus irréelles, comme on le voit notamment sur le fronton végétal en accolade de l'édicule, sur le mur du fond de l'alcôve (fig. 5)[42]. Il s'agit d'un véritable musée fictif, réunissant à travers sa collection de tableaux et de statues des citations empruntées aux différentes aires du monde grec, de l'Athènes classique à l'Alexandrie hellénistique, suivant une mise en scène hiérarchique minutieusement agencée[43]. Sur le mur qui nous occupe, le plus remarquable par sa finesse – et aussi le plus connu –, sont disposés, dans les parties latérales du registre médian, deux petits tableaux peints en trompe-l'œil, dont le contenu imite le style et l'iconographie des lécythes attiques à fond blanc. Ces tableautins, qui semblent être accolés au mur rouge, sont portés à bout de bras par des hermes peints représentant des bustes de sirènes, dont la carnation n'évoque pas des caryatides de pierre en trompe-l'œil, mais de *monstra* animés – comme d'autres créatures de type grotesque, qui peuplent discrètement l'ensemble de la pièce.

Or, si on analyse de près ce dispositif, on remarque que le pied de ces sirènes-caryatides est posé sur l'avancée semi-circulaire du podium, dont la surface supérieure est peinte en

39 Frontisi-Ducroux 2010.

40 Bragantini & De Vos 1982.

41 Wyler 2006.

42 Rome, Museo archeologico nazionale (Palazzo Massimo), inv. 1118 (paroi nord-est au fond de l'alcôve). Bragantini & De Vos 1982, 135-136, pl. 61-66.

43 Wyler 2005.

Fig. 5. Rome, Museo archeologico nazionale (Palazzo Massimo), inv. 1118. De Rome, villa de la Farnésine, cubiculum B, mur du fond de l'alcôve. Sur concession de la Soprintendenza Speciale per il Colosseo, il Museo Nazionale Romano e l'area archeologica di Roma. D'ap. Sanzi di Mino 1998, fig. 80.

vert, au-dessus d'une base circulaire imitant du marbre blanc, richement décorée de motifs végétaux et à demi-engagée dans le podium. L'ombre portée vers l'extérieur, qui suppose une source de lumière au centre de la composition, confirme l'importance de son avancée, légèrement moindre que l'avancée rectangulaire qui supporte l'édicule central. À l'autre extrémité de la sirène, en revanche, c'est-à-dire au niveau des bras qui supportent les cadres jaunes à liserés verts des tableaux, l'ensemble du dispositif semble posé contre le mur. On distingue une légère ombre portée, qui correspond à l'épaisseur du cadre plutôt qu'à l'indice d'une distance entre le tableau et la paroi, et dont la fonction "skiagraphique" permet d'accentuer le contraste des couleurs. Bien plus, le motif qui orne le pourtour central du cadre jaune, constitué de volutes végétalisées noires, répond précisément à la frise blanche, peinte sur la paroi rouge, qui encadre le cadre, pour ainsi dire. Il est possible que nous ayons affaire ici, quoique de façon discrète, à un type de "débordement" métaleptique qui fait que le cadre en trompe-l'œil, jaune et vert, se fond et se confond avec la paroi qui le supporte et l'absorbe en même temps, de même que la sirène glisse imperceptiblement, mais incontestablement – à la manière de M. C. Escher – de l'avancée de la base de marbre vers l'arrière-plan de la paroi rouge, tout en se maintenant bien verticale.

On ne peut bien sûr pas exclure une maladresse du peintre. Cependant, la qualité d'exécution de l'ensemble du décor rend peu probable cette hypothèse, d'autant que l'artiste, ou le chef d'atelier, a peut-être laissé une trace de sa personnalité en apposant une signature dans la pièce attenante, le *cubiculum* D, incisée sur le fût d'une colonne peinte en trompe-l'œil : *Seleukos epoiei*. Cette inscription témoigne non seulement d'une identité gréco-orientale, ou prétendue telle, mais aussi d'une certaine prétention artistique, si l'on en croit l'usage de l'imparfait réservé, selon Pline[44], aux signatures des plus grands peintres, comme Apelle ou Polyclète, qui ne considéraient jamais leur œuvre comme achevée – contrairement aux peintres de vases, qui signaient plus simplement *epoiesen*, au parfait. La culture du décorateur de la Farnésine laisse ainsi penser qu'il jouait volontiers sur ces référents érudits. Si l'on admet donc qu'il maîtrisait parfaitement les règles du rendu de la profondeur quand il a choisi de représenter la sirène portant le tableau selon une formule paradoxale, il n'est pas invraisemblable d'y voir l'expression, discrète et peut-être ludique, d'une expérimentation consciente des limites de l'illusion provoquée par les architectures fictives. Ce n'est d'ailleurs pas un hasard si ce décor de la Farnésine est un "inclassable" en transition entre le «deuxième» et le "troisième style", et de nombreux détails de ces fresques conduisent à la même interprétation.

Un dernier mot sur ces pinacothèques feintes. Sans doute n'est-il pas indifférent que, dans le contexte de la Rome augustéenne, une villa aussi luxueuse que la Farnésine ait déployé une telle ingéniosité artistique pour simuler le luxe d'une collection d'œuvres d'art. En effet, Pline se fait l'écho, au livre 35, d'un célèbre discours qu'a tenu Agrippa, selon lequel "il fallait verser dans le domaine public tous les tableaux et toutes les statues, ce qui eût été bien préférable à leur envoi en exil dans les villas"[45], reprenant sans doute un vieux thème de la condamnation des excès dans le luxe privé, mais que, suivant César, Auguste avait intensifiée. Dans un autre domaine, on se souvient que l'imitation des marbres exotiques par la peinture, dans les décors de la fin de la République, a pu répondre à une "nécessité de contourner une censure dans l'usage des matériaux au sein des demeures aristocratiques"[46] – censure qui disparaît sous l'Empire avec l'utilisation massive des placages de marbres réels dans les décors pariétaux des plus riches demeures. De fait, l'imitation d'œuvres d'art, comme la pinacothèque de la Farnésine, ou de matériaux précieux, insérés dans des architectures qui forment des scénographies grandioses, participe d'un comportement conforme aux exigences politiques et morales de cette période. Pour les commanditaires et les artistes, cette modestie du fictif laisse libre cours à une liberté bien plus grande pour concevoir un luxe en images, peut-être plus précieux qu'avec des œuvres réelles et plus cohérent dans sa composition que ce que le marché de l'art aurait pu fournir. Les indices métaleptiques comme la sirène-caryatide, si on accepte de la reconnaître comme tel, renforcent encore l'idée d'un compromis entre les exigences d'une réalité socio-politique et un imaginaire

44 Wyler 2005, 108-109 ; Plin., *Nat.*, *praef.* 26 : *Ex illis mox uelim intellegi pingendi fingendique conditoribus (...) absoluta opera et illa quoque, quae mirando non satiamur, pendenti titulo inscripsisse, ut* Apelles faciebat *aut* Polyclitus, *tamquam inchoata semper arte et inperfecta, ut contra iudiciorum uarietates superesset artifici regressus ad ueniam uelut emendaturo quicquid desideraretur, si non esset interceptus.* "Je voudrais que l'on interprétât mes intentions d'après celles de ces fameux créateurs de la peinture et de la sculpture qui (...) mettaient à des œuvres achevées, même aux chefs-d'œuvre que nous ne nous lassons pas d'admirer, une inscription suspensive, telle 'Apelle' ou 'Polyclète y *travaillait*', comme si l'art était une chose toujours commencée et toujours inachevée : ainsi, en face des variations du goût, il restait un recours à l'artiste, qui se disait par là prêt à corriger tous les défauts qu'on lui signalerait, si la mort ne venait l'interrompre" (Trad. Croisille 1985).

45 Plin., *Nat.*, 35.24-27 : *Exstat certe eius oratio magnifica et maximo ciuium digna de tabulis omnibus signisque publicandis, quod fieri satius fuisset quam in uillarum exilia pelli* (Trad. Croisille 1985).

46 Rouveret 2002, 110.

auquel les architectures fictives permettent d'accéder. La dénonciation, même discrète, de l'illusion ainsi mise en scène pourrait constituer un jeu conscient sur cette réalité.

Du monde au balcon : de l'autre côté du miroir ?

Le dernier dossier, que nous nous contenterons d'aborder, concerne un corpus plus large, qui se développe à travers la peinture romaine des "deuxième" et "quatrième styles" essentiellement. Il s'agit des dispositifs mettant en scène des personnages, humains cette fois, qui se présentent face au spectateur comme s'ils sortaient de leur propre intérieur, dont un élément d'architecture (une porte, une galerie à l'étage) est peint sur la paroi. Ils apparaissent en quelque sorte en miroir de l'observateur réel, en brouillant le jeu entre l'intérieur et de l'extérieur, celui des espaces réels comme des espaces fictifs. L'effet métaleptique est précisément construit sur la frontalité des personnages, sans qu'il y ait d'effet d'"*apostrophè*" à proprement parler.

Ce dispositif prend deux formes particulières : les personnages peuvent être représentés dans l'ombre dans une fausse galerie à l'étage, ou alors sortant d'une porte fictive qui s'entrouvre pour les laisser sortir dans l'espace extérieur de la paroi peinte. Dans les deux cas, la mise en scène théâtrale de la scénographie est particulièrement présente, mais se laisse aussi déborder par le jeu du peintre. Comme la seconde apparaît surtout dans les décors de "quatrième style" et qu'elle mériterait une étude plus approfondie[47], nous nous concentrerons sur la première situation, en partant des décors du *frigidarium* 20 de la maison du Cryptoportique à Pompéi (I, 6, 2)[48]. La scénographie y est complexe dès l'entrée dans la pièce, dont les décors du mur nord sont visibles depuis le couloir d'accès 21 et se révèlent progressivement à mesure que l'on franchit le couloir voûté (fig. 6). Le schéma décoratif des pièces nord et sud est sensiblement le même, exceptée la partie centrale du mur sud où se trouve la porte, occupée par une ouverture sur un paysage sur le mur nord.

Ces deux ouvertures, réelle (la porte) et fictive (la fenêtre sur paysage), sont insérées dans une architecture peinte conçue sur deux niveaux et sur deux plans : une façade à deux étages et, derrière elle, des vues en perspectives (toujours sur deux étages, une colonnade entre les avant-corps et des bâtiments aux extrémités). Or cette scénographie est animée par des personnages – outre de petits oiseaux posés sur les croisillons d'un parapet qui sépare les

47 Outre tous les exemples provenant de la *domus aurea* (*ala* occidentale, pièce 42...), voir notamment le *tablinum* de la maison du Méléagre (VI, 9, 2), où les deux motifs cœxistent, rehaussés par des stucs et une riche polychromie, ainsi que dans le péristyle 16. Également dans la *diaeta* f de la maison d'Octavius Quartius (II, 2, 2) : sur le mur sud, les deux motifs apparaissent – un couple visible sur un balcon à clairevoie dans la partie supérieure de la zone médiane et, au registre inférieur, un personnage entre-ouvrant une porte à deux battants qui s'apprête à descendre une petite volée de marches. Sur le "theatrical manner" (à propos de la villa des Vettii) : Clarke 1991, 227-234. Sans la volée de marche, et dès le "deuxième style", voir le grand personnage féminin (Vénus ? une actrice ? Cléopâtre ?) accompagné d'un Éros qui apparaît dans l'entre-ouverture de la porte dans le *cubiculum* de M. Fabius Rufus (VII, 16, 17-22), repris avec la duplication du mur par une autre volée de marches (fig. 7) : Leach 2004 ; Walker 2008.

48 Bragantini 1990, 230-238 ; Rocco 2003 (dans Bragantini 1990, attention à la restitution graphique de la fig. 65, la partie orientale du mur empruntant les figures restituées à la partie occidentale du mur sud).

Fig. 6. Pompéi, maison du Cryptoportique (I,6,2), frigidarium 20, mur nord. Sur concession du Ministère pour les biens et les activités culturelles, Surintendance spéciale pour les biens archéologiques de Naples et Pompéi (cl. S. Wyler).

Fig. 7. Pompéi, maison de M. Fabius Rufus (VII, 16, 17-22), cubiculum, mur est. Sur concession du Ministère pour les biens et les activités culturelles, Surintendance spéciale pour les biens archéologiques de Naples et Pompéi (cl. S. Wyler).

deux plans, selon le procédé observé à Oplontis, et des personnages en acrotères et caryatides. Dans les avant-corps latéraux du premier niveau étaient représentés deux personnages qui font face au spectateur : sur le mur nord ne subsiste que la femme de gauche qui tient un vase, en vis-à-vis, sur le mur sud, d'un personnage masculin nu, qui verse du vin depuis une outre dans une corne. Dans l'ombre de l'espace en perspective dont ces deux personnages occupent l'avant-scène, un masque de théâtre est posé sur une console et l'on distingue un vase et des guirlandes dans la partie supérieure.

Mais c'est à l'étage de cette architecture fictive que le jeu métaleptique se révèle. En effet, au-dessus des avant-corps, entre la colonnade fuyante au centre et les bâtiments en perspective à l'extérieur, des "scènes d'intérieur" ont été peintes. Elles figurent des pièces munies de fenêtres, d'un plafond à poutres apparentes, orné d'une guirlande maintenue par une pelte dans l'angle nord-ouest. Ces espaces sont fermés par un parapet, qui fait office de balcon pour les personnages qui se tiennent à son bord et qui masque la partie inférieure de leur corps. Sur le mur nord, à l'ouest, une femme s'arrange les cheveux en se regardant dans un miroir, tandis qu'une autre, peut-être une servante, ouvre ou ferme un coffret posé sur le parapet. Sur le même mur, à l'est, un homme torse nu tend la main vers un élément qui n'est plus identifiable[49]. Sur le mur sud, le balcon conservé à l'ouest présente, quant à lui, les bustes de deux personnages, dont l'un ouvre une boîte ou peut-être manipule une balance, tandis que la femme, assise sur le parapet, le regarde.

L'indice du glissement métaleptique tient à l'usage que font ces personnages du balcon, qui possède une épaisseur dans leur espace, tandis qu'il apparaît comme une surface plane dans l'architecture fictive de l'ensemble de la paroi. Cet effet permet ainsi la perméabilité entre l'espace intérieur de ces personnages et celui des spectateurs, c'est-à-dire des utilisateurs du complexe thermal de la maison, eux-mêmes dans une situation d'intimité. Le fait que des façades de bâtiments soient représentées, avec des fenêtres, au-delà des fenêtres peintes dans l'espace des personnages, insiste sur ce jeu entre l'intérieur et l'extérieur, dans une logique presque cubiste. Mais l'effet obtenu oscille entre une connivence et une forme de voyeurisme entre ces petits personnages et le spectateur, dans la position analogue d'une intimité surprise. De ce point de vue, et contrairement au motif de la porte entrouverte entre les battants de laquelle apparaît une silhouette (fig. 7), nous ne sommes pas dans la position du spectateur de théâtre qui n'a accès qu'aux façades et aux portes des palais et des villes : nous pénétrons, même discrètement, de l'autre côté de la scène[50].

49 Bragantini 1990, 232, fig. 70, décrit un balcon avec une figure féminine et un enfant : la carnation du personnage suggère plutôt un homme, ce qui rend d'autant plus hypothétique la présence d'un enfant.

50 Un effet analogue apparaît, à la même époque, dans la maison à la Bibliothèque Privée (VI, 17, 41) : Sampaolo 1996, 27-36 ; Strocka 1993. Là, les quatre personnages sont réduits à des silhouettes monochromes, qu'on hésite à identifier à des statues ou à des personnages animés dans l'ombre. La deuxième silhouette, un bras levé sur la tête, fait un écho visuel avec l'herme au premier niveau, qui évoque la position de la Vénus Anadyomène. La silhouette joue dès lors sur l'ambiguïté entre une reduplication possible, à l'étage, d'une galerie de statues, et une analogie avec une belle femme à sa toilette. Sur le geste de la main relevant les cheveux, à forte charge érotique : Gherchanoc 2012.

Conclusion

Ces quelques exemples n'ont pas vocation à l'exhaustivité, mais donnent un aperçu des potentialités exploitées par les peintres, tout au long du "deuxième style", sur ces jeux de brouillage entre les seuils de représentation. Une première constatation est que chaque image analysée concerne un détail de ces architectures fictives complexes qui se déploient sur les parois des maisons : jamais le jeu de la métalepse n'est au centre de la composition et, dans la plupart des cas, il est construit sur une interprétation, un cas-limite où l'on peut admettre ou non le glissement effectif. En outre, cette interprétation requiert de la part du spectateur une attention soutenue, un effort d'analyse pour prendre conscience des situations paradoxales créées par les peintres. C'est sans doute l'un des critères sur lequel on peut restituer avec quelque vraisemblance la part du plaisir que ces décors ont pu procurer : si un effet de perméabilité, voire de bizarrerie, était effectivement ressenti, il était susceptible d'appeler (sinon au même type d'analyse auquel nous nous sommes appliqués, dans l'espoir de mettre à distance notre propre subjectivité devant ces images) du moins à une réflexion sur les jeux d'illusion complexes et multiformes que ces architectures fictives bâtissent. Tout ceci entre dans un réseau déjà mûr d'allusions à ce plaisir[51] de l'illusion : les oiseaux et les voiles, les masques de théâtre, les visages frontaux, les jeux de miroirs et autres *gorgoneia* apparaissent comme autant d'indices, bien connus et entretenus notamment par les *topoi* littéraires, et sans cesse remis en scène, la virtuosité des peintres reposant sans doute sur l'originalité avec laquelle ils jouent sur ces motifs obligés. Les effets métaleptiques, qui sont presque toujours associés à ces embrayeurs auxquels ils ajoutent le mouvement, font figures d'expérimentations dans la peinture de "deuxième style", qui n'ont jamais été poussées aussi loin que le "quatrième style" saura le faire en faisant éclater le rapport au réalisme des architectures fictives : les seuils seront d'autant plus facilement franchis qu'ils sont quasiment abolis.

Pour autant, la peinture romaine ne semble jamais aller au bout des possibilités de la métalepse en images. Mais ces expérimentations auront sans doute sensibilisé un réalisateur comme Federico Fellini, qui a franchi, grâce au mouvement du cinéma, les lourdes portes monumentales des parois de "deuxième style", qui a fait picorer des paons devant une villa en ruines dans *Fellini Satyricon* (1969), qui a mis en scène le face-à-face éphémère entre les ouvriers qui creusent le métro dans *Fellini Roma* (1972) et les portraits antiques, peints sur les murs qu'ils découvrent, avant qu'ils ne s'effacent[52].

Références bibliographiques

Anderson, C., éd. (2002) : *Built Surface. Architecture and the Visual Arts from Antiquity to the Enlightenment*, vol. 1, *Reinterpreting Classicism*, Aldershot.

Andreae, B. (1982) : "I pavoni della villa di Oplontis", in : *La regione sotterrata dal Vesuvio*, 531-533.

51 Sur la question du plaisir face à la *mimesis* et l'illusion visuelle, voir notamment Pl., *Criti.*, 116 (la muraille de l'Atlantide), et bien sûr Arist., *Po.*, 4. En général, sur l'attitude des philosophes à l'épreuve de la peinture : Rouveret 1989, 381-460. Sur le plaisir du détail amusant dans les décors pariétaux romaines : Plin., *Nat.*, 35.117.

52 De Giorgio 2011.

Auvray-Assayas, C., éd. (1998), *Images romaines*, Paris.

Arasse, D. (2000) : *On n'y voit rien. Descriptions*, Paris.

Barbet, A. et Miniero, P., éd. (1999) : *La Villa San Marco a Stabia*, Naples.

Bergmann, B. (2002) : "Playing with boundaries : painted architecture in Roman interiors", in : Anderson 2002, 15-45.

Borges, J. L. (1957) : *Enquêtes*, trad. fr. d'après l'édition espagnole de 1937, Paris.

Bragantini, I. (1990) : "Casa del Criptoportico I, 6, 2", in : Pugliese Carratelli 1990-2003, I, 193-277.

Bragantini, I. et De Vos, M. (1982) : *Museo nazionale romano*, II.1, *Le pitture. Le decorazioni della villa romana della Farnesina*, Rome.

Civitarese, G. (2010) : "Métalepse ou rhétorique de l'interprétation de transfert", in : *Revue belge de psychanalyse*, 57, 15-39.

Croisille, J.-M. (1985) : *Pline l'Ancien. Histoire naturelle, livre XXXV*, CUF, Paris.

De Jong, I. (2009) : "Metalepsis in Ancient litterature", in : Grethlein & Rengakos 2009, 87-115.

De Giorgio, J.-P. (2011) : "De Fellini à Pétrone. Théâtre, métalepse et subjectivité", in : Poignault 2011, 697-711.

De Giorgio, J.-P. et Dubel, S., éd. (2010) : *La métalepse dans les textes et les images antiques. Figurations du spectateur/de l'auditeur et transgression des niveaux de représentation, actes de la journée d'études de Clermont-Ferrand, 22 janvier 2010*. URL : http://www.fabula.org/actualites/la-metalepse-dans-les-textes-et-les-images-antiques_34592.php ; résumés dans *BStudLat*, 40.1, 266-268.

Delplace, C. (1980) : *Le griffon de l'archaïsme à l'époque impériale : étude iconographique et essai d'interprétation symbolique*, Bruxelles.

— (1990) : "Le griffon dans la peinture romaine et sur les reliefs en stuc", in : *RAPic*, 1-2, 89-97.

Esposito, D. et Rispoli, P. (2013) : "La Villa dei Misteri a Pompei", in : Guzzo & Tagliamonte 2013, 69-79.

Frontisi-Ducroux, F. (1995) : *Du masque au visage. Aspects de l'identité en Grèce ancienne*, Paris.

— (2010) : "De l'*apostrophè* à la métalepse", in : De Giorgio & Dubel 2010.

Genette, G. (1972) : *Figures III*, Paris.

— (2004) : *Métalepse, de la figure à la fiction*, Paris.

Gherchanoc, F. (2012) : "Beauté, ordres et désordres vestimentaires féminins en Grèce ancienne", in : *Clio*, 36, 19-42.

Golsenne, T. (2008) : "Les méta-trompe-l'œil de Carlo Crivelli", éditions papiers - publications, soumis le 28 juillet 2008. URL : http://www.editionspapiers.org/publicationsles-m%C3%A9ta-trompe-loeil-de-carlo-crivelli.

Grethlein, J. et Rengakos, A., éd. (2009) : *Narratology and interpretation : the content of narrative form in Ancient litterature*, Berlin-New York.

Guzzo, P. G., éd. (2003) : *Tales from an eruption. Pompeii, Herculanum, Oplontis*, Milan.

Guzzo, P. G. et Tagliamonte, G., éd. (2013) : *Città vesuviane, antichità e fortuna. Il suburbio e l'agro di Pompei, Ercolano, Oplontis e Stabiae*, Rome.

Helbig, W. (1868) : *Wandgemälde der vom Vesuv verschütteten Städte Campaniens*, Leipzig.

Huet, V. (2008) : "Les images de sacrifice en Gaule romaine", in : Lepetz & Van Andringa (2008), 43-74.

Humm, M. (2005) : *Appius Claudius Caecus. La république accomplie*, BEFAR 322, Rome.

Leach, E. W. (1982) : *La regione sotterrata dal Vesuvio : La regione sotterrata dal Vesuvio. Studi e prospettive. Atti del Convegno internazionale 11-15 novembre 1979*, Naples.

— (2004) : *The Social Life of Painting in Ancient Rome and on the Bay of Naples*, Cambridge.

Lepetz, S. et Van Andringa, W., éd. (2008) : *Archéologie du sacrifice animal en Gaule romaine, Rituels et pratiques alimentaires*, Montagnac.

Lévy, C. et Pernot, L., éd. (1997) : *Dire l'évidence. Philosophie et rhétorique antiques*, Paris.

Lissarrague, F. (2008) : "Le temps des boucliers", in : *Images Re-vues*, 1, URL : http://imagesrevues.revues.org/850.

Maiuri, A. (1931) : *La Villa dei Misteri*, Rome.

Mauriès, P. (1996) : *Le trompe-l'œil de l'Antiquité au XXe siècle*, Paris.

Mitchell, A. (2009) : *Greek vase-painting and the origins of visual humour*, Cambridge-New York.

Moormann, E. M. (1988) : *La pittura parietale romana come fonte di conoscenza per la scultura antica*, Van Gorcum.

— (1993) : *Functional and Spatial Analysis of Wall Painting*, Leiden.

Pesando, F. et Guidobaldi, M.P. (2005) : *Gli ozi di Ercole. Residenze di lusso a Pompei ed Ercolano*, Rome.

Pier, J. et Schaeffer, J.-M., éd. (2005) : *Métalepses. Entorses au pacte de la représentation*, Paris.

Poignault, R. (2011) : *Présence du roman grec et latin*, Clermont-Ferrand.

Pontrandolfo, A., éd. (2002) : *La pittura parietale in Macedonia e Magna Grecia*, Paestum.

Pugliese Carratelli, G., éd. (1990-2003) : *Pompei. Pitture e mosaici*, Rome.

Puma, G. (à paraître) : "La pensée méta-figurative dans l'Antiquité et au Moyen Âge", in : *Images Re-vues*.

Prioux, É. (2007) : *Regards alexandrins. Histoire et théorie des arts dans l'épigramme hellénistique*, Louvain.

— (2008) : *Petits musées en vers. Épigramme et discours sur les collections antiques*, Paris.

— (2010) : "Le pêcheur, l'ivrogne et la maraîchère : quelques remarques sur les stratégies visant à abolir la distance entre monde réel et monde des images", in : De Giorgio & Dubel 2010.

Robert, R. (1992) : "*Ars regenda amore*. Séduction érotique et plaisir esthétique : de Praxitèle à Ovide", in : *MEFRA*, 104.1, 373-438.

— (1993) : "Des oiseaux dans les architectures", in : Moormann 1993, 169-173.

— (1996) : "Une théorie sans image ? Le trompe-l'œil dans l'Antiquité classique", in : Mauriès 1996, 17-61.

Rocco, T. (2003) : "The House of the Cryptoporticus", in : Guzzo 2003, 126-129.

Rouveret, A. (1989) : *Histoire et imaginaire de la peinture ancienne (Ve siècle av. J.-C. - Ier siècle ap. J.-C.)*, BEFAR 1989, Rome.

— (2002) : "Vitruve et les faux-semblants", in : Pontrandolfo 2002, 105-124.

Sanzi di Mino, M. R., éd. (1998) : *Museo nazionale romano. La villa della Farnesina in Palazzo Massimo alle Terme*, Milan.

Sauron, G. (1994) : *Quis deum ? L'expression plastique des idéologies politiques et religieuses à Rome*, BEFAR 285, Rome.

— (1998) : "Un procédé de l'imagerie à Rome : la transposition ornementale", in : Auvray-Assayas 1998, 91-114.

— (2000) : *L'histoire végétalisée. Ornement et stratégie politique à Rome*, Paris.

— (2007) : *La peinture allégorique à Pompéi. Le regard de Cicéron*, Paris.

Sampaolo, V. (1996) : "VI, 17, 41", in : *Pugliese Carratelli* 1990-2003, VI, 10-43.

— (1998) : "IX, 1, 7", in : Pugliese Carratelli 1990-2003, VIII, 869-887.

Stilp, F. (2001) : *Mariage et suovetaurilia. Étude sur le soi-disant "Autel de Domitius Ahenobarbus"*, RdA Suppl. 26, Rome.

Strocka, V. M. (1993) : "Pompeji VI 17, 41. Ein Haus mit Privatbibliothek", in : *MDAI(R)*, 100, 321-351.

Walker, S. (2008) : "Cleopatra in Pompeii ?", in : *PBSR*, 76, 35-46.

Wyler, S. (2005) : "Le décor dionysiaque de la Farnésine : l'art de faire grec à Rome", in : *Mètis*, n. s. 3, 101-129.

— (2006) : "Roman replications of Greek art at the Villa della Farnesina", in : *Art History*, 29.2, 215-234.

— (à paraître) : "Pictor in tabula ? Jeux de peintres et méta-images romaines", in : *Images Re-vues*.

Ekphrasis

Rome avant Rome : architecture fictive et *ekphrasis* prophétique dans le discours d'Évandre (Verg., *Aen.*, 8.310-365)

Pierre-Alain Caltot

> "*Vrbem Troianam primum dulcisque meorum*
> *Reliquias colerem, Priami tecta alta manerent*
> *Et recidiua manu posuissem Pergama uictis*"
>
> Verg., *Aen.*, 4.342-4

Le chant VIII de l'*Énéide* s'ouvre et se ferme sur une merveille : au début du chant, la prophétie du dieu Tiberinus (*Aen.*, 8.18-65) présente à Énée le Latium comme lieu final de sa quête[1] ; le chant se termine par la description d'une autre merveille, dont la portée est également prophétique. Sur le bouclier d'Énée, apparaît l'histoire future de Rome sculptée par Vulcain jusqu'à l'avènement d'Auguste (*Aen.*, 8.626-731). Au milieu du chant, la présentation du site de Rome par Évandre à Énée peut être rapprochée de ces deux autres passages pour son caractère prophétique et pour l'importance accordée au cadre géographique du Latium, véritable "Terre Promise italienne", selon J. Thomas[2].

Si Énée est destiné à fonder Lavinium dans le Latium, c'est pourtant Rome qui constitue l'enjeu véritable de sa quête, comme le confirme le proème (*Aen.*, 1.7)[3] : Rome est le *télos* de l'épopée, au double sens d'*achèvement* et de *but*. Ainsi, dans la quête d'une nouvelle Troie, imitée à Buthrote, et destinée à renaître à Rome comme dans la guerre entre Pallantée et la cité de Latinus, le motif urbain traverse l'ensemble de l'*Énéide,* et les villes constituent un parcours symbolique en échos et en contrepoint les unes aux autres[4].

1 Voir en particulier la répétition de l'adjectif *certus* en *Aen.*, 8.39 : *hic tibi* ***certa*** *domus,* ***certi*** (*ne absiste*) *penates.* ("Ici se trouvent assurément ta demeure et tes pénates (ne t'éloigne pas)").

2 Thomas 1986, 64.

3 *Aen.*, 1.5-7. *Multa quoque et bello passus, dum conderet urbem*
Inferretque deos Latio, genus unde Latinum
Albanique patres ^{P}*atque* ***altae moenia Romae.***
"Il eut tant à souffrir de la guerre, pour fonder à ce prix une ville et installer ses Pénates dans le Latium. D'où la nation latine, Albe et ses Anciens, et les murailles de la noble Rome". (Trad. P. Veyne). Voir Austin 1971, *ad loc.* sur cette référence à Rome dans le proème.

4 Whitehorne 2001, 224-227 souligne l'importance du motif urbain dans l'*Énéide* par rapport aux épopées antérieures, en particulier l'*Odyssée* : "there is an almost complete absence of cityscapes in the *Odyssey*

C'est dans le chant VIII que le lecteur entrevoit véritablement Rome pour la première fois. Or – et cela constitue un fait paradoxal – si Rome est évoquée dès le proème de l'épopée, sa description demeure impossible car la ville n'existe pas encore. Sa condition de possibilité, dans l'épopée, est donc la force du chant prophétique[5]. De fait, si Virgile s'inspire de la Rome d'Auguste qui lui est contemporaine, la ville ne peut être que fictive au temps de la narration.

À travers une *ekphrasis* ornementale de Rome en devenir, Virgile délivre aux lecteurs un discours architectural aux enjeux politiques et idéologiques : le chant poétique et le discours architectural se rencontrent donc pour esquisser l'horizon d'une ville. Ce passage illustre ainsi l'un des thèmes majeurs de l'*Énéide*, celui de la fondation.

Une *ekphrasis* architecturale à valeur ornementale

La description architecturale du site de Rome consiste paradoxalement à décrire des bâtiments fictifs, qui n'existent pas encore à l'époque d'Évandre et d'Énée. Virgile confère une valeur ornementale à cette *ekphrasis* par le recours à l'*euidentia*, un procédé qui mobilise toutes les ressources rhétoriques pour faire voir au lecteur l'objet de la description[6]. Il s'agit d'une description, non pas *sur* l'architecture mais *dans* l'architecture : le lecteur est comme intégré au lieu décrit. Dans tout le passage, l'*euidentia* procède du discours direct d'Évandre : en s'adressant à Énée, il saisit en même temps le lecteur avec l'emploi de la deuxième personne (*Aen.*, 8.356. *uides*) et un lexique de la vision. Ce faisant, le lecteur voit à travers le regard d'Énée et découvre, avec lui, le futur site de Rome.

Miratur *facilisqu(e)* ***oculos fert*** *omnia circum*	SDDS-DS
Aeneas ***capitur****que locis et singula laetus*	SDDS-DS
Exquiritque auditque uirum monimenta priorum.	

"Énée admire, il porte de tous côtés ses yeux dociles, il est conquis par les lieux, heureux il interroge, il se met à l'écoute des bâtiments, un à un, des héros d'autrefois." (Trad. J. Perret. *Aen.*, 8.310-312).

La répétition du même schéma métrique aux vers 310 et 311 crée un cadre adapté pour célébrer l'émerveillement d'Énée face à ce que J. Bacon appelle un "Wonderland"[7].

whereas in *Aeneid* I-VI almost every significant action takes place within an urban setting". Deux villes principales jalonnent le parcours entre Troie et Rome, Buthrote, la *simulata Pergama* (*Aen.*, 3.349-350), dont le caractère artificiel par rapport à Troie est souligné Whitehorne 2001, 232, et Carthage. Selon Carney 1986, Énée ne peut refonder Troie tant qu'il ne s'est pas lui-même transformé, d'oriental et troyen, en occidental et romain.

5 Morwood 1991, 216, "For Æneas, Rome is not a real city of bricks and mortar but a state of mind".

6 Quintilien définit ainsi l'*euidentia*, ou *énargeia* (*Inst.*, 8.3.61-70) : *Magna uirtus res de quibus loquimur clare atque ut cerni uideantur enuntiare.* ("C'est une grande qualité de présenter les choses dont nous parlons avec une telle clarté qu'elles semblent être sous nos yeux". Trad. J. Cousin).

7 Bacon 1939, 99, montre l'importance que prend le motif merveilleux au chant VIII : l'espace du Latium apparaît à Énée comme un "Wonderland".

L'*euidentia* intègre encore davantage le lecteur, lorsque les termes de la monstration s'ajoutent à ceux de la vision, faisant d'Évandre un véritable guide du Latium : le verbe *monstrat* est ainsi répété à trois reprises (*Aen.*, 8.337 ; 343 ; 345) et ses deux dernières occurrences sont mises en valeur au centre du vers, entre les césures penthémimère et hephthémimère. En outre, la reprise anaphorique des adverbes de lieu et surtout des démonstratifs à valeur déictique prolonge cette monstration dynamique[8]. L'intégration du lecteur à ce discours architectural, fût-il fictif, passe donc par le double phénomène de la vision et du déplacement.

Ce faisant, Virgile emprunte peut-être à l'épigramme hellénistique, et en particulier à Alphée de Mytilène, le motif de la découverte d'une cité ruinée par l'intermédiaire d'un guide, souvent anonyme[9]. Ce motif est appelé à une fortune dans le genre épique, comme lorsque Lucain relate la visite des ruines de Troie par César accompagné d'un guide[10]. Seulement, Virgile renverse le motif au chant VIII de l'*Énéide*, car Évandre ne guide pas Énée sur un champ de ruines, mais sur un espace qui porte en germe les futurs bâtiments de Rome. La visite mémorielle devient donc chez Virgile une visite prophétique.

De fait, la principale originalité du passage consiste à décrire une architecture prophétique, et donc fictive. L'avènement de Rome trouve son principal garant en la prophétesse Carmenta, la mère d'Évandre, appelée *uates fatidica* (*Aen.*, 8.340)[11]. La parole prophétique autorise donc le discours sur une architecture fictive : de fait, l'ascendance d'Évandre justifie le caractère presque performatif de sa parole, faisant apparaître par ses mots les futurs bâtiments de Rome.

> (...) *Dehinc progressus* ***monstrat*** *et aram*
> *et Carmentalem Romani nomine portam*
> *quam* ***memorant****, nymphae priscum Carmentis honorem,*
> *uatis fatidicae,* ***cecinit*** *quae prima futuros*
> *Aeneadas magnos* (...)

"De là, en avançant, (Évandre) montre (à Énée) l'autel et la porte que les Romains, en mémoire de son nom, appellent Carmental, honneur ancien pour la nymphe Carmenta, prophétesse capable de révéler l'avenir, qui chanta la première la grandeur future des Énéades." (*Aen.*, 8.337-341).

8 Voir les passages suivants : *Aen.*, 8.335. ***His posuere locis*** *(me)* ; 342. ***Hinc*** *lucum ingentem quem Romulus acer Asylum/ rettulit* ; 347. ***Hinc*** *ad Tarpeiam sedem et Capitolia ducit* ; 351. ***Hoc*** *nemus* ; 355. ***Haec*** *duo praeterea disiectis oppida muris.* Toute la série des déictiques procède de l'expression *his locis*, employée par Évandre pour désigner Rome.

9 Le poète est guidé sur les ruines de Mycènes par un vieillard anonyme (*AP*, 9.101, 5. γέρων τις). Le vocabulaire rappelle celui de l'épitaphe (παρερχόμενος).

10 Sur les ruines de Troie, César est accompagné d'un *monstrator* qui le guide (Luc., 9.979). Voir aussi le *senior* anonyme qui sert de guide à Corydon lors de sa visite de Rome chez Calpurnius Siculus (*Ecl.*, 7.39).

11 Voir la présentation de Carmenta comme prophétesse de la grandeur de Rome chez Tite-Live (1.7.8 : *Carmentae matris, quam fatiloquam ante Sibyllae in Italiam aduentum miratae eae gentes fuerant ;* 1.7.10 : *ueridica interpres deum*) et chez Ovide (*Fast.*, 1.501-540, en particulier 515-524).

Se met alors en place un jeu complexe entre les temps narratifs où convergent le présent de narration (8.337. *monstrat*), le présent de l'écriture, contemporain de Virgile, (8.339. *Romani... memorant*) et le passé des origines antiques, à l'époque de Carmenta (8.340. *cecinit... prima*)[12]. Ce télescopage des temporalités constitue une des caractéristiques principales du passage[13]. En effet, dès qu'Énée arrive à Pallantée, avant même sa rencontre avec Évandre, s'affirme un code de lecture opératoire pour l'ensemble du passage :

Sol medium caeli conscenderat igneus orbem
Cum muros arcemque procul ac rara domorum
*Tecta uident, [T]**quae nunc**[P] Romana **potentia** caelo*
*Aequauit, [T]**tum res**[P] **inopes**[H] Euandrus habebat.*

"Le soleil de feu était monté au milieu de la voûte du ciel quand ils (*sc.* Énée et ses compagnons) voient au loin des murs, une citadelle et les toits de quelques demeures que, aujourd'hui, la puissance romaine a élevés jusqu'au ciel, mais c'était alors l'humble domaine d'Évandre." (Trad. modifiée J. Perret. *Aen.*, 8.97-100)

Les adverbes temporels, placés au centre des hexamètres, entre les césures trihémimère et penthémimère, permettent de confronter l'actualité contemporaine de Virgile (*Romana potentia*), suggérée par *nunc*, et l'époque des origines, au temps d'Évandre (*tum*). Ainsi la période augustéenne perce-t-elle sous le mythe énéen.

C'est ce même télescopage des temporalités qui apparaît à deux autres reprises.

Hinc ad Tarpeiam sedem et Capitolia ducit
*Aurea **nunc**[T]**, olim** siluestribus horrida dumis.*

"De là, (Évandre) conduit (Énée) vers la demeure tarpéienne et vers le Capitole, tout d'or maintenant, jadis hérissé de broussailles sauvages." (Trad. J. Perret. *Aen.*, 8.347-348).

(...) *passimque armenta uidebant*
*Romanoque foro et **lautis mugire** Carinis.*

"Ils (*sc.* Évandre et Énée) voyaient çà et là des troupeaux mugir sur le forum romain et sur les Carènes raffinées." (Trad. modifiée de J. Perret. *Aen.*, 8.360-361).

12 Voir Newman 1967, 109. Virgile caractérise l'activité prophétique de Carmenta au moyen du verbe *canere* et du substantif *uates* (*Aen.*, 8.340), deux termes qu'il emploie également pour désigner sa propre activité poétique, le premier dans le proème de l'épopée (*Aen.*, 1.1) et le second en *Aen.*, 8.41, passage que l'on peut qualifier, après Conte 1992, de "proem in the middle".

13 Voir Novara 1986, 70-71 : "À la fois (le lecteur) participe aux sentiments qu'éprouve Énée devant ces lieux déjà chargés d'histoire, mais qui en attendent une plus longue, et il apprécie aux côtés du narrateur qui lui montre Rome aujourd'hui, dans la permanence du décor naturel, 'le chemin parcouru' depuis les temps primitifs" et Grandsen 1976, *ad* 99-100 sur le "clash between 'epic time' and 'real time'".

Le chiasme autour de la coupe trihémimère (8.348, *aurea nunc/olim... horrida*) permet d'opposer deux états successifs du Capitole ; de même, l'opposition entre la Rome bucolique des premiers temps et le raffinement de la Rome augustéenne est affirmée au sujet du forum, par la rencontre presque antithétique du verbe *mugire* et de l'adjectif *lautis... Carinis*.

Comme souvent dans l'*Énéide*, le sujet énéen rejoint l'arrière-plan augustéen : l'*ekphrasis* d'une architecture fictive annonce l'époque d'Auguste. Aussi, derrière les enjeux esthétiques apparaissent des enjeux politiques et idéologiques.

Un discours architectural au service d'enjeux politiques et idéologiques

Au nom du code de lecture défini dès l'arrivée d'Énée à Pallantée, l'*ekphrasis* architecturale construite par Évandre[14] est investie d'enjeux politiques et idéologiques. L'itinéraire suivi par Énée sous la conduite d'Évandre donne l'occasion à Virgile de visiter la plupart des lieux stratégiques du programme architectural d'Auguste : ainsi, pour P. Grimal, à chaque pas d'Énée, surgissent, au fond de l'avenir, les monuments qu'Auguste appellera à l'existence[15]. Dès lors, Virgile inscrit dans le texte de l'*Énéide* les réalisations architecturales qu'Auguste inscrira dans la pierre de Rome[16].

Évandre et Énée commencent leur trajet autour de l'ensemble carmental (*Aen.*, 8.337-341)[17], un quartier de Rome en restauration depuis 32 a.C., réaménagé autour du temple d'Apollon Sosianus[18]. Virgile choisit peut-être d'évoquer cet endroit en référence à la filiation apollinienne revendiquée par Auguste : selon Suétone, ce temple aurait été le cadre d'une généalogie divine d'Auguste.

> *In Asclepiadis Mendetis Theologumenon libris lego, Atiam cum ad sollemne* ***Apollinis sacrum*** *media nocte uenisset,* ***posita in templo lectica****, dum ceterae matronae domum irent, obdormisse ; draconem repente irrepsisse ad eam pauloque post egressum ; illam expergefactam quasi a concubitu mariti purificasse se ; ... Augustum natum mense decimo et ob hoc Apollinis filium existimatum.*

"Dans les recueils d'aventures divines d'Asclépias de Mendès, je trouve l'histoire suivante. Atia, s'étant rendue au milieu de la nuit à une cérémonie solennelle en l'honneur d'Apollon,

14 Lesueur 1975, 120, présente Évandre comme "l'allié privilégié [d'Énée] qui symbolise la fusion du passé romain dans l'avenir augustéen".

15 Grimal 1948, 351.

16 Pour Grandsen 1976, 37, "book VIII is clearly the most Roman and the most Augustan book of the poem". Voir, en dernier lieu, les remarques de Stahl 2016, 251-345 sur les allusions valorisantes à la politique augustéenne dans ce passage. La lecture du passage est par ailleurs confirmée par l'interprétation que Grandazzi 2010, 675-691 a proposée du palais de Latinus, inspiré de la *Domus Augusta* du Palatin (*Aen.*, 8.170-192).

17 Denys d'Halicarnasse (*Antiquitates Romanae*, 1.32, 2) témoigne de l'existence d'un autel de Carmenta toujours en place à son époque.

18 Voir Platner & Ashby 1929, 15-16 ; Grimal 1948, 349, montre que la porte Carmentale donnait accès au temple d'Apollon Sosianus.

fit placer sa litière dans le temple et s'y endormit, tandis que les autres matrones rentraient à la maison ; or, un serpent se glissa tout à coup auprès d'elle et se retira bientôt après ; à son réveil, elle se purifia comme si elle sortait des bras de son mari ; ... et, comme Auguste naquit neuf mois après, on le considéra dès lors comme le fils d'Apollon" (Trad. H. Ailloud. Suet., *Aug.*, 94.4).

D'ailleurs, Auguste change la date de dédicace du temple pour l'associer à son propre *Natalis* du 23 septembre, ce qui témoigne de l'importance que recouvrait ce temple dans la construction d'une mythologie augustéenne[19].

Viennent ensuite la référence à l'*Asylum*, au Lupercal (*Aen.*, 8.342-344), rebâti par Auguste[20], et à l'Argilète (*Aen.*, 8.345-346) alors en pleine transformation. P. Grimal parle au sujet de ce dernier quartier d'un "lieu sacré dans la politique augustéenne"[21], en particulier avec le temple de Janus, situé au pied de l'Argilète. Tite-Live, d'ailleurs, ne manque pas de rappeler qu'Auguste ferme la porte du temple pour la troisième fois dans l'histoire de la cité[22]. Évandre et Énée se rendent enfin sur le Capitole (*Aen.*, 8.347-348) qui sera restauré sous Auguste en 26 a.C. et où un temple est consacré à Jupiter Tonnant en 22 a.C. (*RGDA* 20)[23], avant d'atteindre le forum (*Aen.*, 8.360-361). Auguste en fait justement un espace à la gloire de sa *gens* en poursuivant la construction du forum julien et en construisant son propre forum (*RGDA* 20)[24].

Ainsi, les différents lieux visités par Évandre et Énée annoncent les futurs chantiers de la Rome augustéenne, ils consacrent même un itinéraire de célébration en soulignant la por-

19 Voir Grimal 1948, 349-350 et Kellum 1997, 163.

20 Voir la mention qu'en fait Auguste dans ses *RGDA* 19 *Aedem diui Iuli,* ***Lupercal****, porticum ad circum Flaminium ...,* ***aedes in Capitolio Iouis Feretri et Iouis Tonantis...*** *feci.* ("J'ai fait construire le temple du divin Jules, le Lupercal, le portique qui borde le cirque Flaminius..., les temples de Jupiter Férétrien et de Jupiter Tonnant").

21 Grimal 1948, 350.

22 Liv. 1.19.2-3. *Ianum ad infimum Argiletum indicem pacis bellique fecit, apertus ut in armis esse ciuitatem, clausus pacatos circa omnes populos significaret. Bis deinde post Numae regnum clausus fuit, semel T. Manlio consule post Punicum primum perfectum bellum,* ***iterum, quod nostrae aetatati Actiacum ab imperatore Caesare Augusto pace terra marique parta.*** ("Il fit donc un temple de Janus, au pied de l'Argilète, pour symboliser la paix et la guerre : ouvert, il annonçait que Rome était sous les armes, fermé, que la paix régnait autour d'elle. Deux fois seulement il a été fermé depuis Numa : une fois sous le consulat de Titus Manlius à la fin de la première guerre punique, une seconde fois – et grâce aux dieux, c'est notre génération qui a été témoin du fait – après Actium, par l'empereur César Auguste, quand il eut rétabli la paix sur terre et sur mer". Trad. J. Bayet). Voir aussi Hor., *Carm.*, 4.15.8-9 et Suet., *Aug.*, 22.

23 Sur le temple de Jupiter Tonnant, voir Zanker [1983] 1988, 108.

24 Zanker [1983] 1988, 79-82 décrit le forum comme un espace à la gloire de la *Gens Iulia* avec la statue de la *Victoria* dans la Curie, le Temple de César, les rostres égyptiens d'Actium, la *columna rostrata* édifiée en mémoire de la victoire d'Octave à Nauloque et l'agrandissement de la basilique Julienne. Sur le forum d'Auguste, voir Suet., *Aug.*, 29.2-3, et les remarques de Grandazzi 2017, 648-654.

tée civique et religieuse[25], du programme architectural voulu par le *Princeps*[26]. En outre, à travers ces évocations, Virgile tisse un lien direct entre les premiers temps de Rome et l'époque augustéenne : Auguste rebâtit en effet des sites doués d'une forte portée symbolique, dans lesquels s'est affirmé, dès les origines, le creuset d'une identité et d'une culture fondamentalement romaines. Ainsi en est-il du mythique Lupercal, associé à l'*acer Romulus* (*Aen.*, 8.342) et dont le nom même témoigne du caractère fondateur ; de l'*Asylum*, dont l'institution par Romulus relève des actes de *conditor*[27] ; du Capitole, présenté par Virgile comme un espace religieux et politique des origines sur le bouclier d'Énée (*Aen.*, 8.653-654)[28]. Enfin, la porte Carmentale peut faire référence, entre autres, à l'expédition des 306 *Fabii* lors de leur départ pour aller combattre Véies (Liv. 2.49, 8).

Il y a bien alors un double mouvement dans l'évocation de ces sites, foulés sous les pas d'Évandre et d'Énée : supports de mémoire pour les exploits du passé et mémoriaux de la communauté civique romaine, ces sites sont sur le point d'être restaurés par Auguste, affirmant ainsi son projet d'une *Res publica restituta*[29].

En effet, l'ambition de Virgile, à travers cette évocation architecturale, est moins encore une célébration politique et militaire de la personne du *Princeps*[30] qu'un discours symbolique articulé autour d'un mythe de refondation. Conformément à la volonté d'Auguste de s'inscrire dans une lignée de fondateurs, Énée est investi d'une quête archéologique. En scrutant les bâtiments édifiés par les hommes du passé, évoqués dans la clausule de deux vers qui se font écho, Énée anticipe, en quelque sorte, sur le programme architectural d'Auguste[31].

25 Voir les 82 temples restaurés par Auguste à partir de 28 a.C. (*RGDA* 20), les remarques de Gros 1976, 15 sq. sur sa politique de reconstruction des temples ou de Zanker 1988 [1983], 102-110 sur les manifestations architecturales d'une restauration de la *pietas* par Auguste. Les poètes aussi témoignent de cette restauration : Horace (*Carm.*, 3.6.1-4, *Delicta maiorum inmeritus lues, / Romane, donec templa refeceris/ aedisque labentis deorum*) et Virgile qui décrit l'entrée d'Auguste dans Rome pour célébrer son triple triomphe dans l'*ekphrasis* du bouclier d'Énée (*Aen.*, 8.714-728).

26 D'après Suétone, Auguste "se flatta avec raison d'avoir trouvé une ville de brique et d'en avoir laissé une de marbre" (*Aug.*, 28.5).

27 Voir Briquel 2000, 15-19.

28 Voir la déclaration d'éternité attachée au Capitole par Virgile (*Aen.*, 9.448 : *Capitoli immobile saxum*). Voir en outre Hor., *Carm.*, 3.30.7-9.

29 Sur cette notion, voir les études réunies par Hurlet et Mineo, 9-19 en particulier. Du point de vue d'une "restauration architecturale", Scheid 2009, 121-123 évoque bien le double mouvement de construction de nouveaux temples et de reconstruction "des temples de Rome qui avaient eu à souffrir de l'époque des guerres civiles" dans la politique religieuse d'Auguste.

30 Pichon 1914, 415-416 associe les différents espaces visités par Énée et Évandre à la *Via sacra* suivie par le général triomphant : il s'agirait ainsi du "prototype lointain des processions triomphales", anticipant sur le véritable triomphe vécu par Auguste représenté sur le bouclier d'Énée.

31 Auguste témoigne de sa volonté de s'inscrire dans l'héritage des grands hommes du passé avec la double galerie des *summi uiri* sous les portiques du Temple de *Mars Vltor* qui encadrent la statue du quadrige d'Auguste en majesté (Suet., *Aug.*, 31.8). Sur ces galeries, voir Zanker 1988 [1983], 210-215. D'ailleurs certains sénateurs voulurent surnommer Auguste, Romulus, comme nouveau fondateur de la Ville (*conditor urbis*) (Suet., *Aug.*, 7.2 ; D. C. 53.16.6-7). Sur l'héritage de Romulus revendiqué par Auguste, voir Galinsky 2013, 32-36.

Aen., 8.312. *Exquirit auditque* ***uirum monimenta priorum.***

"(Énée) interroge et se met à l'écoute des bâtiments des héros d'autrefois."

Aen., 8.356. (...) "***ueterumque*** *uides* ***monimenta uirorum***".

"Tu vois les bâtiments des héros des temps anciens".

Ce mythe de refondation se cristallise sur la figure de Saturne (*Primus... Saturnus*[32]) dans un *uersus aureus* qui souligne le parcours du dieu hors de l'Olympe vers le Latium, puisque le verbe *uenit* se trouve au centre du vers. S'ensuit une double référence à l'âge d'or.

Primus ab aethario [P] ***uenit*** [H] ***Saturnus Olympo***
Arma Iouis fugiens et regnis exul ademptis.
Is genus indocile ac dispersum montibus altis
Composuit legesque dedit, Latiumque uocari
Maluit, his quoniam latuisset tutus in oris.
Aurea *quae perhibent illo sub rege fuere*
Saecula : sic placida populos in pace regebat,
Deterior donec paulatim ac decolor aetas
Et belli rabies et amor successit habendi.

"Le premier qui vint fut Saturne, descendu de l'Olympe éthéré, fuyant les armes de Jupiter, exilé, déchu de sa royauté. Il réunit ces hommes indociles et dispersés sur les hautes montagnes, il leur donna des lois et choisit pour le pays le nom de Latium au prétexte qu'il avait été caché, sain et sauf dans cette contrée. Les siècles qui se déroulèrent sous ce roi furent d'or : il régnait sur les peuples dans une paix tranquille jusqu'aux temps où peu à peu succéda un âge moins bon, dégradé, avec les fureurs de la guerres et l'amour des richesses." (Trad. modifiée J. Perret. *Aen.*, 8.319-327).

Hinc ad Tarpeiam sedem et Capitolia ducit
Aurea ***nunc*** [T]***, olim*** [P] *siluestribus horrida dumis.*
Iam *tum religio pauidos terrebat agrestis*
Dira loci, **iam** *tum siluam saxumque tremebant.*

"De là, (Évandre) conduit (Énée) vers la demeure tarpéienne et vers le Capitole, tout d'or maintenant, jadis hérissé de broussailles sauvages. Déjà alors, la redoutable sainteté du lieu

32 Voir les remarques de Novara 1986, 73-75 sur l'importance de l'adjectif *primus*, qui renvoie aux *heurêmata*, à l'origine d'une civilisation. À noter aussi l'emploi de *prima* au sujet de Carmenta (*Aen.*, 8.340), comme première prophétesse annonçant la venue d'Énée et appelée à être relayée par la Sibylle, d'après l'explication de Servius (*Ad Aen.*, 7.340) et de Tite-Live (1.7.8). Le Latium apparaît bien comme le lieu des origines.

saisissait de terreur les paysans, déjà alors cette forêt et cette roche les faisaient trembler." (Trad. modifiée J. Perret. *Aen.*, 8.347-350).

L'adjectif *aurea* est employé deux fois à une même place métrique, au début des vers 324 et 348, pour suggérer une parenté entre le siècle d'or (*aurea ... saecula*) de Saturne et la ville d'or (*Capitolia... aurea*) restaurée par Auguste, après les guerres civiles. En outre, la position de l'adjectif *aurea* permet une association signifiante avec l'adverbe *nunc*, pour le lecteur contemporain de Virgile. Évandre actualise donc la prophétie d'Anchise[33] : ce dernier annonçait, lors de la catabase d'Énée, un retour de l'âge d'or auquel présiderait *Augustus Caesar*, en nouveau Saturne[34].

Augustus Caesar, diui genus, [B]***aurea*** *condet*
Saecula *qui rursus Latio regnata per arua*
Saturno *quondam* (...)

"César Auguste, rejeton du Divin César, qui ramènera l'âge d'or dans le Latium, en ces guérets où régna autrefois Saturne." (Trad. P. Veyne) (*Aen.*, 6.792-794)

Le rapprochement implicite entre Saturne et Auguste, présidant à une nouvelle époque de paix et d'harmonie, se conforme à la logique cyclique du mythe de l'âge d'or[35]. Ce passage marque ainsi la conclusion de tout un parcours mené par Virgile sur le retour de l'âge d'or, ouvert depuis ses premières œuvres[36] et unifié autour de la figure de Saturne, dont on trouve dans ce passage l'avant-dernière évocation de l'*Énéide*[37]. Des *Géorgiques* (2.538[38]), Virgile reprend la mention de l'adjectif *aureus*, antéposé, en tête de vers ; de la quatrième *Bucolique*, il reprend un double stylème : la répétition de l'adverbe *iam* (*Aen.*, 8.349-350) dont la fonction est anticipatrice, adaptée au ton prophétique du texte[39], et l'emploi récurrent du *uersus aureus*[40] (*Aen.*, 8.319). Par sa structure équilibrée et son partage rythmique autour

33 Ce rapprochement entre Évandre et Anchise est d'ailleurs préparé par le portrait élogieux qu'Évandre fait d'Anchise (*Aen.*, 8.152-174 ; en particulier 8.155-156 *ut uerba parentis/et uocem Anchisae magni uultumque recordor !*).

34 Anchise associe Auguste au merveilleux de l'âge d'or, hérité de Saturne : Auguste lui confère une extension sans précédent de l'empire romain, dépassant même les terres traversées par Hercule (*Aen.*, 6.801) et par *uictor Liber* (*Aen.*, 6.804-5).

35 Novara 1986, 77, explicite encore la relation entre Saturne et Auguste.

36 Voir Verg., *Ecl.*, 4.5. *magnus ab integro saeculorum nascitur ordo.*

37 Une référence allusive est à noter dans la suite de l'épopée : *Saturnia regna* (*Aen.*, 12.252).

38 Verg., *G.*, 2.538. ***Aureus*** *hanc uitam in terris Saturnus agebat.* ("Saturne d'or menait cette vie sur terre"). Novara 1983, 750, souligne que, si Virgile ne mentionne pas Saturne dans la première *Géorgique*, ce dernier "apparaît inséparable de la terre d'Italie et de l'agriculture dans la seconde *Géorgique*" : voir Verg., *G.*, 2.406 ; 538 ; 769.

39 Le début de la quatrième *Bucolique* (4.6-7) affirme un ton prophétique avec l'anaphore de *iam* (***Iam*** *redit et Virgo, redeunt Saturnia regna,/****iam*** *noua progenies caelo demittitur alto*) ; 27 ; 37 ; 41-44 où *iam* est répété à chaque vers : sur cet emploi de l'adverbe et sur son sens prophétique, voir Courtney 2010, 33 et Novara 1993.

40 Voir en particulier *Ecl.*, 4.4 pour commencer l'évocation de l'âge d'or ; 4.29, suivi d'un vers d'argent.

du verbe encadré par les césures principales, le *uersus aureus* se prête particulièrement bien à décrire un paysage harmonieux. Ce passage constitue donc une synthèse stylistique autour du motif de l'âge d'or, évoqué par Virgile dès les premières œuvres ; le poète affirme ainsi l'historicisation de ce mythe en terre italienne[41] et en donne le sens véritable. Auguste instaure un nouvel âge d'or, comme Saturne avant lui, en refondant Rome[42].

C'est au nom de cette lecture qu'il faut interpréter les deux derniers lieux mentionnés par Évandre.

> *Hanc* ***Ianus Pater****, hanc* ***Saturnus*** *condidit arcem :*
> ***Ianiculum*** *huic, illi fuerat* ***Saturnia*** *nomen.*

> "L'auguste Janus fonda une citadelle, Saturne l'autre : la première fut appelée Janicule, la seconde Saturnia." (*Aen.*, 8.357-358)

Ils résument en quelque sorte le programme de refondation augustéenne, par la référence aux deux dieux qui y président, Janus et Saturne[43] : Saturne incarne l'âge d'or qu'Auguste entend renouveler et Janus évoque la *pax Augusta* avec la coutume, rétablie par le *Princeps*, de fermer les portes de son temple[44]. Mieux encore : ces deux dieux anticipent sur la figure d'Auguste dans l'*Énéide*. En effet, dans les deux passages de l'épopée précédant le chant VIII où Virgile mentionne explicitement Auguste, il est à chaque fois associé à l'un de ces deux dieux : Jupiter prophétise l'avènement d'Auguste au premier chant (*Aen.*, 1.286 : *Nascetur pulchra Troianus origine Caesar.* "Naîtra un Troyen, de noble origine, César"[45]) en rapport avec la fermeture des portes du temple de Janus (*Aen.*, 1.293-296) ; Anchise annonce la venue d'Auguste comme un nouveau Saturne (*Aen.*, 6.794). Évandre emprunte donc ces deux figures aux précédentes prophéties de l'épopée[46] et ainsi ne peut que se référer à Auguste.

41 Pour Novara 1983, 706-712, Virgile définit un nouvel âge d'or dans les *Bucoliques* comme la manifestation d'un progrès inscrit dans le temps. Ajoutons que le principal déplacement relatif à ce "nouvel âge d'or" opéré par Virgile concerne son enracinement en terre italienne par rapport à Ovide (*Met.*, 1.89-112) et à Tibulle (1.1.35-48). Dans ces deux textes, l'âge d'or appartient au mythe des âges sans enracinement géographique. Quant à Horace (*Ep.*, 16, 41-66), il situe l'âge d'or à l'extérieur de Rome, sur les *diuites insulae*. Virgile déplace l'âge d'or, dans ses trois textes, en terre italienne et l'intègre véritablement à l'histoire du Latium.

42 Voir le programme artistique d'Auguste, dont témoigne notamment l'*Ara Pacis Augustae*, les analyses de Zanker 1988 [1983], 179-183 sur la symbolique de la vigne et celles de Sauron 2000, 31-34 ; 76-80 sur "le lien entre le retour de l'âge d'or et le régime dynastique donné par Auguste" (*Ibid.*, p. 34).

43 Pour Novara 1986, 87 : "le nom de Janus qui suggère vraisemblablement d'abord au lecteur la vision de son 'temple' et surtout de sa fermeture, signe de paix, se marie en toute harmonie avec celui de Saturne qui fit régner l'âge d'or".

44 Virgile n'hésite pas à faire remonter cette tradition à l'époque de Latinus, lors de la guerre entre Troyens et Latins (*Aen.*, 8.601-622).

45 La critique s'est interrogée pour savoir qui, de César ou d'Auguste, était évoqué dans ce vers : les analyses de Grimal 1989, 2, et de Harrison 1996, 132, montrent de manière convaincante qu'il s'agit bien d'Auguste.

46 Sur les grandes percées prophétiques de l'*Énéide* que représentent le discours de Jupiter (*Aen.*, 1.257-296) et le discours d'Anchise lors de la catabase (*Aen.*, 6.756-886), voir Grimal 1989 et Callataÿ 1998.

L'architecture, encore fictive, de Rome elle-même devient célébration du *Princeps*. C'est ainsi que se profile l'horizon de la Ville à travers un discours à la fois architectural et poétique.

L'horizon d'une ville : chant poétique et discours architectural

Si Rome apparaît comme le *télos* de l'*Énéide*, c'est dans l'échange entre Énée et Évandre que ses contours architecturaux sont dessinés avec le plus de précision. Pour faire advenir une cité fictive, car en devenir, Virgile recourt à une généalogie des fondations successives de Rome qui trouve son expression littéraire dans une poétique du *nomen*, c'est-à-dire "une poétique du nom" dans la mesure où nommer est un acte de création littéraire, mais aussi "une poétique du renom" puisque nommer permet de conserver une histoire mémorielle. Ainsi, la force du *nomen* est-elle la condition de réalisation d'un discours efficace sur les lieux décrits. Les bâtiments d'une architecture encore fictive accèdent au réel par l'acte même de leur nomination : "ce qui est pré-naissance sur le plan historique est naissance sur le plan littéraire"[47].

L'histoire du Latium est présentée à travers l'enchaînement de ses fondateurs/refondateurs jusqu'à Évandre et Énée et, à travers eux, jusqu'à Auguste[48]. Le chant VIII achève donc le cycle de la révélation et prépare celui de la réalisation, d'après la tripartition de l'*Énéide* proposée par J. Thomas[49]. Évandre, présenté comme *Romanae conditor*[50] *arcis* (*Aen.*, 8.313), résout, en quelque sorte, le problème soulevé par Anchise lors de la catabase, à propos des terres italiennes : *Haec tum nomina erunt, nunc sunt sine nomine terrae* (*Aen.*, 6.776). Cette unique mention de *Roma* dans le passage, avec l'adjectif *Romanus*, introduit toute une histoire toponymique du Latium, comme le suggère un métadiscours[51], unifié autour du lexique du *nomen*[52].

47 Voir les remarques de Franchet d'Espèrey 2010, 665, dans son analyse de l'acte de nomination au cours de la catabase : Anchise, en anticipant sur l'histoire romaine fait accéder les personnages de l'avenir à une existence littéraire. Ce qui est vrai des anthroponymes dans le discours d'Anchise l'est aussi des toponymes dans celui d'Évandre.

48 Parmi les fondateurs du Latium, Saturne, Évandre et Énée sont présentés tous trois par Virgile comme des exilés qui instituent un pouvoir organisateur : sur cet enchaînement, voir Rea 2007, 91, "the cycle of individual successes and failures of each founder".

49 En s'inscrivant après les études de Duckworth 1957 et de Lesueur 1975, 311 sq. favorables à une tripartition de l'*Énéide*, Thomas 1981, 201-205, distingue les quatre premiers chants de l'épopée, consacrés à la préparation du héros, les chants V-VIII, à la révélation de sa mission et les chants IX à XII, à la réalisation de cette dernière.

50 Le terme est un *hapax* dans l'*Énéide*, réservé à Évandre : voir les remarques de Grandsen 1976, 15. Sur la fonction civilisatrice d'Évandre, voir Johner 1991, 298 ; sur le modèle qu'il représente pour Auguste, voir Martin 1974, 150 et Delcourt 2001, 844 et sq., car il est à l'origine d'un ordre politique et religieux pour la cité. À ce propos, voir Liv. 1.7.8. Ripoll 2017, 90, ajoute que "l'alliance de *simplicitas* et de *maiestas*" qui préside à la description de la maison d'Évandre rejoint l'image augustéenne.

51 Sur l'importance de ce métadiscours dans les étymologies virgiliennes, voir les remarques d'O'Hara 1996, 75, n. 330.

52 Voir Novara 1986, 73-81 sur la succession des phases historiques du Latium comme une marche du progrès dans l'histoire. Pour Jenkyns 1998, l'épopée témoigne alors d'un goût pour l'"aetiological antiquarianism".

Nom des personnages	Toponyme	Métadiscours
Primus... Saturnus (8.319)	*Latium* (*quoniam latuisset tutis in oris*)	***Vocari***/ *maluit* (8.322-3)
Manus Ausonia et gentes Sicanae (8.328)	*Saturnia tellus*	***Nomen*** *posuit* (8.319)
Reges et asper Thybris (8.318)	*Thybrim*	*A quo* ***cognomine***... /*diximus, Amisit* ***uerum*** *uetus Albula* ***nomen*** (8.331-2)
Carmenta (8.336)	*Carmentalem... portam*	*Romani* ***nomine*** *quam memorant* (8.338)
Romulus acer (8.342)	*Asylum*	*Lucum quem...* ***rettulit*** (8.342-3)
	Lupercal	*Parrhasio* ***dictum*** *de more* (8.344)
Ianus Pater... *Saturne* (8.357)	*Ianiculum* *Saturnia*	*Huic, illi* ***nomen*** *fuerat.* (8.358)

Lieux de mémoire, les toponymes se succèdent en miroir des grands noms de la cité primitive (Carmenta ; Thybris ; Janus ; Saturne), selon un effet de boucle qui part de Saturne (*Aen.*, 8.319) pour revenir à lui (*Aen.*, 8.357), en référence implicite à Auguste, nouveau Saturne. Cette histoire toponymique trouve son expression dans une poétique du *nomen* : par un jeu de *dispositio* entre les vers 341 et 347, tous les noms propres se trouvent rejetés en fin de vers.

(...) *cecinit quae prima futuros*
Aeneadas magnos et nobile ***Pallanteum.***
Hinc lucum ingentem quem Romulus acer ***Asylum***
Rettulit et gelida monstrat sub rupe ***Lupercal,***
Parrhasio dictum Panos de more ***Lycaei.***
Nec non et sacri monstrat nemus ***Argileti***
Testaturque locum et letum docet hospitis ***Argi.***

"(Carmenta) qui chanta la première la grandeur future des Énéades et la noblesse de Pallantée. De là (Évandre) montre (à Énée) l'immense bois que l'ardent Romulus désigna comme Asyle et, dans une grotte fraîche, le Lupercal nommé à la manière arcadienne du nom de Pan Lykaeos. Et il montre aussi le bois de l'Argilète sacré, prend le lieu à témoin et raconte la mort de son hôte Argos." (*Aen.*, 8.340-346).

Dans cette poétique du *nomen*, l'étymologie a valeur d'étiologie[53]. Virgile inscrit la prégnance d'un héritage arcadien dans la pierre de Rome[54] : l'origine grecque de l'*Asylum* ou de Pallantée, associée étymologiquement au Palatin par Virgile et par Tite-Live[55], annonce deux autres doublets étiologiques entre nom grec et toponyme latin, *Lupercal/Lycaeus*[56] ou l'étymologie merveilleuse de l'Argilète, avec l'expression *Argi letum*.

Au-delà des jeux étiologiques, le thème des origines arcadiennes de Rome trouve son expression stylistique dans l'emploi d'hexamètres à clausule spondaïque, composée d'un unique mot dispondaïque, dans un effet d'*imitatio* de l'hexamètre grec, où une telle configuration est plus fréquente qu'en latin[57]. Chez Virgile, l'emploi d'hexamètres à clausule spondaïque demeure exceptionnel, surtout quand la clausule n'est composée que d'un unique mot, en l'occurrence quadrisyllabique. Or deux des quatre hexamètres, qui présentent une telle configuration métrique dans le chant VIII, se trouvent dans ce passage qui souligne les origines arcadiennes de Rome[58].

341. *Aeneadas*^{T} *magnos*^{P} *et nobile* ***Pallanteum***. DSSD-SS
345. *Noc non et sacri* ^{P}*monstrat*^{H} *nemus* ***Argileti***. SSSD-SS

Comme pour souligner son intention stylistique, Virgile situe, dans la clausule des deux hexamètres concernés, un terme d'origine grecque, affirmant conjointement un héritage arcadien dans la toponymie urbaine de Rome et un héritage grec dans la poétique latine de

53 Seider 2013, 54, présente les étymologies étiologiques de Latium comme une forme de la mémoire virgilienne. Ainsi en est-il de l'étiologie mythique proposée par Virgile entre *Latium* et *latere* (*Aen.*, 8.319), reprise par exemple par Ovide (*Fast.*, 1.238 : *dicta quoque est Latium terra latente deo*). Sur les étymologies dans ce passage, voir O'Hara 1996, 209-211 dans son relevé des jeux étymologiques dans l'épopée. Selon Nelis 2001, 229, l'*Énéide* est un poème dont la signification entière est étiologique : "il est évident que la question des origines de Rome était au centre du projet épique virgilien. Il [Virgile] a fait de son épopée un récit de fondation, un récit étiologique. Et grâce à la force de ce récit, sa description des origines de Rome est devenue la version classique".

54 Si l'on conteste une présence historique des Arcadiens sur le site originel de Rome (voir Delcourt 2001, 829-833), les textes littéraires revendiquent cet héritage. Sur cette fusion entre les origines grecques et italiques de Rome, voir Jenkyns 1998, 518.

55 Voir Liv. 1.18-19 ; sur le passage virgilien, voir les commentaires de Martin 1974, 142.

56 Voir en outre le rapprochement étymologique proposé par Ovide, *Fast.*, 2.423-424 entre les Luperques et *Faunus Lycaeus*.

57 Voir les remarques de Foucher 2013, 71-72 sur les clausules de l'hexamètre latin formées d'un unique mot dispondaïque, par rapport aux hexamètres grecs. Sur les hexamètres spondaïques grecs, c'est-à-dire dont le cinquième pied est composé d'un spondée, voir Fortassier 1995, 7-8 : ce type de vers concerne 908 hexamètres sur les 15 698 vers de l'*Iliade* (soit 1/17) et 631 sur les 12 110 vers de l'*Odyssée* (soit 1/19).

58 Les deux autres hexamètres à clausule spondaïque du chant VIII sur un unique mot (*spondeiazontes*) sont *Aen.*, 8.54 (*Pallantis* ^{T}*proaui*^{P} *de nomine* ***Pallanteum***. SDSD-SS), qui présente la même clausule que 8.341, et 8.167 (*discedens chlamydemque auro dedit* ***intertextam*** SDSD-SS). Si, dans ce dernier cas, la clausule spondaïque ne se réalise pas sur un mot grec, *intertextam* complète le mot grec *chlamydem*. De plus, dans ce passage, Évandre rapporte au discours direct ses souvenirs de jeunesse à Pallantée, dans un univers grec. Virgile semble donc associer la forme grecque de ce type de vers avec un sujet grec.

l'épopée[59].

Enfin, l'évocation de Rome, fictive car prophétique, trouve ici son expression privilégiée à travers le motif architectural de la verticalité. Ainsi, Rome, ville debout, répond-elle à Troie, effondrée lors de l'*Ilioupersis*. Virgile lui-même invite son lecteur à rapprocher les deux villes, qui constituent le point de départ et l'achèvement de la quête d'Énée :

Venit summa dies ^{P}***et ineluctabile tempus***
Dardaniae. Fuimus Troes, fuit Ilium, et ingens
Gloria Teucrorum (...).

"Il est venu le dernier jour, elle est venue l'inévitable fin de la Dardanie. Troyens, nous ne sommes plus, Troie n'est plus, ni la gloire immense des fils de Teucros." (*Aen.*, 2.324-326).

Me pulsum patria pelagique extrema sequentem
Fortuna omnipotens ^{P}***et ineluctabile fatum***
His posuere locis

"Moi (*sc.* Évandre), chassé de ma patrie, poursuivant les confins des océans, la Fortune toute-puissante et le destin inévitable m'établirent en ces lieux." (Trad. modifiée J. Perret. *Aen.*, 8.333-335).

Les deux seules occurrences de l'adjectif *ineluctabilis* dans l'ensemble de l'*Énéide* se trouvent dans les paroles de Panthus lors de l'Ilioupersis, et dans celles d'Évandre : elles invitent à envisager le Latium comme l'espace où Troie doit être refondée, conformément à l'ordre du destin. Ce remplacement se double, en outre, d'une opposition entre le motif de l'effondrement qui traverse l'ensemble de l'Ilioupersis du chant II, autour du mot-thème *ruere/ ruina* (*urbs antiqua ruit, Aen.*, 2.363), et le motif de la verticalité associé à Rome de manière récurrente chez Virgile[60], tant dans l'*Énéide* que dans les *Bucoliques*[61]. Au chant VIII, lors de la visite du site de Rome, les références à la verticalité naturelle (*Aen.*, 8.321 : *montibus altis* ; 351 : *frondoso uertice collem/habitat deus*) et matérielle de la ville (*Aen.*, 8.313 : *Romanae arcis* ; 355 : *duo oppida*) sont à lire en écho avec les autres prophéties de Rome dans l'épopée[62]. Le poète, dès le proème, insiste sur la hauteur des murs de Rome par l'hypallage *altae moenia Romae* (*Aen.*, 1.7). Puis, c'est encore la hauteur de Rome qu'évoquent l'ombre d'Hector, lorsqu'il confie sa mission à Énée (*Aen.*, 2.294-5. *Moenia/magna*), et les Pénates de

59 Eden 1975, 105-106 évoque le métissage entre les cultures grecque et latine dans ce passage, également sensible dans la description du Latium originel, peuplé de *Fauni Nymphaeque* (*Aen.*, 8.314), dont Hardie 1986, 217-219 a souligné les échos lucrétiens (Lucr. 4.580).

60 Voir Labate 1991, 172, sur cette opposition entre verticalité et horizontalité dans la description de Rome.

61 Voir la comparaison avec Verg., *Ecl.*, 1.24-25 (*haec... alias inter caput extulit urbes*).

62 Intéressante est de ce point de vue l'analyse des prophéties de l'*Énéide* que propose O'Hara 1990 ; celles-ci seraient caractérisées par leur caractère optimiste afin d'encourager Énée dans sa progression, quitte à lui cacher les épisodes malheureux de son avenir.

Troie qui créent d'ailleurs un effet d'insistance sur ce motif par un polyptote (*Aen.*, 3.159-160. *Tu moenia* ***magnis/magna*** *para.* "Et toi, prépare de hauts murs pour de hauts faits"). Enfin lorsqu'Anchise révèle le nom même de Rome à Énée, la ville lui apparaît de toute sa hauteur, composée de ses *septem arces* (*Aen.*, 6.783).

Au-delà des fonctions ornementale et politique que recouvre l'*ekphrasis* architecturale de Rome, il s'agit surtout d'esquisser la silhouette de la ville dans un discours prophétique. Rome, à la fois absente et omniprésente dans l'épopée, apparaît alors comme une ville à fonder où Auguste vient parachever un cycle de fondations/refondations, dans un mouvement cyclique qui rappelle celui de l'âge d'or. Répondant à l'exhortation d'Anchise qui déplorait l'existence de "terres sans nom" (*Aen.*, 6.776, *sunt sine nomine terrae*), Énée et Évandre et, à travers eux, Auguste et Virgile viennent fixer une mémoire des noms du Latium, dans une poétique du *nomen*, où le nom est condition de renom.

Ce faisant, Virgile fonde, en quelque sorte, le motif de "Rome avant Rome", appelé à devenir récurrent à la génération suivante des poètes augustéens, puisque Ovide (*Fast.*, 1.244 *Tantaque res paucis pascua bubus erat*), Tibulle (2.5.21-44 qui s'ouvre sur la méditation d'Énée : *nec fore credebat Romam*) et surtout Properce, dans la première des *Élégies* du livre IV, reprennent ce motif d'une terre romaine encore vierge de constructions et de noms, de briques et de mots. Or la poésie augustéenne se propose précisément de corriger cette double absence. Le motif virgilien s'est imposé. En revanche, lorsqu'il s'agit d'évoquer la ruine de Rome dans les guerres civiles, Lucain (7.387-396)[63] prend le contrepied virgilien : il consacre une double opposition en annonçant la ruine de l'architecture romaine et la disparition des mots. Ruine et amnésie deviennent alors les conditions d'un autre motif, celui de "Rome après Rome".

Références bibliographiques

Éditions commentées

Austin, R.G. (1971) : *P. Vergili Maronis* Aeneidos *Liber Primus*, Oxford.

Eden, P.T. (1975) : *A Commentary on Virgil :* Aeneid *VIII*, Mnemosyne, Leyde.

Grandsen, K.W. (1976) : Aeneid. *Book VIII*, Cambridge.

Paratore, E. (1981) : *Virgilio,* Eneide. *Volume IV. Libri VII-VIII*, Rome.

Études

Bacon, J.R. (1939) : "Aeneas in Wonderland. A Study of *Aeneid* VIII", in : *CR*, 53, 97-104.

Balbuza, K. (2014) : "The Idea of *aeternitas* of State, City and Emperor in Augustan Poetry", in : *Klio. Beiträge zur alten Geschichte*, 96, 49-66.

Briquel, D. (2000) : "Le sillon du fondateur", in : Hinard 2000, 11-46.

Callataÿ de, G. (1998) : "Les trois grandes projections historiques de l'*Énéide*", in : *L'Antiquité classique*, 67, 183-192.

Carney, E. D. (1986) : "City-founding in the *Aeneid*", in : *Studies in Latin Literature and Roman History* IV, *Latomus*, 196, 422-430.

Conte, G.B. (1992) : "Proems in the Middle", in : *YClS*, 29, 147-159.

63 Voir, en particulier, Luc. 7.391-392 : *Tunc omne Latinum/fabula nomen erit.*

Courtney, E. (2010) : "A Basic Approach to the Fourth Eclogue", in : *Vergilius*, 56, 27-38.

Delcourt, A. (2001) : "Évandre à Rome. Réflexions autour de quatre interprétations de la légende", in : *Latomus*, 60, 829-863.

Dinggle, J., Hall, J.B. et Jocelyn, H.D., dir. (1989) : *Studies in Latin Literature and its Tradition on honour of C.O. Brink*, Cambridge.

Duckworth, G.E. (1957) : "The *Aeneid* as a Trilogy", in : *TAPhA*, 88, 1-10.

Fortassier, P. (1995) : *Le spondaïque expressif dans l'*Iliade *et l'*Odyssée, Louvain-Paris.

Foucher, A. (2013) : *Lecture* ad metrum*, lecture* ad sensum *: études de métrique stylistique, Latomus,* 341, Bruxelles.

Franchet d'Espèrey, S. (2010) : "Anchise, poète de l'histoire romaine (*Énéide* VI, 752-853)", in : Lévy *et al.* 2010, 659-674.

Fromentin, V. et Gotteland, S., dir. (2001) : *Origines gentium*, Bordeaux.

Galinsky, K. (2013) : "La costruzione del mito augusteo : some construction elements", in : Labate & Rosati 2013, 27-49.

Grandazzi, A. (2010) : "Le palais de Latinus dans l'*Énéide* (VII, 170-192) : lecture d'une métaphore", in : Lévy *et al.* 2010, 675-691.

— (2017) : Urbs. *Histoire de la ville de Rome des origines à la mort d'Auguste*, Paris.

Grimal, P. (1948) : "La promenade d'Évandre et Énée à la lumière des fouilles récentes", in : *REA*, 50, 348-351.

— (1989) : "Jupiter, Anchise et Vulcain : trois révélations sur le destin de Rome", in : Dinggle *et al.* 1989, 1-13.

Gros, P. (1976) : Aurea Templa. *Recherches sur l'architecture religieuse de Rome à l'époque d'Auguste*, BEFAR 23, Rome.

Habinek, T. et Schiesaro, A., éd. (1997) : *The Roman Cultural Revolution*, Cambridge.

Hardie, P. (1986) : *Virgil's* Aeneid *: Cosmos and Imperium*, Oxford.

Harrison, S.J. (1996) : "*Aeneid* I. 286, Julius Caesar or Augustus ?", in : *PLLS*, 9, 131-164.

Hinard, F., dir. (2000) : *Histoire romaine*, Paris.

Hurlet, F. et Mineo, B. (2009) : "Introduction : *Res publica restituta.* Le pouvoir et ses représentations à Rome sous le principat d'Auguste", in : Hurlet & Mineo 2009, 9-22.

Hurlet, F. et Mineo, B., dir. (2009) : *Le Principat d'Auguste. Réalités et représentations du pouvoir autour de la* Res publica restituta, Rennes.

Jenkyns, R., (1998) : *Virgil's Experience. Nature and History : Times, Names and Places*, Oxford.

Johner, A. (1991) : "Rome, la violence et le sacré : les doubles fondateurs", in : *Euphrosyne*, 19, 291-302.

Kellum, B. (1997) : "Concealing/revealing : gender and the play of meaning in the monuments of Augustan Rome", in : Habinek & Schiesaro 1997, 158-181.

Labate, M. (1991) : "Città morte, città future : un tema della poesia augustea", in : *Maia*, 43, 167-184.

Labate, M. et Rosati, G., dir. (1991) : *La costruzione del mito augusteo*, Heidelberg.

Lesueur, R. (1975) : *L'*Énéide *de Virgile. Étude sur la composition rythmique d'une épopée*, Toulouse.

Lévy, C., Utard, R. et Videau, A., dir. (2010) : *Stylus. La Parole dans ses formes. Mélanges offerts au Professeur J. Dangel*, Paris.

Martin, P.-M. (1974) : "Pour une approche du mythe dans sa fonction historique. Illustration : le mythe d'Évandre", in : *Caesarodunum*, 9, 132-151.

Morwood, J. (1991) : "Aeneas, Augustus and the Theme of the City", in : *G & R*, 38, 212-223.

Nelis, D. (2001) : "L'*Énéide* et les origines de Rome : l'épopée étiologique", in : Fromentin & Gotteland 2001, 223-240.

Newman, J.K. (1967) : *Augustus and the New Poetry, Latomus*, 88, Bruxelles.

Novara, A. (1982-1983) : *Les idées romaines sur le progrès d'après les écrivains de la République* (*essai sur le sens latin du progrès*), 2 tomes, Paris.

— (1986) : *Poésie virgilienne de la mémoire. Questions sur l'histoire dans l'*Énéide *8*, Clermont-Ferrand.

— (1993) : "Virgile et l'âge d'or à venir. Une prophétie obstinée et une philosophie politique", in : *Europe* (*Virgile*), 24-38.

O'Hara, J. (1990) : *Death and the Optimistic Prophecy in Vergil's* Aeneid, Princeton.

— (1996) : *True Names. Vergil and the Alexandrian Tradition of Etymological Worldplay*, Ann Arbor.

Pichon, R. (1914) : "La promenade d'Évandre et d'Énée au VIIIe livre de l'*Énéide*", in : *REA*, 19, 410-416.

Platner, S. B. et Ashby, T. (1929) : *A topographical Dictionary of Ancient Rome*, Oxford.

Rea, J. A. (2007) : *Legendary Rome : Myth, Monuments and Memory on the Palatine and Capitoline*, Londres.

Ripoll, F. (2017) : "La logique de l'incohérence dans l'épopée latine : le cas de Virgile et de Valérius Flaccus", in : *REL*, 94, 83-105.

Sauron, G. (2000) : *L'histoire végétalisée. Ornement et politique à Rome*, Paris.

Scheid, J. (2009) : "Les restaurations religieuses d'Octavien/Auguste", in : Hurlet & Mineo 2009, 119-128.

Seider, A. M. (2013) : *Memory in Vergil's* Aeneid. *Creating the past*, Cambridge.

Stahl, H.-P. (2016) : *Poetry underpinning Power. Vergil's* Aeneid *: the Epic for Emperor Augustus*, Swansea.

Thomas, J. (1981) : *Structures de l'imaginaire dans l'*Énéide, Paris.

— (1986) : *Le dépassement du quotidien dans l'*Énéide, *les* Métamorphoses *d'Apulée et le* Satiricon, Paris.

Whitehorne, J. (2001) : "The Significance of the City in Virgil's *Aeneid* I-VI", in : *Studies in Latin Literature and Roman History* XIII, *Latomus*, 301, 224-235.

Zanker, P. [1983] (1988) : *The Power of Images in the Age of Augustus*, trad. A. Shapiro, Ann Arbor.

Du palais de Vénus au séjour céleste des Vierges : quelques remarques sur le devenir de la tradition littéraire des architectures et décors fictifs dans la poésie latine tardive

Gaëlle Herbert de la Portbarré-Viard

L'étude de la pratique des architectures fictives, qui dépasse bien sûr largement le cadre de la littérature[1] en général et de la poésie en particulier[2] pour s'étendre à l'ensemble des pratiques artistiques, nécessite une réflexion théorique qui délimite avec un certain degré d'exactitude ce qu'il faut précisément entendre par ce terme. L'architecture fictive, dans tous les cas, introduit une structure architecturale et son décor potentiel dans un espace qui n'est pas le sien à l'origine, tout en imitant (ou en reproduisant) ses caractéristiques à l'aide d'un autre langage : les arts décoratifs le font avec des couleurs, des lignes et des reliefs, les genres littéraires avec des mots. Dans ces différents cas, la question du rapport à la réalité de ce phénomène, ainsi que celle de son rapport avec les diverses pratiques artistiques, doivent absolument être posées. En effet, à chaque époque, le phénomène littéraire et artistique des architectures fictives, loin d'être clos sur lui-même reflète le monde qu'il entoure, ses préoccupations et ses inquiétudes. On ne peut donc le dissocier de son contexte historique, politique et culturel. On ne saurait non plus dissocier les architectures fictives littéraires de leur contexte diégétique, lorsqu'il y en a un, et des différentes fonctions qu'elles peuvent avoir dans un récit.

La tradition littéraire poétique des architectures fictives et des décors qui leur sont liés remonte aux descriptions de palais et de demeures de l'épopée homérique et hellénistique, et elle est bien représentée chez les poètes latins, de Virgile et Ovide[3] à Sidoine Apollinaire en passant par Stace, poète de l'époque flavienne dont l'importance est aussi grande que celle des deux poètes augustéens pour la littérature latine tardive[4]. Dans ses diverses

1 Le phénomène des architectures fictives est l'une des constantes de l'histoire des arts, de l'architecture à la peinture et aux autres types de décor architectural (stucs, mosaïques) en passant par les représentations figurées présentes sur diverses sortes de supports comme les objets (tissus, vases, boucliers, mobilier...), de l'Antiquité à nos jours. Remontant à la plus haute Antiquité, il concerne aussi différents genres littéraires (épopée, poème didactique, poésie de circonstance, théâtre, roman).

2 C'est cependant à elle que je me limiterai dans le cadre de cet article.

3 Voir par exemple à ce sujet Robert 2016.

4 Au sujet de l'influence de Stace sur les poètes tardifs, voir Consolino 2013 et Goldlust 2013. On retrouve son influence jusque dans les *Carmina* de Venance Fortunat à la fin du VIe siècle. Voir par exemple Dewar 1996 et Herbert de la Portbarré-Viard 2010.

périodes, la tradition poétique des architectures fictives se caractérise tout particulièrement par la place qu'y prend la réflexion métapoétique , dans la mesure où elle repose sur une double réflexibilité : par rapport aux autres arts qu'elle reflète et par rapport à elle-même en tant qu'objet issu d'une tradition poétique qui fait souvent partie des matériaux qui la constituent. Avec l'avènement du christianisme en tant que religion des empereurs romains puis religion officielle de l'empire à partir de 392 p.C., apparaît peu à peu une poésie chrétienne qui, outre le cas particulier des réécritures poétiques de la *Bible*, convertit à la nouvelle religion les genres littéraires du paganisme. La poésie païenne ne disparaît pas pour autant immédiatement, comme le montre par exemple la cœxistence poétique et politique à l'époque de l'empereur Honorius, le jeune fils de Théodose, et de son tuteur Stilicon, du très chrétien Prudence et du poète de culture païenne Claudien. Par ailleurs, dans un monde romain désormais christianisé, le recours à l'imagerie païenne n'aura peu à peu plus qu'une signification culturelle, comme le montrent tout particulièrement les poèmes profanes du très chrétien Dracontius à la fin du ve siècle en Afrique vandale.

Présentes dans l'œuvre de Claudien, les architectures fictives liées à la culture païenne connaissent leurs derniers feux latins antiques dans l'œuvre de Sidoine Apollinaire, né vers 430 p.C. et contemporain de la chute de l'Empire romain d'Occident, avant de céder définitivement le pas à une nouvelle tradition, liée au christianisme, celle des architectures spirituelles. Déjà illustrée par le poète Prudence dans sa *Psychomachie*[5], et encore présente un siècle et demi plus tard dans l'œuvre poétique de Venance Fortunat, la tradition des architectures spirituelles doit être également mise en rapport avec les descriptions architecturales présentes dans les textes bibliques[6]. Elles entretiennent également des liens avec l'architecture et l'art de leur époque. Nous nous intéresserons ici, tout particulièrement à travers les cas de Claudien, Prudence, Sidoine Apollinaire et Venance Fortunat, à ce moment crucial de l'histoire de la poésie tardive où l'antique tradition poétique des architectures fictives se métamorphose tout en conservant certaines de ses caractéristiques culturelles et en demeurant un lieu privilégié de la réflexion métapoétique .

Le rapport des architectures fictives, notamment poétiques, à la réalité tire son importance du fait que, quel que soit le type d'espace fictif auquel on a affaire, il existe par rapport à l'espace réel à partir duquel il est perçu et avec lequel il entretient des relations plus ou moins complexes. Or ces relations connaissent une transformation radicale dans l'Antiquité tardive, avec l'emprise de la spiritualité chrétienne qui définit la structure architecturale par rapport à un au-delà spirituel, celui de la cour céleste. Par ailleurs, l'assemblage parfois hétéroclite de matériaux, qui constitue le décor et parfois même la structure des architectures fictives, offre des surfaces qui jouent souvent un rôle réfléchissant pour la lumière qui les parcourt. Ces jeux de lumières et de reflets entretiennent des affinités aussi bien avec l'esthétique latine tardive[7], qui leur accorde une place centrale, qu'avec la spiritualité chrétienne qui interprète la présence de la lumière dans les édifices comme une allégorie de la présence divine.

5 Voir la célèbre description du temple de l'âme qui occupe les v. 823-877.

6 Il serait également utile de comparer ces architectures spirituelles poétiques avec celles que l'on rencontre dans les réécritures de la *Bible*.

7 Sur l'esthétique de la poésie latine tardive, voir tout particulièrement Roberts 1989a et Charlet 2008.

Cet assemblage de matériaux trouve par ailleurs un écho dans la concentration, souvent vertigineuse dans ce type de textes, de remplois poétiques les plus divers.

Ma réflexion sur le devenir de la tradition littéraire des architectures fictives dans la poésie latine tardive s'appuiera, dans une première partie sur quelques exemples de cette tradition littéraire que l'on rencontre chez Claudien et Sidoine Apollinaire. Ils me permettront de dégager en quoi les édifices imaginaires et/ou fictionnels, tout en demeurant une sorte de laboratoire intertextuel et métapoétique, offrent aux poètes tardifs la possibilité de définir de nouvelles perspectives en une époque de mutations culturelles. Ces perspectives, en cette période de dialogue souvent complexe entre paganisme et christianisme, peuvent parfois avoir un aspect polémique, mais les considérations d'ordre éthique et esthétique y jouent également un grand rôle.

Dans une seconde partie, j'étudierai, à travers quelques exemples, comment les poètes tardifs, qui peuvent se référer aussi bien à la réalité tangible et matérielle qu'à un espace purement poétique, font, dans certains cas, en quelque sorte "voler en éclats" les limites entre description référentielle et architecture fictive et/ou fictionnelle[8].

Dans une troisième partie, je m'efforcerai de montrer comment cet effacement des limites entre "réalité référentielle" et "réalité poétique", qui a pour conséquence un rapport médiatisé et conceptuel au réel, a pu favoriser une certaine intégration de la tradition littéraire des architectures fictives à deux nouvelles traditions : d'une part à celles des architectures spirituelles, d'autre part à celle des descriptions d'architectures chrétiennes réelles spiritualisées, que je ne ferai qu'évoquer ici. Les architectures spirituelles, nées avec les temples poétiques de l'âme présents dans l'œuvre de Prudence au début du ve siècle, trouvent un prolongement au vi[e] siècle dans celles de Venance Fortunat. Dans toutes ces descriptions, les matériaux (marbres et pierres précieuses surtout en raison de leur importance allégorique dans la religion chrétienne) et les structures architecturales focaliseront toute notre attention.

Les architectures fictives chez Claudien et Sidoine Apollinaire : permanences et métamorphose d'une antique tradition

L'importance de la description du palais de Vénus (*Nupt.*, 85-96) dans la tradition des architectures fictives de la latinité tardive

Au début du ve siècle, le poète Claudien, originaire d'Alexandrie, poursuit, au service de la cour impériale de Milan, la composition d'une œuvre[9] qui comporte quelques architectures fictives[10], et l'une d'entre elles, la description du palais de Vénus à Chypre, que l'on rencontre

8 Ils imitent en cela les descriptions d'un maître ouvertement revendiqué, Stace.

9 L'œuvre de Claudien est en cours de publication par J.-L. Charlet aux Belles Lettres. J'utiliserai les traductions de ce dernier pour les textes sus-mentionnés.

10 Outre la description du palais de Vénus dans l'épithalame pour Honorius et Marie, on rencontre deux autres architectures fictives et fictionnelles dans le *De raptu Proserpinae* : au *Livre* I, la description

dans l'*Épithalame pour les noces de l'empereur Honorius* (*Nupt.*, 85-96) composé en 398 p.C., à l'occasion du mariage du jeune empereur avec la fille aînée de Stilicon, l'un des principaux destinataires du poème aux côtés des mariés[11], joue, à mon avis, un rôle fondateur dans les descriptions d'architectures fictives de la poésie latine tardive. Dernier grand poète de culture païenne de la romanité antique[12], Claudien puise son inspiration chez les poètes qui l'ont précédé, Stace notamment[13], tout en offrant, paradoxalement de prime abord, un modèle descriptif et l'occasion d'un dialogue culturel, aux poètes chrétiens, comme le montrera l'étude de l'intertextualité des architectures spirituelles, mais aussi les liens que l'on peut établir entre ce texte et certaines descriptions de monuments chrétiens réels. Dans le cas de la description de la demeure de Vénus[14], je me concentrerai sur les particularités liées à l'architecture (support, structure, présence de la lumière) et au décor des monuments fictifs décrits (matériaux, techniques décoratives).

À la description du domaine de Vénus à Chypre présenté comme un véritable *locus amoenus*[15], succède celle du palais de la déesse, avec son jardin intérieur :

Procul atria diuae
Permutant radios siluaque obstante uirescunt.
Lemmius haec etiam gemmis extruxit et auro
Admiscens artem pretio trabibusque smaragdis
Supposuit caesas (h)yacinthi rupe columnas.
Beryllo paries et iaspide lubrica surgunt
Limina despectusque solo calcatur achates[16].
In medio glaebis redolentibus area diues
Praebet odoratas messes: hic mitis amomi
Hic casiae matura seges, Panchaeque turgent
Cinnama, nec sicco frondescunt uimina costo
Tardaque sudanti prorepunt balsama riuo[17].

du palais de Cérès (v. 237-245) à laquelle répond une évocation du même édifice dans le *Livre* III aux v. 146-158 qui ne comportent aucune notation descriptive précise. Dans le passage du *Livre* I l'on retrouve le thème du cyclope bâtisseur, mais aussi une ébauche de description architecturale, mais ce texte, fondé entièrement sur un monde mythique, nous intéresse moins dans le cadre de cette étude.

11 Voir par exemple Roberts 1989b, 328.

12 Sur la religion de Claudien, voir t. 1 de la *CUF*, XVII-XIX. J.-L. Charlet y parle de "paganisme culturel diffus" à propos de l'œuvre de Claudien, et il qualifie le paganisme de Claudien de "beaucoup plus culturel que religieux".

13 Sur les rapports entre la description du palais de Vénus chez Claudien et celle du temple de Mars en Stat. *Theb.* 7.40-74, voir Gualandri 2004.

14 Sur l'ensemble de l'*ekphrasis* de la demeure de Vénus à Chypre, voir par exemple Roberts 1989b, 328-331 et Guipponi-Gineste 2010, 161-165.

15 *Nupt.*, 56-85.

16 À rapprocher de Luc. 10.115 : *calcabatur onyx* [...].

17 Trad. J.-L. Charlet, 2002, 64-65 : "Là-bas, le palais de Vénus / Réfléchit les rayons et verdoie sous l'écran de la forêt. / Le Lemnien l'a construit lui aussi d'or et de gemmes, / Associant art et matière précieuse ; et sous des poutres d'émeraude / Il a placé des colonnes taillées dans un bloc d'hyacinthe. / Se dressent

De prime abord, par les précisions qui sont données sur les structures et matériaux utilisés, le palais de Vénus apparaît comme une sorte d'*hapax* dans les poèmes politiques de Claudien[18]. C'est l'une des rares ébauches de descriptions architecturales que l'on rencontre chez ce poète[19]. Dans ce passage, très lié à l'*ekphrasis* d'objet et qui semble dire de manière redondante la supériorité de l'art sur la nature[20], puisque tous les éléments de cette dernière, y compris les pierres précieuses, sont soumis à l'*ars* du dieu, Vulcain ici[21], l'étude de l'intertextualité, tout particulièrement dans la manière de nommer et de dire les matériaux utilisés, est indispensable. La présence et l'importance des pierres précieuses, auxquelles, "les croyances et les représentations antiques [...] confèrent une épaisseur de sens, une aptitude particulière à la symbolisation, qui en font une image poétique privilégiée[22]", dans l'œuvre de Claudien est une donnée incontestable, et elles ont été mises en rapport aussi bien avec l'esthétique de l'Antiquité tardive, et tout particulièrement avec ce que M. Roberts appelle le *Jeweled Style*[23], qu'avec une certaine spiritualisation allégorique qui en fait "des cadeaux des dieux aux hommes"[24]. Il ne faut pas non plus négliger le lien aux différentes époques de la latinité entre pierres précieuses et luxe[25], mais aussi le lien entre les gemmes et la "rhétorique de la richesse et du pouvoir"[26]. Il y a en tout cas, chez Claudien, une volonté marquée de présenter une architecture de pierres précieuses d'où le marbre est étrangement absent, contrairement aux architectures fictives et/ou fictionnelles antérieures. Certaines de ces pierres précieuses sont certes présentes dans ce type de texte avant Claudien, comme c'est le cas de l'agate dans la description du palais de Cléopâtre par Lucain[27]. Mais l'on

des murs en béryl, avec un seuil poli / De jaspe ; avec mépris, le pied foule l'agate. / Au centre, un riche espace aux mottes embaumées / Fournit d'odorantes moissons : ici des pousses mûres / De douce amome, ici, de cannelier ; le cinname de Panchaïe / S'y gonfle et la ramée d'un costus jamais sec s'y couvre de feuillage ; / Le baume suinte lentement en un flot de sueur."

18 Ce passage sur lequel je concentrerai mon attention est suivi dans les v. 208-227 d'une évocation / description du Palais de Milan où va se dérouler l'hyménée et dans laquelle se trouvent quelques brèves notations éparses sur l'architecture et le décor qui lui est lié : *nitidos postes* au v. 208 ("éclatants jambages") et *picturatisque columnis* ("piliers diaprés") au v. 214 à propos du dais de la couche nuptiale.

19 Sur les descriptions de constructions de bâtiments peu nombreuses chez Claudien, voir les remarques de Guipponi-Gineste 2010, 321-322.

20 Voir à ce sujet les remarques de Guipponi-Gineste 2010, 343-344, ainsi que les conclusions qu'elle en tire au sujet de la liberté du poète et de sa volonté de rupture avec le monde réel.

21 Vulcain est un dieu qui semble lié à plusieurs reprises à l'*ekphrasis* d'objet, et chez Claudien et Sidoine, au moins, aux architectures fictives. Sur la figure emblématique du forgeron chez Claudien, voir Guipponi-Gineste 2010, 322-325.

22 Sur les pierres précieuses chez Claudien voir l'ensemble de l'article de Guipponi-Gineste 2011 et ici p. 86.

23 Voir Roberts 1989a.

24 Voir Guipponi-Gineste 2011, 92.

25 Voir par exemple à ce sujet Cima 1986.

26 Voir Guipponi-Gineste 2011, 86 et 95-100, sur les trabées couvertes de pierres précieuses d'Honorius, puis de Stilicon.

27 Luc. 10.111-126 pour la description des lieux proprement dite. Ce sont les v. 111-117 qui ont le plus d'intérêt pour nous ici : *Ipse locus templi, quod uix corruptior aetas / extruat, instar erat ; laqueataque tecta ferebant / diuitias, crassumque trabes absconderat aurum ; / nec summis crustata domus sectisque nitebat / marmoribus, stabatque sibi non segnis achates / purpureusque lapis, totaque effusus in aula / calcabatur onyx* [...]

rencontre dans ce passage précis de Claudien, outre l'association entre l'or et les gemmes, quatre (*smaragdus* au v. 88, *hyacinthus* au v. 89, *beryllus* et *iaspis* au v. 90) des douze pierres précieuses qui apparaissent dans la Jérusalem céleste de l'*Apocalypse* :

> [...] *et mensus est murus eius centum quadraginta quattuor cubitorum mensura hominis quae est angeli et erat structura muri eius ex lapide iaspide ipsa uero ciuitas auro mundo simile uitro mundo fundamenta muri ciuitatis omni lapide pretioso ornata fundamentum primum iaspis secundus sapphyrus tertius carcedonius quartus zmaragdus quintus sardonix sextus sardinus septimus chrysolithus octauus berillus nonus topazius decimus chrysoprassus undecimus hyacinthus duodecimus amethistus et duodecim portae duodecim margaritae sunt per singulas et singulae portae erant ex singulis margaritis et platea ciuitatis aurum mundum quantum uitrum perlucidum et templum non uidi in ea Dominus enim Deus omnipotens templum illius est et agnus* [...][28]

Seule l'agate, que foule le pied au v. 88, ne participe pas à la construction des murailles de la Jérusalem céleste. Cependant, l'émeraude et le jaspe, comme l'agate, se trouvent déjà chez Lucain dans la description évoquée plus haut. Reste le béryl : avant Claudien et en dehors des auteurs chrétiens, on rencontre quelques occurrences de ce mot en poésie[29], et en prose chez Quinte Curce[30], dans l'*Histoire Naturelle* de Pline l'Ancien[31]. En dépit de ces occurrences qui attestent l'existence du mot en latin dans un contexte païen et même poétique, il reste que cette liaison, en quelques vers, de quatre pierres désormais largement associées à un contexte biblique, ne peut pas ne pas attirer l'attention. Il nous semble envisageable que Claudien ait lu les descriptions des temples spirituels contenues dans les textes bibliques, en grec à Alexandrie, et peut-être même en latin à Rome au cours de ces années 390 p.C. qui sont précisément marquées par l'entreprise de traduction de la *Bible* en latin par Jérôme, à laquelle on a donné le nom de *Vulgate*.

Il est possible, me semble-t-il, de lire une intention discrètement polémique dans cette réappropriation des pierres de la cité sainte, fiancée de l'Agneau, qui "comme une épouse s'est parée pour son époux"[32], pour décrire le palais de Vénus, déesse qui préside aux noces d'Honorius et de Marie, même si, comme le fait remarquer de manière générale M. Roberts,

28 Ap., 21, 17-24 : "Il mesura les remparts, ils comptaient cent quarante-quatre coudées, mesure humaine que l'ange utilisait. Les matériaux de ses remparts étaient de jaspe, et la cité était d'un or pur semblable au pur cristal. Les assises des remparts de la cité s'ornaient de pierres précieuses de toute sorte. La première assise était de jaspe, la deuxième de saphir, la troisième de calcédoine, la quatrième d'émeraude, la cinquième de sardoine, la sixième de cornaline, la septième de chrysolithe, la huitième de béryl, la neuvième de topaze, la dixième de chrysoprase, la onzième d'hyacinthe, la douzième d'améthyste. Les douze portes étaient douze perles. Chacune des portes était d'une seule perle. Et la place de la cité était d'or pur comme un cristal limpide. Mais de temple, je n'en vis point dans la cité, car son temple, c'est le Seigneur, le Dieu tout-puissant, ainsi que l'agneau." (Trad. œcuménique de la *Bible*, Paris, Le Cerf, 1988. Nouvelle éd. revue 1996).

29 Elles se trouvent dans les *Elegiae in Maecenatem* (App. Verg. 1.19) ; dans les *Carminum fragmenta* (*in aliis scripis seruata*) de C. Cilnius Maecenas (*fragmentum* 2), et chez Prop. 4.7.9.

30 *Historia Alexandri Magni*, 9, 1, 29.

31 Voir Plin., *Nat.*, 37.76.2, 37.79.7 et 37.157.2.

32 Ap., 21, 2.

"in fact, mythology, especially in a stylized context like the epithalamium, had long been deprived of all substantial pagan belief"[33]. Mais ici, ce serait un texte biblique qui, même si c'est de manière indirecte, serait réutilisé dans un contexte littéraire païen. Il est peut-être également légitime d'y voir une reconnaissance du christianisme de la famille impériale au service de laquelle Claudien se trouve. Le poète de cour ferait alors une sorte d'amalgame osé entre la Jérusalem céleste et la demeure d'une divinité païenne, et par là entre la culture chrétienne de la cour de Milan et un paganisme culturel revendiqué, en une période où le conflit culturel entre christianisme et paganisme est loin d'être réglé, ne serait-ce que pour des raisons historiques et politiques[34]. Cependant, la place occupée par "les pierres dans les textes scripturaires et l'allégorèse chrétienne[35]" a pu contribuer à faire accepter ce poème de circonstance par la cour de Milan. Poètes païens et chrétiens de l'Antiquité tardive partagent de toute manière la même esthétique et la même culture visuelle, comme le montrent par exemple les réflexions de M. Roberts au sujet de la description du palais de Vénus par Claudien qui n'est pas sans présenter quelques caractéristiques que l'on peut rapprocher de celles des basiliques chrétiennes :

> "The whole movement of Claudian's description, moving from periphery to center, is contrived to increase the reader's sense of Venus'majesty. The progression is reminiscent of the organization of imperial palaces or Christian basilicas, which, though axially rather than concentrically organized, employ every device of architecture and decoration to direct movement and attention to the ceremonial reception room of the emperor or the apsed holy of holies of the basilica. The comparison with the latter suggests that Claudian may intend the jeweled construction of Venus'palace to be visible only in the interior of the building, just as the relatively plain exteriors of Christian basilicas gave little hint of the splendors within[36]".

Architecture, décor et présence de la lumière dans l'*ekphrasis* du palais de Vénus

Les divers éléments présents dans cette courte *ekphrasis* constituent un véritable florilège d'éléments caractéristiques de l'esthétique de la poésie latine tardive. Et je m'intéresserai

33 Roberts 1989b, 335.

34 On peut citer par exemple à cet égard la succession tout au long du IVe siècle et au début du Ve siècle de lois contradictoires à l'égard des cérémonies et des temples du paganisme : le 8 novembre 392 p.C. Théodose interdit dans l'empire romain tout entier l'exercice du culte païen sous toutes ses formes ; Honorius promulgue en 399 p.C. une série de lois pour préserver l'antique patrimoine : on arrête notamment la destruction des temples païens ; en novembre 407 p.C. Stilicon fait signer à Honorius une loi ordonnant la confiscation de tous les temples païens encore existants, de leurs biens et revenus, ainsi que la destruction de tous les autels et images du culte païen. *Les Livres Sibyllins*, l'un des piliers de la religion païenne, sont brûlés.

35 Voir Guipponi-Gineste 2011, 92, qui cite l'exemple de saint Jérôme comme "témoin très important de l'allégorèse tardive chrétienne des pierres".

36 Roberts 1989b, 330-331. Voir aussi le rapprochement qu'il effectue entre les trois Grâces qui forment une niche autour de Vénus assise sur son trône (v. 100-105) et l'abside d'un palais impérial ou bien d'une basilique chrétienne ?

tout d'abord à la présence de la lumière, qui apparaît aux v. 85-86 : [...] *atria* [37]*diuae / permutant radios siluaque obstante uirescunt*, à travers la thématique de l'échange des reflets entre le palais et la forêt et des modifications de la lumière sous l'effet du réfléchissement. Compte tenu de leur proximité temporelle et des nombreux points de contact qui ont pu être établis entre les deux œuvres, il nous semble possible de rapprocher le verdissement du palais de Vénus, sous l'effet de la présence de la forêt (*uirescunt*), de celui de l'or du plafond du baptistère décrit par Prudence dans l'*hymne* 12 du *Peristephanon* sous l'effet de la présence de la mousse dans la vasque, prélude à d'autres réfléchissements :

Interior tumuli pars est, ubi lapsibus sonoris
stagnum niuali uoluitur profundo.
Omnicolor uitreas pictura superne tinguit undas ;
musci relucent et uirescit aurum,
cynaeusque latex umbram trahit imminentis ostri:
credas moueri fluctibus lacunar.
Pastor oues alit ipse illic gelidi rigore fontis,
uidet sitire quas fluenta Christi[38].

Ces deux textes participent pour le moins d'une esthétique commune à la poésie païenne et à la poésie chrétienne : sous forme de jeux de reflets et de couleurs, la lumière démultiplie l'éclat des matériaux chez Claudien, ou celui des éléments décoratifs ou architecturaux chez Prudence ; elle anime l'espace, celui de la demeure de Vénus où l'on apprend quelques vers plus tard que l'image de la déesse se reflète partout[39], ou bien elle fait apparaître l'image nourricière du Christ-berger dans le baptistère décrit par le poète chrétien. Mais le sémantisme de la lumière n'est bien entendu pas le même chez les deux auteurs : si l'on peut voir avec M. Roberts[40], une certaine atmosphère mystique liée au hiératisme de l'ensemble de la scène dans le halo de lumière qui entoure le palais de Vénus, présentée comme une souveraine sur son trône[41], pour Prudence c'est la lumière christique qui anime les eaux, orchestrant comme une recréation de l'univers.

37 Le terme *atria* désigne-t-il ici le temple ou le palais de Vénus ?

38 "À l'intérieur du tombeau, il est un endroit où des cascades sonores font rouler l'eau d'un bassin dans ses profondeurs de neige. Une représentation aux couleurs diaprées teinte d'en haut le verre des ondes ; les mousses renvoient la lumière et l'or en devient verdoyant ; le liquide azuré tire des contrastes de la pourpre qui le surplombe : on croirait que les caissons du plafond se meuvent sur les flots. Là, le pasteur abreuve lui-même de la fraîcheur d'une source glacée les brebis qu'il voit avoir soif de l'onde du Christ." (Trad. P.-Y. Fux).

39 Voir *Nupt.*, 106-108 : [...] *Speculi nec uultus egebat / iudicio. Similis tecto monstratur in omni / et rapitur quocumque uidet.* "Son minois n'avait pas besoin / De l'avis d'un miroir. Tout le palais reproduit son image : / Elle est ravie, où qu'elle observe." (Trad. J.-L. Charlet).

40 Voir Roberts 1989b, 330-331.

41 Voir *Nupt.*, 97-99 : *Quo postquam delapsus Amor longasque peregit / penna uias, alacer passuque superbior intrat. / Caesariem tunc forte Venus subnixa corusco / fingebat solio.* [...] "Quand en ces lieux l'Amour fut descendu, sa longue route / À tire d'aile parcourue, il entre allègre, d'un pas plus orgueilleux. / Appuyée sur in trône étincelant, Vénus alors arrangeait justement / Sa chevelure." (Trad. J.-L. Charlet).

Par ailleurs, l'attention apportée aux matériaux précieux par Claudien dans la description du temple de Vénus est tout à fait remarquable : *gemmis* et *auro* (v. 87), *smaragdis* (v. 88), (*h*)*yacinthi rupe* (v. 89), *beryllo* et *iaspide* (v. 90), *achates* (v. 91), ainsi que l'insistance sur la technique décorative (*admiscens artem pretio*, v. 88) soignée de l'ensemble. On remarquera également que dans ce passage les supports architecturaux sont systématiquement associés aux matériaux précieux qui constituent le décor de cette architecture fictive et fictionnelle, comme le montrent les expressions *trabibusque smaragdis* ("des poutres d'émeraude"), *caesas <h>yacinthi rupe columnas* ("des colonnes taillées dans un bloc d'hyacinthe"), *beryllo paries* ("des murs en béryl") et *iaspide lubrica ...limina* ("un seuil poli de jaspe").

Entièrement composé de pierres précieuses associées à l'or, qui lui n'est lié à aucune structure architecturale précise (*Lemmius haec etiam gemmis extruxit et auro*, v. 87), le temple claudianien de Vénus peut, en dehors de ses liens potentiels avec la description de la Jérusalem céleste, être mis en rapport avec les arts de la joaillerie et de l'orfèvrerie, si importants et si souvent associés dans l'Antiquité tardive. Un magnifique exemple en est offert par le pendentif de l'impératrice Marie, l'épouse même d'Honorius. Cet objet mis à jour en 1544 dans un sarcophage de la chapelle Sainte-Pétronille à l'intérieur de la basilique Saint-Pierre à Rome faisait office de reliquaire, et il est "aménagé dans un cylindre composé de deux camées d'agate reliés par un anneau en or incluant rubis et émeraude"[42]. Sur la face de l'un des camées se trouvent des noms inscrits, Honorius, Marie, Stilicon et Sérène formant un chrisme, ainsi qu'une forme verbale *uiuatis*. Ainsi, ce bijou, dont on pense qu'il fut probablement créé pour le mariage d'Honorius et Marie, donc pour la même circonstance que l'épithalame de Claudien, place-t-il les personnages susmentionnés sous la protection du Christ.

Mais il convient de remarquer une autre intertextualité intéressante entre deux vers de ce passage de Claudien et un vers de Prudence. Dans la description que Prudence donne de la basilique théodosienne de Saint-Paul-hors-les-Murs dans l'hymne 12 du *Peristephanon*,[43] le v. 51 : *Subdidit et Parias fuluis laquearibus columnas* me semble pouvoir être rapproché des v. 88-89 de Claudien : [...] *trabibusque smaragdis / Supposuit caesas <h>yacinthi rupe columnas*. On relèvera tout d'abord la parenté des deux verbes *supposuit* (Claudien) et *subdidit* (Prudence) à l'attaque du vers et, dans les deux cas, le rejet de *columnas* en sa fin. On peut rajouter à ces éléments les échos sonores entre les adjectifs *caesas* et *Parias*, séparés chacun par deux mots de de son régime. Dans les deux cas les colonnes sont associées directement à un élément structurel (poutres pour Claudien, plafond pour Prudence). Il semble possible de voir dans le vers prudentien un écho du schéma du vers de Claudien, d'autant plus que les deux poètes ont recours à des schémas métriques différents[44].

42 L'objet se trouve à Paris, au musée du Louvre (Département des Objets d'art, inv. n. OA 9523). Voir par exemple la notice et la photographie de l'objet qui se trouvent dans le catalogue de l'exposition sur *Les temps mérovingiens. Trois siècles d'art et de culture* (451-751), 100-101, dont je cite les éléments descriptifs.

43 Ce recueil fut publié vers 403 p.C.

44 Les distiques de l'*hymne* 12 du *Peristephanon* sont formés d'un grand archiloquien et d'un trimètre iambique catalectique, alors que l'épithalame de Claudien est écrit en hexamètres dans la tradition de Stace (Stat., *Silv.*, 1.2).

Cet écho claudianien dans la poésie de Prudence me semble tout autant un témoignage de l'admiration que le poète chrétien voue au chantre de la cour d'Honorius qu'un reflet de sa volonté de mettre au service de la foi chrétienne toute la virtuosité poétique et l'*enargeia* de la description. Ce remploi d'une structure poétique pourrait aussi renvoyer à cette obsession de Prudence, si présente dans le *Contra Symmachum*, de fermer les anciens temples pour en ouvrir de nouveaux dédiés au Christ. Au *locus amoenus* dans lequel le temple de Vénus se trouve enclos s'oppose désormais, de façon irrévocable aux yeux de Prudence, le paradis chrétien que reflète le décor des édifices, comme le montrent par exemple les deux vers qui suivent *Perist.*, 12, 51 : *Tum camiros hyalo insigni uarie cucurrit arcus : / sic prata uernis floribus renident*[45].

Les architectures fictives réapparaissent, pour la dernière fois dans un contexte non ouvertement chrétien, dans les *Carmina* de Sidoine Apollinaire, issu d'une famille aristocratique chrétienne[46], devenu évêque de Clermont vers 470 p.C. après avoir été haut fonctionnaire de l'empire, et poète pour lequel Stace et Claudien sont des modèles extrêmement importants. Cette résurgence d'une tradition littéraire mérite réflexion. Répondant, à l'instar de leurs modèles antérieurs, à des exigences narratives, les architectures fictives de Sidoine sont comme chez Stace et Claudien, le lieu d'une réflexion métapoétique qui ne peut être identique à celles de ces mêmes modèles : le monde de Stace n'est pas celui de Claudien, et l'époque de Sidoine, contemporain de la chute de l'Empire romain d'Occident, est encore différente de celle de ses deux illustres prédécesseurs de l'époque théodosienne, Claudien et Prudence[47].

Sidoine Apollinaire et les derniers feux des architectures fictives païennes

Le premier passage lié à notre problématique des architectures fictives se trouve dans le *Panégyrique* de l'empereur Anthémius (*carmen* 2)[48], un Oriental, prononcé à Rome le 1er janvier 468 p.C[49]. Ce texte, dont Claudien est un modèle essentiel, vaudra à Sidoine la Préfecture de Rome durant l'année 468 p.C. Dans les v. 408-420[50], peu avant la péroraison du poème, la visite de Rome personnifiée à l'Aurore est l'occasion d'une description du palais de cette dernière, qui entretient des rapports évidents avec la tradition précédente des architectures fictives (celles d'Ovide, Stace et Claudien)[51]. Précédée par une *ekphrasis topou* où règne un printemps éternel que l'on peut rapprocher de celle qui se trouve avant la description du palais de Vénus chez Claudien[52], la description de la demeure de l'Aurore à proprement

45 "Puis il a fait courir sur des arcs cintrés une diaprure de verre magnifique : ainsi les prairies sont-elles émaillées de fleurs printanières". (Trad. P.-Y. Fux).

46 Il faut noter cependant que sa religion apparaît de façon discrète dans une bonne partie de sa production poétique.

47 Sur les rapports entre Sidoine et Claudien, voir par exemple Kelly 2013.

48 Sur les *panégyriques* de Sidoine, voir par exemple Stoehr-Monjou 2009.

49 Voir Loyen 1967, 85-95 et Harries 1994, 141 sq.

50 Les v. 407-417 sont consacrés au site, au climat et à la flore des lieux, les v. 419-435 à la description de la déesse sur son trône.

51 Sur ce passage de Sidoine, voir Montuschi 2001.

52 Voir Claudien, *Nupt.*, 9, 55 et 60-61.

parler tient en quatre vers, et l'on peut remarquer que les structures architecturales associées au décor chez Claudien (poutres, colonnes, murs) ont complètement disparu chez Sidoine au profit de la somptuosité et de l'éclat des matériaux qui semblent avoir en quelque sorte absorbé le regard constamment sollicité :

Hic domus Aurorae rutilo crustante metallo
bacarum praefert leues asprata lapillos.
Diripiunt diuersa oculos et ab arte magistra
hoc uincit quodcumque uides[53] (v. 418-421)

Cette description fictive et fictionnelle d'un décor, dans le plus pur *Jeweled Style*, répond à une nécessité narrative dans le *Panégyrique* d'Anthémius – Rome doit obtenir de l'Aurore qu'elle lui accorde Anthémius comme empereur –, et elle relève a priori d'une esthétique de la poésie tardive liée par sa préciosité à l'alexandrinisme de ses prédécesseurs, dont le christianisme n'est pas une composante fondamentale[54], et en particulier d'un goût esthétique pour les placages bien présent dans l'Antiquité tardive. Il est néanmoins intéressant de rapprocher les v. 418-419 d'un passage dédié à un monument chrétien et empreint de spiritualité chrétienne : les vers dédiés à l'église-cathédrale de Lyon composés par le même Sidoine à la demande de l'évêque Patiens et transmis à son ami Hesperius en 469 ou début 470 p.C. Les v. 14-15 de ce texte : *uernans herbida crusta sapphiratos / flectit per prasinum uitrum lapillos* témoignent en effet de la même esthétique liée à la présentation d'un type de décor très raffiné que les v. 418-419 du *carmen* 2, mais, compte tenu de leur contexte, ils prennent une connotation paradisiaque qui fait clairement apparaître la signification chrétienne du passage[55].

Le passage suivant de Sidoine nous semble beaucoup plus ambigu. La description du sanctuaire corinthien de Vénus se trouve à l'intérieur du *carmen* 11, épithalame[56] composé en l'honneur de deux chrétiens, Ruricius, futur évêque de Limoges et Hiberia, la fille

53 "Ici la demeure de l'Aurore sur un placage de marbre rougeoyant / Présente aux regards de petites perles incrustées en relief. /Des objets divers se disputent les regards et issue d'un art parfaitement maîtrisé / Chaque chose que l'on voit l'emporte (sur les autres)". (Trad. perso. du texte). Le début du v. 421 *hoc uincit quodcumque uides* fait écho à celui de Claudien *Nupt.* 108, à propos de l'image de Vénus en son palais : *et rapitur quocumque uidet.* Sur le caractère programmatique des v. 420-421, voir Stoehr-Monjou 2009, 223-224, qui lit dans ce passage une affirmation de la "maîtrise de son art" par le poète et "une définition d'une poétique de l'éclat, au sens de 'scintillements' et de 'fragmentations'".

54 Il est peut-être possible de lire dans l'allusion au mythe du phénix aux v. 416-417, donc juste avant notre passage, une allusion discrète au christianisme de Sidoine et d'Anthémius, compte tenu de la christianisation bien connue de ce mythe. Voir par ailleurs la remarque de Roberts 1989a, 73, qui rapproche les v. 420-421 de l'effet produit sur le visiteur par les mosaïques présentes sur les murs des basiliques chrétiennes.

55 Sur ce passage, voir plus loin.

56 Sidoine est également l'auteur d'un épithalame composé pour les noces de Polemius et d'Araneola (*carmen* 15), qui tient compte du statut de philosophe du jeune marié, un néoplatonicien, en s'éloignant de la tradition stacienne. Ce poème comporte deux édifices fictifs imaginaires dédiés à Minerve à Athènes, le temple des philosophes (v. 36-125) et celui des fileuses (v. 126-184), mais les détails qui sont donnés à leur sujet ne relèvent ni de l'architecture ni du décor qui lui est lié.

du sénateur Ommatius[57]. La description monumentale du sanctuaire fait de marbres et de pierres précieuses[58], à proprement parler, se trouve dans les v. 14-33[59] :

Profecit studio spatium ; nam Lemnius illic
Ceu templum lusit Veneri fulmenque relinquens
Hic ferrugineus[60] *fumauit saepe Pyragmon*[61].
Hic lapis est de quinque locis dans quinque colores,
Aethiops[62], *Phrygius*[63], *Parius, Poenus*[64], *Lacedaemon*[65],
purpureus, uiridis, maculosus, eburnus et albus[66].
Postes chrysolithi[67] *fuluus*[68] *diffulgurat ardor ;*
myrrhina, sardonyches[69], *amethystus Hiberus*[70], *iaspis*[71]
Indus, Chalcidicus[72], *Scythicus*[73], *beryllus, achates*[74]
attolunt duplices argenti cardine ualuas,
per quas inclusi lucem uomit umbra smaragdi ;

57 Il est impossible d'établir avec précision la date de l'épithalame, mais, selon Filosini 2014 a, 16, 467 p.C. représente "il termine ultimo per la composizione del nostro epitalamio", puisque fin 467 Sidoine est à Rome, où le 1er janvier, il va prononcer le *panégyrique* d'Anthémius. Après son retour de Rome, il embrassera très vite l'état d'ecclésiastique. Sur Ruricius, futur évêque de Limoges, et Hiberia, fille du sénateur Ommatius, voir par exemple Harries, 1994, 32, 180 et 197, et Santelia 2014, 18-21.

58 Pour les identifications des marbres et des pierres, je reprends les indications fournies par le beau travail de Filosini 2014 a, 129-134.

59 Les v. 1-13 sont consacrés à la description d'un site baigné de lumière en adéquation avec l'*ekphrasis* qui suit.

60 Sur le sens de *ferrugineus*, "noir", voir André 1949, 109. Je suis Filosini qui traduit cet adjectif par *ferrigno* ("couleur de fer").

61 Les deux autres occurrences de *Pyragmon* ("cyclope") sur le cédérom Poesis se rencontrent chez Claudien : l'une d'entre elles se trouve dans le *De raptu Proserpinae*, et apparaît à l'occasion de la description du palais de Cérès en 1, 240. L'autre se trouve dans les *carmina*, en 7, 195.

62 Il s'agirait soit du granit de Sienne soit du porphyre rouge.

63 Il s'agit ici pavonazzetto ou marbre de Synnade. Sur un fond blanc presque diaphane, il présente des veines et des taches violet foncé et pourpre.

64 *Lapis Poenus* désigne le giallo antico.

65 *Lapis Lacedaemon* désigne le porphyre vert de Grèce ou serpentin.

66 Sur la technique de construction de ces deux vers travaillés (*uersus rapportati*), voir Filosini 2014 a, 128.

67 Voir Plin., *Nat.*, 37.126 (*chrysolithos aureo fulgore tralucentes*).

68 Pour les traductions possibles de cet adjectif voir André 1949, 132-136. Le terme est utilisé ici comme synonyme d'*aureus* (voir Filosini 2014 a, 134).

69 Pierre précieuse provenant de l'Inde et de l'Arabie.

70 Voir l'explication très convaincante de Filosini 2014 a, 135 : l'association de *amethystus* à *Hiberus* serait un souvenir d'un vers de Claudien (*Carm.*, 8, 587 : *amethystus inest et fulgor Hiberus*) évoquant les ornements des vêtements de cérémonie d'Honorius.

71 Pierre verte (cf. Plin., *Nat.*, 37.115).

72 La nature de la pierre désignée ici n'est pas claire (Filosini 2014 a, 136).

73 Référence à l'émeraude de Scythie, la plus prisée.

74 Filosini 2014 a, 120, fait remarquer que l'on trouve une autre énumération asyndétique de pierres précieuses chez Martial (Mart. 5.11.1 : *Sardonychas, Zmaragdos, adamantas, iaspidas uno / uersat in articulo Stella, Seuere, meus.*)

limina crassus onyx[75] *crustat*[76] *propterque hyacinthi*
caerula concordem iaciunt in stagna colorem.
Exterior non compta silex, sed prominet alte
asper ab adsiduo lympharum uerbere pumex.
Interiore loco simulauit Mulciber auro
exstantes late scopulos atque arte magistra[77]
Ingenti cultu naturae inculta fefellit,
Huic operi insistens, quod necdum nouerat illa
Quae post Lemniacis damnauit furta catenis[78].

Cette description très travaillée, dont nous possédons maintenant grâce à S. Filosini une étude détaillée[79], est précédée par une magnifique évocation des reflets de la lumière dans l'eau du golfe[80], et elle a pour sources évidentes deux descriptions d'architectures fictives imaginaires qui se trouvent dans deux autres épithalames, celle du palais de Vénus à Chypre

75 Cette pierre est présente par exemple chez Catulle (Catul. 66 (65).82-83, où elle est associée à de chastes noces, et dans la description du palais de Cléopâtre chez Lucain [Luc. 10.117]).

76 *Crustare* est, selon S. Filosini (2014 a, 137-138), une création de Lucain (Luc. 10, 115) reprise seulement par des auteurs techniques et tardifs.

77 Reprise d'une expression qui se trouve également dans la description du temple de l'Aurore.

78 "L'espace a été propice à la réalisation (de l'ouvrage) ; car le Lemnien en cet endroit
S'est diverti à réaliser comme un temple pour Vénus et laissant derrière lui sa foudre,
Ici souvent Pyragmon couleur de fer a allumé ses feux.
Ici se trouve du marbre qui provient de cinq lieux et offre cinq couleurs,
D'Éthiopie, de Phrygie, de Paros, de Carthage, de Lacédémone,
Pourpre, vert, tacheté, ivoire et blanc.
L'éclat doré de la chrysolithe traverse de son éclat les montants des portes ;
la myrrhe, la sardoine, l'améthyste d'Ibérie, le jaspe
Indien, la pierre de Chalcidique, celle de Scythie, le béryl, l'agate
rehaussent les deux battants pourvus d'un gond d'argent,
à travers lesquels l'ombre de l'émeraude qui y est incluse vomit de la lumière ;
De l'onyx épais recouvre d'un placage le seuil et à côté les hyacinthes
Jettent une couleur en harmonie avec elles sur des flots céruléens.
Point d'ornement de pierre à l'extérieur, mais fait saillie en hauteur
Une roche hérissée par les eaux qui la frappent sans relâche.
À l'intérieur Mulciber a simulé avec de l'or
des rochers s'étendant largement et avec un art parfaitement maîtrisé
il a reproduit mensongèrement avec un soin immense ce qui ne demande aucun soin à nature,
S'appliquant à cet ouvrage, parce qu'il n'avait pas encore connu cet adultère
Qu'il condamna par la suite aux chaînes de Lemnos." (Trad. perso.).

79 Filosini 2014 a.

80 Voir les v. 7-13 : ... *Quo saepe recessu / sic tamquam toto coeat de lumine caeli, / artatatur collecta dies tremulasque per undas / insequitur secreta uadi, transmittitur alto / perfusus splendore latex, mirumque relatu, / lympha bibit solem tenuique inserta fluento / perforat arenti radio lux sicca liquorem.* "Repli où souvent, comme s'il rassemblait toute la lumière du ciel, le jour recueilli se resserre et à travers les ondes tremblantes poursuit sa route dans les tréfonds des flots, où l'eau est traversée par un éclat qui l'inonde en sa profondeur, et où, chose admirable à relater, le liquide boit le soleil, et enchâssée dans une onde ténue, une lueur qui assèche transperce d'un rayon brûlant la mer" (Trad. perso.).

par Claudien donnée et étudiée plus haut et celle du palais de Violentilla dans la *silve* 1, 2 de Stace[81]. Mais l'on peut également la rapprocher d'une autre description stacienne, qui se réfère à un monument réel, les bains de Claudius Etruscus[82], et par ailleurs la fin du passage fait écho à celle de la description du temple de Mars dans la *Thébaïde* de Stace[83]. Sidoine choisit de décrire le sanctuaire de Vénus à Corinthe, alors que Stace décrivait la demeure de Violentilla à Rome et Claudien, le palais de Vénus à Chypre. C'est donc un monument littéraire à la très riche intertextualité et un véritable l*usus poeticus* métapoétique [84] que Sidoine offre aux jeunes époux qui appartiennent au même milieu de lettrés que lui. En dehors de Stace et Claudien, la présence de l'intertexte ovidien du palais du Soleil a été récemment étudiée par S. Filosini[85]. Par ailleurs, l'union des marbres et des pierres précieuses était déjà présente, mais jointe à d'autres matériaux (ébène, ivoire, écailles de tortue) dans la description que donne Lucain du palais de Cléopâtre[86]. Cependant l'étude de ce passage ne saurait exclure une autre intertextualité, celle du temple de l'âme de la *Psychomachie* de Prudence, première architecture spirituelle de la poésie latine chrétienne, à ma connaissance.

Il me semble intéressant de constater d'emblée que dans cette *ekphrasis*, qui ne constitue qu'une partie du cadre de l'épithalame (et qui n'est d'ailleurs pas la seule *ekphrasis* du poème[87]), Sidoine mêle de manière originale les seuls marbres et pierres précieuses, dans une certaine mesure donc Stace, Prudence et Claudien. C'est seulement dans les

81 Stat., *Silv.*, 1.2.148-155 : *Hic Libycus Phrygiusque silex, hic dura Laconum / Saxa uirent, hic flexus onyx et concolor alto / Vena mari rupesque nitent, quis purpura saepe / Oebalis et Tyrii moderator liuet aeni. / Pendent innumeris fastigia nixa columnis, / Robora Dalmatico lucent satiata metallo. / Excludunt radios siluis demissa uetustis / Frigora, perspicui uiuunt in marmore fontes.* Trad. H.-J. Izaac : "On y trouve le marbre de Libye et de Phrygie ; on y voit verdoyer la dure pierre de Laconie ; là brillent l'albâtre onduleux, la veine qui rivalise avec la couleur de la mer profonde et les roches qui souvent font pâlir d'envie la pourpre d'Oebalus et l'ouvrier qui surveille le chaudron tyrien. Les frontons s'équilibrent sur l'appui de colonnes innombrables, et le chêne brille à profusion du métal de la Dalmatie. La fraîcheur qui descend d'arbres antiques arrête les rayons du soleil ; des sources transparentes vivent dans le marbre". Sur la présence de Stace et Claudien dans le poème de Sidoine, voir par exemple Santelia 2014.

82 Voir le catalogue des marbres présents en *Silv.*, 1.5.34-41: *Non huc admissae Thasos aut undosa Carystos ; / maeret onyx longe, queriturque exclusus ophites: / sola nitent flauis Nomadum decisa metallis / marmora, sola cauo Phrygiae quae Synnados antro / ipse cruentauit maculis lucentibus Attis / quaeque Tyri niueas secat et Sidonia rupes/ purpura ... / Vix locus Eurotae, uiridis cum regula longo /Synnada distinctu uariat.* Trad. H.-J. Izaac : "Ni le Thasos ni l'onduleux Carystos n'ont été admis ici ; l'albâtre s'afflige loin à l'écart, et l'ophite se lamente d'avoir été exclu : seuls brillent les marbres détachés des carrières fauves des Numides, seuls les marbres que, dans l'antre creux de la phrygienne Synnade, Attis ensanglanta lui-même de taches éclatantes, et que, roches d'un blanc de neige, balafre la pourpre sidonienne et de Tyr. ... À peine y-a-t-il place pour l'Eurotas, soulignant de vert le marbre de Synnade sur lequel il tranche tout au long".

83 Stat., *Theb.*, 7.62-63 : n*ondum radiis monstratus adulter / Foeda catenato luerat conubia lecto.*

84 Je renvoie ici au commentaire que donne Filosini de l'expression *ceu templum* et du verbe *lusit* employés par Sidoine au v. 15 (voir Filosini 2014, 126-127). L'auteure voit dans ce vers "un fragment de réflexion métapoétique propre à souligner le caractère ludique et dégagé de sa manière de faire de la poésie".

85 Voir Filosini 2014 b.

86 Voir Luc. 10.111-126.

87 Voir l'*ekphrasis topou* (v. 1-13) et celle de la représentation du cortège marin de Vénus qui peut être interprétée comme une *ekphrasis* (voir Filosini 2014, 350). Voir aussi la description du char de Vénus.

deux architectures imaginaires que l'on trouve dans son œuvre, le palais de l'Aurore et le sanctuaire corinthien de Vénus, que Sidoine revendique la présence des marbres de la tradition poétique classique qui sont aussi les grands types de marbre de la Rome impériale. Ailleurs, qu'il décrive la salle froide du balnéaire d'Auitacum[88] ou les marbres des bains qui s'élèvent au bord du *burgus* de Pontius Leontius[89], il se contente de dire les marbres qui ne se trouvent pas dans les lieux évoqués ou bien il reste dans le vague[90]. Exceptionnellement, il évoque directement ou indirectement les marbres des Pyrénées à deux reprises[91] . C'est donc aux monuments strictement poétiques qu'il réserve les marbres traditionnels.

En ce qui concerne les pierres précieuses, présentes à la fois dans le palais claudianien de Vénus et le temple prudentien de l'âme, sans compter la description de la Jérusalem céleste, Sidoine les associe donc aux marbres chers à Stace, et c'est en ce lieu qu'arrive le cortège de Vénus. Sidoine reprend sept pierres présentes dans le temple de l'âme : *chrysolithi* (v. 20), *sardoniches*, *amethystus* et *iaspis* au v. 21 ; *beryllus* au v. 22, *smaragdi* au v. 24 et *hyacinthi* au v. 25. Parmi ces *gemmae*, quatre, le béryl, l'hyacinthe, le jaspe et l'émeraude se trouvent également chez Claudien dans la description du temple de Vénus. Mais l'équilibre semble se faire en faveur du temple prudentien de l'âme. Le premier argument repose sur les liens évidents entre les v. 21-24 de Sidoine, qui décrivent les pierres qui "rehaussent les battants des portes" :

myrrhina, sardonyches, amethystus Hiberus, iaspis
Indus, Chalcidicus, Scythicus, beryllus, achates
attolunt duplices argenti cardine ualuas,
per quas inclusi lucem uomit umbra smaragdi ;

88 Sidon., *Epist.*, 2.2.7 : *Iam, si marmora inquiras, non illic quidem Paros, Carystos, Proconnesos, Phryges, Numidae, Spartiatae rupium uariatarum posuere crustas ; neque per scopulos Aethiopicos et abrupta purpurea genuino fucata conchylio sparsum mihi saxa furfurem mentiuntur. Sed etsi nullo peregrinarum cautium rigore ditamur, habent tamen tuguria seu mapalia mea ciuicum frigus.* "Si d'autre part tu te renseignes sur mes marbres, c'est un fait que Paros, Carystos, Proconnèse, les Phrygiens, les Numides, les Spartiates n'ont pas placé là les plaques tirées de leurs roches aux couleurs variées, et les pierres [de mes thermes] ne contrefont pas chez moi les mouchetures répandues sur la surface des rocs d'Ethiopie et sur les parois rouges colorées de pourpre native. Mais si nous ne sommes riches de la solidité d'aucune pierre étrangère, ma chaumière, ou si tu préfères, ma cabane possède au moins notre froide pierre nationale [c'est à dire le marbre des Pyrénées]". (Trad. modifiée de Loyen).

89 Voir Sidon., *Carm.*, 22.136-141 : *Ipsa autem quantis, quibus aut sunt fulta columnis ! / Cedat puniceo pretiosus liuor in antro /Synnados, et Nomadum qui portat eburnea saxa /collis et herbosis quae uernant marmora uenis ; /candentem iam nolo Paron, iam nolo Caryston ; /uilior est rubro quae pendet purpura saxo.* "Ces bains par quel grand nombre de colonnes et par quelles colonnes ils sont soutenus ! Que capitule la pâleur précieuse (extraite) dans l'antre pourpré de Synnada, et la colline de Numidie qui porte des roches couleur d'ivoire et des marbres qui verdoient de la couleur d'herbe de leurs veines ; désormais je ne veux plus de l'éclat du Paros, désormais je ne veux plus de celui du Carystos ; de moindre valeur est la pourpre qui se trouve sur la roche de porphyre". (trad. perso.).

90 C'est le cas pour les marbres de l'église-cathédrale de Lyon.

91 Voir *ciuicum frigus* dans l'*Epist.*, 2.2.7 et l'expression *fulmentis Aquitanicis* (piliers d'Aquitaine) employée à propos d'un portique associé à l'église-cathédrale de Lyon (*Epist.*, 2.10.4.17).

et les v. 851-853 de la *Psychomachie*, qui décrivent les murailles de joyaux du temple par la reprise de l'image très forte du vomissement associé à la lumière :

Quin etiam totidem gemmarum insignia textis /
Parietibus distincta micant, animasque colorum /
Viuentes liquido lux euomit alta profundo[92].

Cependant, alors que c'est la lumière qui vomit les couleurs chez Prudence, Sidoine inverse l'image tout en la renouvelant de manière oxymorique, puisque c'est la lumière qui est vomie, non pas par les couleurs, mais par l'ombre. Sidoine anime donc, avec sa propre *enargeia* poétique, les couleurs associées aux pierres qui se trouvent sur les portes du sanctuaire corinthien de Vénus, mais il le fait à la manière de Prudence pour le temple de l'âme.

On peut également rapprocher les v. 25-26 de Sidoine : [...] *propterque hyacinthi / caerula concordem iaciunt in stagna colorem* et les v. 857-859 de Prudence :

Hic calchedon hebes perfunditur ex hyacinthi /
Lumine uicino ; nam forte cyanea propter/
Stagna lapis cohibens ostro fulgebat aquoso[93]

La parenté entre les deux passages repose d'abord sur la présence chez les deux poètes des termes *hyacinthi* et *stagna* ainsi que sur la variation synonymique *caerula* (Sidoine) et *cyanea* (Prudence). Cependant Sidoine fait subir une véritable transmutation à l'intertexte prudentien : les flots bleu azuré que renferme l'hyacinthe dans le temple de l'âme deviennent ceux qui entourent le sanctuaire de la déesse chez Sidoine, et c'est dans ces flots baignés de lumière[94] que se reflète l'éclat des hyacinthes, qui inondait la calcédoine chez Prudence.

Dans ce passage, Sidoine crée une architecture originale et ludique dans la mesure où il semble introduire en quelque sorte l'esthétique du temple de l'âme prudentien dans un poème que l'on peut qualifier de sanctuaire de la poésie en raison de la richesse vertigineuse de son intertextualité, de la poésie augustéenne (Virgile et Ovide) à la poésie théodosienne représentée par Claudien et Prudence en passant par la poésie d'époque flavienne (Stace). Toutefois, la prédominance sous-jacente du temple de l'âme prudentien, en accord avec la foi partagée par le poète et ses deux destinataires, est peut-être un prélude à la description empreinte de spiritualité qu'il va donner peu de temps après[95] de l'église-cathédrale de Lyon. Par ailleurs, Sidoine insère dans sa description l'onyx qui revêt le seuil, peut-être en hommage, entre autres, à Lucain[96]. Cette pierre, qui ne se trouve pas dans la description de

92 Voir la traduction de ce passage donnée plus loin, 126.
93 Voir la traduction de ce passage donnée plus loin, 126.
94 Voir *Carm.*, 11, 9-13 donnés n. 80, 117.
95 En 469 ou début 470 p.C. d'après la chronologie proposée par Loyen.
96 Voir Luc. 10.116-117 : [...] *totaque effusus in aula / calcabatur onyx,* [...]. Voir le commentaire de Filosini 2014, 137-138 sur l'évocation de l'onyx dans ce passage et la signification métalittéraire que l'on peut en tirer.

la Jérusalem celeste, est associée au jardin d'Éden au milieu d'autres pierres précieuses en *Ézéchiel*, 28, 13 et avec l'or et le bdellium[97] en *Genèse*, 2, 8, 15.

Il faut essayer de comprendre le sens de cette architecture qui ne relève pas seulement de la volonté de conserver par l'écriture un certain patrimoine littéraire, et de l'amour de ce type d'écriture, caractéristique de l'esthétique latine tardive, qui conjugue et tisse marbres, métaux et clartés. Chez Sidoine, l'écriture des architectures fictives est certes un moyen de réactiver une tradition poétique dans un monde restreint de lettrés, mais ces descriptions imaginaires relèvent aussi de la prise de conscience d'un fait qui me semble fondamental : on voit souvent ce que l'on voudrait voir davantage que la réalité elle-même dans cet Empire romain d'Occident finissant, qui va bientôt tomber aux mains des barbares, quelques années après la chute de Clermont. La croyance dans le pouvoir de l'imagination – l'architecture fictive du temple de Vénus à Corinthe par l'absence de structures associées aux marbres, par l'inversion intérieur/extérieur[98] est beaucoup plus irréelle que celle du palais de Vénus claudianien[99] – et dans celui de la création poétique va en quelque sorte s'unir à l'espoir en un autre monde, celui que propose la foi chrétienne. On ne doit pas non plus négliger une intention politique dans les architectures fictives de Sidoine : ce dernier en utilisant cette tradition littéraire, à la suite de Virgile, Stace et Claudien, dans des pièces de circonstances, dont l'une est dédiée à un empereur, redit l'importance de la poésie officielle dans un monde dont les dirigeants, fussent-ils des barbares ariens, sont désormais chrétiens. À l'intérieur de ce monde de l'Antiquité finissante, l'évêque joue un rôle de plus en plus prédominant en particulier en Gaule, et il n'est pas indifférent que ce soit l'un d'entre eux, Patiens, qui ait commandé au même Sidoine l'*ekphrasis* de l'intérieur de l'église-cathédrale de Lyon qui constitue le jalon suivant de cette étude.

L'effacement des limites entre description référentielle et architecture fictive et / ou fictionnelle

La question de l'effacement des limites entre description référentielle et architecture et décors fictifs se pose pour de nombreux textes poétiques bien avant l'Antiquité tardive. Il n'est que de citer l'exemple du fameux temple du *proemium* du Livre 3 des *Géorgiques* et ses rapports aussi évidents que complexes avec la réalité des temples d'Apollon restaurés par Auguste[100], mais aussi celui des descriptions de villas de Stace où le lecteur oscille constamment, par le jeu poétique, entre réalité et onirisme, entre réalité architecturale et fiction poétique[101]. Cet effacement, repéré chez Claudien dans la description du palais de Vénus à Chypre par I. Gualandri[102], se retrouve, me semble-t-il, dans le *Panégyrique pour le*

97 Il s'agit d'une gomme résine odoriférante de couleur jaune.

98 "Point d'ornement de pierre à l'extérieur" (v. 27), mais "À l'intérieur Mulciber a simulé avec de l'or / des rochers s'étendant largement et avec un art parfaitement maîtrisé / il a reproduit mensongèrement avec un soin immense ce qui ne demande aucun soin à nature." (v. 29-31).

99 Voir aussi les remarques de Filosini 2014 a, 116.

100 Voir à ce sujet Gros 1993.

101 Voir par exemple à ce sujet Morzadec 2001.

102 Voir Gualandri 2004, 419-421.

sixième consulat d'Honorius (v. 366 sq.), où l'on rencontre la description d'un arc de triomphe à la gloire d'Honorius qui pourrait bien être un monument fictif[103]. Je n'aborderai pas ce texte ici, mais il me semble relever de la même fantaisie poétique entre imaginaire et réalité. Alors que les descriptions des temples de l'Aurore et du sanctuaire corinthien de Vénus semblent relever de la pure imagination et de la mémoire littéraire de Sidoine, il est intéressant de constater que dans l'une des deux véritables descriptions d'édifices religieux présentes dans son œuvre, notre auteur, par ce même effacement des limites entre descriptions référentielles et architecture fictive[104], intègre en quelque sorte la tradition poétique de ces dernières à l'*ekphrasis* de monument chrétien.

Le cas de la description de l'église-cathédrale de Lyon[105] chez Sidoine Apollinaire : entre fiction, réalité et spiritualité

Les vers sur l'intérieur de l'église-cathédrale de Lyon, contenus dans l'*epistula* 2, 10 à Hesperius, jeune rhéteur de l'École de Clermont, sont à la fois un témoignage incomparable sur un édifice disparu et un texte qui présente de nombreuses difficultés de traduction liées essentiellement, je le pense, à trois éléments : un brouillage des limites spatiales et architecturales particulièrement caractéristique de l'*ekphrasis* stacienne, un rapport certain avec la tradition littéraire des architectures fictives[106], et la spiritualisation de la description des édifices chrétiens déjà présente chez ses prédécesseurs, Ambroise de Milan, Paulin de Nole et Prudence :

Intus lux micat atque bratteatum
Sol sic sollicitatur ad lacunar,

103 Rome s'adresse à Honorius et se plaint de son absence. Elle décrit ici l'arc qu'elle lui aurait élevé s'il était venu après sa victoire en Afrique sur Gildon. Sur ce texte, voir en particulier l'article de Liverani 2004.

104 On retrouve cette même caractéristique dans la description du *burgus* de Pontius Leontius présente dans le *carmen* 22 de Sidoine. Celle-ci, caractérisée par l'ambiguïté fondamentale de l'insertion de l'*ekphrasis* à l'intérieur d'un récit-cadre mythologique, comme c'est le cas dans le *carmen* 2, pour le temple de l'Aurore, relève par moment des architectures fictives, pas seulement dans l'intention de tromper ou de dérouter le lecteur, mais aussi pour mettre en valeur ce qui n'existe plus, voire n'a jamais existé. C'est à la fin de ce poème que Sidoine revendique l'influence fondamentale des *Silves* de Stace : il y défend la longueur de son *carmen* en se réclamant de "notre cher Stace" (*Papinius noster*) et de certaines de ces "silvettes" (*siluulae*) parmi lesquelles les Bains d'Etruscus, l'Hercule de Sorrente et la Tibur de Vopiscus, textes qui contiennent de célèbres descriptions d'architecture et de décor, où le plus important n'est assurément pas le rapport à la réalité. Pour la "présence de Stace dans les *Carmina* de Sidoine", voir l'article récent de Taisne 2014, et pour une étude des ambiguïtés de la référence à Stace chez Sidoine, voir Consolino 2013.

105 Sur cet édifice qu'il faut probablement identifier avec la cathédrale Saint-Jean, voir Reynaud 1998, 44-45.

106 La question de la représentation architecturale en littérature ne se posait pas dans les mêmes termes quelques décennies plus tôt chez Paulin de Nole. Ce dernier, dans ses *Carmina* 27 et 28, décrivait les églises du complexe basilical dédiées à saint Félix de Nole en intégrant parfois au discours poétique des termes techniques du vocabulaire architectural, unissant ainsi en quelque sorte réalisme descriptif et spiritualité.

Fuluo ut concolor erret in metallo.
Distinctum uario nitore marmor
Percurrit cameram solum fenestras
Ac sub uersicoloribus figuris
Vernans herbida crusta sapphiratos
Flectit per prasinum uitrum lapillos[107].
Huic est porticus applicata triplex[108]
Fulmentis Aquitanicis superba,
Ad cuius specimen[109] *remotiora*
Claudunt atria porticus secundae,
Et campum medium procul locatas
Vestit saxea silua per columnas.[110]

Dans ce texte complexe, que nous ne ferons ici que survoler, comme dans les architectures fictives poétiques des auteurs chers à Sidoine, Claudien et Stace en particulier, ce sont les matériaux et les jeux de lumière qui façonnent la matérialité interne de l'édifice, même si la description est scandée par l'évocation de structures architecturales (*camera, lacunar, solum, fenestrae* chez Sidoine[111]), tandis que d'autres éléments architecturaux liés à la configuration globale du bâtiment, sur lesquels il insiste pourtant, sont extrêmement flous, notamment en

107 Sur l'expression *lapillos sapphiratos*, voir Santelia 2007, 311 ; Gualandri 1979, 155, n. 52 ; Di Salvo 2005, 140.

108 Ce *triplex porticus* constitue peut-être un renchérissement par rapport à la *Lettre* 32 de Paulin de Nole, où ce dernier décrit les *geminis utrimque porticibus* de la nouvelle basilique de Félix. De nombreux indices montrent que Sidoine connaissait bien ce texte. Voir à ce sujet Santelia 2007 et Herbert de la Portbarré-Viard 2014. Voir aussi les *geminis utrimque porticibus* de Saint-Pierre-de-Rome (*Epist.*, 13, 13).

109 On peut comprendre *ad cuius specimen* de deux manières : où le portique est *triplex* ou il est lui aussi composé de piliers en marbre d'Aquitaine. Il nous semble que la traduction doit rester neutre.

110 "À l'intérieur la lumière étincelle et le soleil
est attiré vers le plafond recouvert de feuilles d'or
au point de vagabonder à la surface du métal dont le jaune est le sien.
Des marbres, que nuance la variété de leur brillance,
courent sur le pourtour de l'abside, sur le sol, autour des fenêtres,
et au-dessous de formes aux couleurs changeantes
un placage couleur d'herbe printanière fait onduler
de petites pierres de saphir à la surface du verre couleur poireau.
À cette demeure est adossé un triple portique, (triportique ?)
Ses piliers en marbre d'Aquitaine lui donnent fière allure,
et, construit selon le même modèle, un second portique
enclôt l'atrium qui est le plus éloigné,
et la partie centrale est entourée d'une forêt de pierre
à travers la présence de colonnes au large entrecolonnement."

111 Voir par exemple chez Claudien, *Nupt.* : *trabs* (v. 88), *columnae* (v. 89), *paries* (v. 90), *limina, solum* (v. 91). Voir aussi Stat., *Silv.*, 1.2.152 : *Pendent innumeris fastigia nixa columnis.*

ce qui concerne la localisation et l'identification du *porticus triplex*, des *remotiora atria*, des *porticus secundae* et du *campum medium* que revêt (*uestit*) une forêt de pierres[112].

Aux v. 14-15, l'évocation du placage couleur "d'herbe printanière" qui "fait onduler de petites pierres de saphir à la surface du verre couleur poireau" en insérant dans la description de Sidoine une image paradisiaque spiritualise l'ensemble de la description, et en particulier la présence vivante de la lumière qui anime les surfaces en se reflétant sur les matériaux pour transformer les v. 8-15 en une véritable symphonie de couleurs ondoyantes.

N. Hecquet-Noti a justement fait remarquer que : "La mention des pierres précieuses mêlées aux fleurs printanières différencie le paradis chrétien du *locus amoenus* littéraire profane, car elle rappelle que, dans le *paradisus uoluptatis* donné par Dieu à Adam et Ève, les beautés de la production végétale spontanée de la terre (*Gn.*, 2, 5-6) sont associées à une production minérale de pierres précieuses offertes à l'homme (*Gn.*, 2, 12)[113]. En écho à la *Genèse*, toutes les descriptions poétiques du jardin d'Éden mentionnent ces joyaux naturels, et, en particulier, le *lapis prasinus*, la pierre verte identifiée par certains avec l'émeraude (*smaragdus*)[114]". Ce pourrait être un élément qui explique pourquoi les auteurs chrétiens sont sensibles à ce genre d'évocation de pierres précieuses si caractéristique du *Jeweled Style*[115].

Il n'en reste pas moins que ce texte entretient des rapports avec les éléments décoratifs des églises paléochrétiennes placés sous le signe des scintillements et des réfléchissements lumineux d'une surface à l'autre. Il semble par ailleurs exister une affinité entre l'esthétique de l'architecture tardive et son caractère très visuel et l'esthétique du placage, qui se rattache souvent au marbre, bien présent dans les architectures réelles et fictives antérieures, mais qui semble prendre une importance toute particulière dans l'Antiquité tardive. Cependant, de la même manière que pour le placage de porphyre incrusté de perles du temple de l'Aurore dans le *carmen* 2 du même Sidoine[116], on peut se demander si le seul élément du décor de la cathédrale de Lyon décrit avec précision, cet alliage de pâte verre et de pierres précieuses, est archéologiquement attesté ou bien s'il est le fruit de l'imagination du poète. Mais, dans le cas de l'église de Lyon, les *lapillos sapphiratos* pourraient bien être des tesselles recouvertes de pâte de verre imitant des saphirs ou des lapis-lazuli, comme l'a suggéré L. di Salvo[117].

Cependant, cette description marquée par le brouillage des limites spatiales et architecturales et par la place accordée à une imagination pleine de fantaisie plus qu'au rendu de la réalité, font du poème de Sidoine un objet singulier entre fiction, réalité et spiritualité

112 Voir Reynaud 1998, 45. Pour Hecquet-Noti 2013, 226, le terme *silua* est ici un écho indirect au temple de Salomon, la *domus siluae Libani* du *Livre des Rois* (1(3) *Rg10*, 17). Par ailleurs, l'expression *campum uestit silua* serait un souvenir "des *campi siluae* du Psaume 131 (iuxta LXX) qui désignent l'arche d'alliance : l'expression indique que le lieu qui l'accueille – le *requies Dei* – vers lequel afflue la foule des croyants, est investi de la présence divine." Les réflexions de Hecquet-Noti vont dans le sens d'une spiritualisation de la description.

113 Voir Hecquet-Noti 2013, 226.

114 Voir les références données par Hecquet-Noti 2013, 226, n. 310, à Marius Victorinus et à Cyprianus Gallus.

115 Voir plus bas l'exemple de Venance Fortunat.

116 Voir plus haut, 115.

117 Voir di Salvo, 2005, 140.

chrétienne. Et c'est cette dernière, déjà si présente chez Paulin de Nole et Prudence, qui va l'emporter dans la poésie chrétienne ultérieure.

L'intégration de la tradition littéraire des architectures fictives à celle des architectures spirituelles : les exemples de Prudence et de Venance Fortunat (une transmutation ?)

Si la réactivation des architectures fictives chez Sidoine Apollinaire apparaît comme un remploi littéraire, qui, peut être compris à la fois comme une tentative d'intégration d'un patrimoine artistique antérieur et comme une réponse poétique à un certain nombre d'inquiétudes dans l'empire romain finissant, il nous faut maintenant revenir en arrière et nous interroger sur les modalités de leur présence chez Prudence, à l'époque post-théodosienne. Nous ferons ensuite un bond de presque deux siècles pour examiner le devenir des architectures fictives chez Venance Fortunat, poète italien qui fit l'essentiel de sa carrière à la cour des rois mérovingiens.

Le Temple de l'âme dans la *Psychomachie*, un texte fondateur pour les architectures spirituelles et une réponse à la paganisation (?) des pierres précieuses mise en œuvre par Claudien

La question de la chronologie du texte de Claudien par rapport à la *Psychomachie* de Prudence est cruciale, car le temple de l'âme auquel Prudence consacre plus d'une cinquantaine de vers peut être, selon la chronologie respective des deux œuvres une réaction au texte de Claudien ou avoir suscité une réaction chez ce dernier poète. Quoi qu'il en soit, quand on lit successivement la description du palais de Vénus et celle du temple de l'âme prudentien, on peut facilement y lire un témoignage de cette "polemica a distanza" étudiée par I. Gualandri[118]. Un certain nombre d'arguments semblent toutefois plaider en faveur de l'antériorité de l'épithalame pour Honorius et Marie, comme par exemple les allusions au *Panégyrique pour le sixième consulat d'Honorius* (404) que D. Shanzer a pu relever dans la *Psychomachie*[119], qui pour elle est postérieure à 405 et n'est pas évoquée dans la *Praefatio* que Prudence a donnée à une édition de son œuvre.

Quelques années après l'*ekphrasis* claudanienne du temple de Vénus, Prudence, l'un des premiers imitateurs de Claudien, d'après J.-L. Charlet[120], donnerait à la fin de sa *Psychomachie*, épopée narrant la lutte victorieuse des vertus sur les vices, une description de la construction du temple de l'âme, allégorie de celui que Dieu construit dans l'âme du fidèle, inspirée de la description de la Jérusalem céleste dans l'*Apocalypse*, qui insiste sur un extraordinaire agencement de pierres précieuses. Je ne citerai ici qu'une partie de la longue description du temple de l'âme, la plus intéressante pour ce qui est des rapprochements avec Claudien et Sidoine :

118 Voir Gualandri 2000.

119 Voir Shanzer 1989, en particulier 356-357.

120 Voir t. 1 de la CUF, XVII.

Nullum illic structile saxum,
Sed caua per solidum multoque forata dolatu
Gemma relucenti limen complectitur arcu,
Vestibulumque lapis penetrabile concipit unus.
[...]
Quin etiam totidem gemmarum insignia textis
Parietibus distincta micant, animasque colorum
Viuentes liquido lux euomit alta profundo ;
Ingens chrysolithus natiuo interlitus auro
Hinc sibi sappirum sociauerat, inde beryllum,
Distantesque nitor medius uariabat honores ;
Hic calchedon hebes perfunditur ex hyacinthi
Lumine uicino ; nam forte cyanea propter
Stagna lapis cohibens ostro fulgebat aquoso.
Sardonychem pingunt amethystina, pingit iaspis
Sardium iuxta adpositum pulcherque topazon.
Has inter species smaragdina gramine uerno
Prata uirent, uoluitque uagos lux herbida fluctus.
Te quoque conspicuum structura interserit, ardens
Chrysoprase, et sidus saxis stellantibus addit[121].

Pour la composition de ce temple spirituel, comparé à celui de Salomon (v. 804-815), que vont construire la Foi et la Concorde après la victoire des vertus sur les vices, Prudence semble remplacer par les pierres précieuses les diverses variétés de marbre que l'on trouve dans un grand nombre de descriptions de monuments antérieures, et notamment chez Stace dont l'influence n'est plus à démontrer sur la poésie latine tardive[122] et que Sidoine Apollinaire se réapproprie quelques décennies plus tard. Rappelons que Prudence connote négativement le marbre, quand il est lié au paganisme dans le *Contra Symmachum* où l'on

121 Trad. perso. : "Nulle pierre de taille en ce lieu, / Mais creusée à travers sa masse et percée de nombreux coups de marteau / Une gemme enveloppe le seuil d'un arc étincelant, / Et une seule pierre contient le vestibule où l'on pénètre. / [...] Bien plus, des parois tissées d'autant de pierres précieuses, / des formes remarquables se détachent et brillent, et les âmes vivantes / Des couleurs sont épanchées dans leur profondeur liquide par la lumière d'en haut ; / Une énorme chrysolithe mêlée d'or naturel / D'un côté s'était associé un saphir, de l'autre un béryl, / Et son brillant placé au milieu nuançait leurs beautés différentes. / Ici une fade calcédoine est inondée de l'éclat de l'hyacinthe / Toute proche ; car par hasard à proximité la pierre / Qui renferme des flots bleu azuré étincelait de sa pourpre limpide. / Une sardonyx est colorée par des améthystes, un jaspe colore / Une sardoine placée à côté, associé à une belle topaze. / Au milieu de ces apparences, des prairies d'émeraude, tel un gazon printanier, / mettent du vert, et une lumière couleur d'herbe fait onduler des flots changeants. / Ta nature remarquable aussi la composition l'insère, ardente / Chrysoprase, et elle ajoute un astre aux pierres qui brillent comme des étoiles."

122 Voir par exemple l'article récent de Goldlust 2013.

rencontre une *retractatio* en bonne et due forme des marbres staciens[123] . Les matériaux choisis par Prudence pour le temple de l'âme indiquent une certaine volonté de se démarquer de matériaux marqués par le paganisme, mais les pierres précieuses de l'*Apocalypse* ont été, pour cinq d'entre elles du moins, rappelons-le, réutilisées par Claudien dans le temple de Vénus : l'émeraude, l'hyacinthe, le béryl, le jaspe et l'agate. Dans le temple de l'âme de la *Psychomachie*, texte complexe étudié avec précision par C. Gnilka[124], on peut lire, me semble-t-il, la possibilité d'une *retractatio* du temple de Vénus de l'épithalame pour Honorius et Marie, qui redonnerait aux pierres de la Jérusalem céleste la signification spirituelle qu'elles ont dans le texte biblique.

Cependant la volonté de se démarquer par rapport à la tradition des architectures fictives païennes en la spiritualisant et en la christianisant, me paraît aller au-delà de la simple *retractatio* du texte de Claudien. Par la reprise d'un vocabulaire tout à fait classique des parties de la demeure et la présence de termes architecturaux de la vulgate vitruvienne, le temple de l'âme de la *Psychomachie,* en amplifiant la présence des structures architecturales, beaucoup plus discrètes chez Claudien[125], se fait également le chantre d'une nouvelle réalité qui est incontestablement à l'arrière-plan de la description du temple de l'âme : l'apparition au cours du IVe siècle de nombreux temples chrétiens dont la décoration va s'enrichir au cours des décennies. De ces temples, après Ambroise de Milan, Prudence et Paulin de Nole nous ont laissé quelques descriptions complexes qui se réfèrent à des monuments réels, et cette tradition se poursuit avec Sidoine, Avit de Vienne, Ennode de Pavie et Venance Fortunat pour l'Antiquité tardive, dans le sens d'une spiritualisation de plus en plus grande.

Prudence, qui est par ailleurs l'auteur de plusieurs descriptions de monuments réels de son époque, constitue par la description du temple de l'âme une étape importante de la spiritualisation des descriptions des monuments chrétiens dans la littérature latine tardive[126]. Ces derniers se font le reflet du temple que Dieu se construit dans le cœur de l'homme, comme l'écrit également son contemporain, Paulin de Nole qui définit l'acte d'édifier pour Dieu comme une *beata caelestium praeparatio mansionum* ("une bienheureuse préparation de la demeure céleste[127]"). Mais alors que Paulin ne décrit pas véritablement le temple de

123 Voir *c. Symm.*, 2.244-259, au sujet du vrai temple que Dieu attend des hommes, et tout particulièrement les v. 245-249 : [...]. *Caementa remitto, / Et quae saxa Paros secat, et quae Punica rupis, /Quae uiridis Lacedaemon habet maculosaque Synna. /Natiuum nemo scopuli mihi dedicet ostrum, / Templum mentis amo, non marmoris* [...]. Sur la présence du marbre chez les édifices chrétiens, et l'exception que constitue dans l'œuvre de Prudence l'évocation de l'opus sectile de l'église dédiée à la jeune martyre Eulalie à Mérida (*Perist.*, 3.198-200), voir Herbert de la Portbarré-Viard 2016. Il y a également l'autel de marbre du temple de Jérusalem (*Psych.*, 813 : *Sedit marmoreis fundata altaribus arca*).

124 Voir l'essentiel des éléments donnés par Gnilka 1963, 93-120. Voir tout particulièrement 107-114 : Die zwölf Edelstein.

125 Voir plus haut les v. 88-91 : ... *trabibusque smaragdis / Supposuit caesas (h)yacinthi rupe columnas. / Beryllo paries et iaspide lubrica surgunt / Limina despectusque solo calcatur achates.*

126 Paulin de Nole, qui joue lui aussi un rôle important dans la spiritualisation des descriptions, quant à lui, n'a pas laissé de description véritable du temple de l'âme, par une forme de défiance peut-être par rapport aux architectures fictives païennes. Voir Herbert de la Portbarré-Viard 2006, 484.

127 Sur l'importance de la poétique de l'édification spirituelle dans l'ensemble de l'œuvre de Paulin de Nole, voir Herbert de la Portbarré-Viard 2009.

l'âme[128], se contentant en quelque sorte d'une ébauche, Prudence se sert des gemmes de la Jérusalem céleste de l'*Apocalypse,* dont il fait une sorte d'exégèse allégorique, pour décrire le séjour de Dieu dans l'âme humaine purifiée, après la victoire des Vertus sur les Vices :

Spiritibus pugnant uariis lux atque tenebrae,
Distantesque animat duplex substantia uires,
Donec praesidio Christus Deus adsit, et omnes
Virtutum gemmas componat sede piata,
Atque, ubi peccatum regnauerat, aurea templi
Atria constituens texat spectamine morum [129]
Ornamenta animae, quibus oblectata decoro
Aeternum solio diues Sapientia regnet[130].

Les gemmes des vertus devenues les ornements de l'âme font de ces derniers le matériau allégorique de la construction du temple de l'âme, et presque un siècle plus tard, Ennode de Pavie, dans une épigramme consacrée au baptistère San Giovanni de Milan, semble se souvenir de l'édifice prudentien, quand il compare les ornements de l'âme (celle de Laurent de Milan) aux matériaux les plus précieux de la construction milanaise (marbre, peintures, placage)[131], même si ces derniers peuvent être mis en rapport avec les vestiges archéologiques retrouvés dans les strates de démolition de l'édifice. Avec la description du temple de l'âme

128 Paul. Nol., *Carm.*, 28, 305-313 : *Tunc bene purgato domus aedificabitur horto / Et uiuo fundata solo bene surget in altum / Fabrica diuini moliminis. ipse columnas / Eriget in nobis Christus ueteresque resoluet / Obstructae pilas animae, spatiumque sibi rex /Sensibus efficiet nostris, ut inambulet illis, / Tamquam in porticibus Salomonis quinque solebat / Ore pio medicos sapientia ducere gressus, / Corpora tangendo sanans et corda docendo.* Trad. perso. : "Alors, une fois le jardin bien nettoyé, la demeure sera édifiée et, fondée sur un sol vivant, la bâtisse due à l'effort divin s'élèvera, comme il convient, vers le ciel. Le Christ en personne érigera en nous des colonnes et brisera les vieux piliers de l'âme obstruée, et, en souverain, il se taillera un espace dans nos esprits, afin de s'y promener, de même que, sous les portiques de Salomon, la Sagesse avait coutume de conduire ses pas médecins avec un bon visage, guérissant les corps par le toucher et les cœurs par l'enseignement."

129 Cette expression me semble annoncer le genre de description que l'on rencontre chez Ennode de Pavie.

130 Prud., *Psych.*, 908-915. Trad. de Lavarenne modifiée : "Dans des aspirations opposées combattent la lumière et les ténèbres, et notre substance double nourrit des forces contraires : jusqu'à ce que le Christ Dieu vienne à notre secours, et dispose sur un emplacement purifié toutes les gemmes des vertus ; et jusqu'à ce que, là où régnait le péché, établissant l'atrium doré de son temple, il tisse par le spectacle des bonnes mœurs les ornements de l'âme, pour que, s'y complaisant, y règne à jamais sur un trône splendide, l'opulente Sagesse."

131 Voir Ennod., *Carm.*, 2.56 (= 181 Vogel), v. 5-10 : *Marmora, picturas, tabulas, sublime lacunar, / ipse dedit templo qui probitate nitet. /Aedibus ad pretium sic mores conditor addit, / uellera ceu Serum murice tincta feras, /qualiter inclusas comit lux hospita gemmas, nix lapidis quotiens pulcrior arte rubet.* Trad. C. Urlacher-Becht 2014, 165, n. 140 : "Marbres, peintures, tableaux, plafond élevé, il en fit don personnellement au temple, cet homme rayonnant de probité. Le fondateur augmente la valeur de l'édifice par ses mœurs, de la même manière qu'on porte de soyeux vêtements teints de pourpre, tout comme une lumière étrangère rehausse les gemmes enchâssées, chaque fois que rougeoie l'éclat neigeux de la pierre, rendue plus belle par l'art."

et ces gemmes allégoriques, Prudence ouvre aux descriptions des temples du christianisme une nouvelle voie, celle d'une certaine "dématérialisation des décors", même si ceux-ci laissent encore entrevoir leur matérialité, mais de manière épurée, souvent à travers la présence réelle et spirituelle de la lumière. On peut ainsi évoquer la disparition quasi totale du cadre référentiel dans certaines descriptions de monuments religieux d'Ennode de Pavie au début du VIe siècle, mais aussi quelques décennies plus tard dans certains poèmes de Venance Fortunat[132].

À la fin du VIe siècle, en Gaule mérovingienne, le poète Venance Fortunat, tout en se référant aux textes bibliques, reprend cette tradition des architectures fictives spirituelles christianisées à travers la description du séjour céleste des vierges, dans le *carmen* 8, 4, 15-26 *Ad uirgines*, où il se souvient entre autres du temple de l'âme de la *Psychomachie* de Prudence, et la description des portes de Sion à la fin du troisième livre de sa *Vita Martini*. Je ne prendrai en considération ici que le premier de ces textes qui entretient également des rapports avec les autres poèmes qui ont étayé ma réflexion. Cette pièce de trente-six vers peut être considérée comme une sorte d'"épithalame mystique" en miniature par rapport aux quatre cents vers du *De uirginitate* (*Carm.*, 8, 3) du même auteur. Fortunat qui est également l'auteur d'un épithalame en l'honneur du mariage de Sigebert et Brunehaut[133], fait de ce court poème une vignette au centre de laquelle se trouve la vierge conduite par le chœur des anges dans la chambre nuptiale du Roi éternel. Dans la célébration des deux noces, les humaines et les divines, Fortunat manifeste sa connaissance de la tradition littéraire des épithalames. L'on y retrouve en effet, notamment, à travers la description du palais de l'Époux, des éléments des architectures imaginaires présentes dans les épithalames, l'un des fils conducteurs de notre réflexion, mais spiritualisés et christianisés[134] :

Virgo Dei, fructus caeli, uictoria mundi,
ut semper regnes, has petes regis opes.
Sunt ubi crysolitis fabricata palatia gemmis
atque zmaragdineo ianua poste uiret.[135]
Limina sardonichum uariato lumine florent
et hyacinteus circuit ordo domum.[136]
Aurea tecta micant, plebs aurea fulget in aula
et cum rege pio turba corusca nitet.
Ille puellarum locus est, quae lucis amore
hic seruant Domino corpore mente fidem.

132 Voir Urlacher-Becht 2014, 133-182, pour le cas d'Ennode de Pavie et Herbert de la Portbarré-Viard 2013 pour celui de Venance Fortunat.

133 Voir Ven. Fort., *Carm.*, 6, 1. Ce poème qui marqua le début de sa carrière comme poète officiel dans la Gaule mérovingienne fut composé et récité à la cour de Metz au printemps de 566 p.C.

134 Je reprends l'expression employée par Malick-Prunier 2011, 247, à propos du *De uirginitate* (*Carm.* 8, 3), avec lequel le *Carm.*, 8, 4 entretient de nombreux rapports. Voir aussi dans ce même ouvrage l'ensemble de l'analyse de ce poème, 247-252.

135 Voir *trabibusque smaragdis* chez Claudien (*Nupt.*, 88).

136 Voir *caesas hyacinthi rupe columnas* chez Claudien (*Nupt.*, 89).

Despice quod terrae est, clara sedebis in astris
Christi ut sponsa placens regna superna colas[137].

Dans ce court passage, Fortunat semble remployer les architectures fictives, que l'on trouve dans certains épithalames, à la gloire des vierges, épouses du Christ, thème largement présent dans la poésie latine chrétienne tardive, et tout particulièrement chez le poète mérovingien[138]. Ce séjour des vierges emprunte à la fois aux murailles de la Jérusalem céleste et à celle du temple de l'âme prudentien, où sont présentes toutes les pierres citées, mais peut-être aussi aux architectures fictives des épithalames. Il n'est sans doute pas indifférent de constater que deux des pierres précieuses citées ici, les émeraudes et les hyacinthes, sont présentes à la fois dans la demeure de Vénus à Chypre (Claudien) et dans son sanctuaire corinthien (Sidoine). En revanche la sardoine et la chrysolithe n'apparaissent que dans l'*épithalame à Ruricius et Hiberia*[139]. L'éclat du séjour céleste brillant du feu de ses joyaux multicolores est exprimé par le verbe *micare*. Fortunat, dont la poésie a un caractère très visuel lié à son expérience des monuments de Ravenne couverts de somptueuses mosaïques[140], emploie également ce verbe à propos de la lumière à la fois réelle et spirituelle associée aux édifices chrétiens[141]. Et ceci n'est guère étonnant dans la mesure où, dès l'Antiquité tardive, l'édifice terrestre peut être considéré en quelque sorte comme la matérialisation de l'Église spirituelle, épouse du Seigneur.

Les pierres qui ornent la demeure des vierges font également partie des ornements de la vierge promise à l'Époux éternel dans le *carmen* 8, 3 (*De uirginitate*) où on trouve aussi d'autres gemmes présentes dans le temple prudentien de l'âme :

Inseritur capiti radians diadema berillis,
ordinibus uariis alba zmaragdus inest.
Alligat et nitidos ametistina uitta capillos,
margaritato flexilis arte sinu.
Sardoniche impressum per colla monile coruscat,
Sardia purpurea luce metalla micant.

137 "Vierge de Dieu, fruit du ciel, victoire sur le monde, / Afin de régner toujours, tu obtiendras ces richesses du roi. / Là-bas sont des palais construits avec des pierres de chrysolithe / Et leur porte verdoie d'un jambage d'émeraude. / Leur seuil fleurit de l'éclat varié des sardoines / Et un rang de hyacinthes fait le tour de la demeure. / Les toits dorés étincèlent, un peuple revêtu d'or resplendit dans le palais / Et, accompagnée de son pieux roi une foule rutilante brille. / C'est le lieu des jeunes filles, qui par amour de la lumière / Protègent ici leur Foi pour le Seigneur dans leur corps et leur esprit. / Méprise ce qui appartient à la terre, et tu siègeras lumineuse dans les astres / Afin qu'épouse agréée par le Christ tu habites le royaume d'en haut. (Trad. perso.)."

138 Voir par exemple à ce sujet Malick-Prunier 2011. Voir en particulier 245 pour le lien entre la vierge et les fiancées des épithalames classiques.

139 *Carm.*, 11, 21.

140 Voir à ce sujet Labarre 1982.

141 Voir par exemple *Carm.*, 1, 11, 59 (à propos de Léonce de Bordeaux) : *nec solum hic, sed ubique micant tua templa, sacerdos* et *Carm.*, 9, 9, 28 (à propos de Sidoine de Mayence) : *hic quod fana micant, a te instaurata quod extant.*

Dextrae armilla datur carcedone, iaspide mixta,
aut iachintheo sudat honore manus.
Brattea gemmatam cycladem fila catenant,
sidereis donis arte sigilla tument.
Pulchra topaziacis oneratur zona lapillis,
Crysolita aurata fibula claudit acu,
ueste superposita:[...][142]

Tout se passe comme si, dans le *carmen* 8, 4, les gemmes qui ornent le corps et les vêtements de la Vierge avaient, avec leurs connotations érotiques, migré pour aller former les matériaux de construction du palais céleste. Les ornements et vêtements des vierges rappellent dans le même temps les somptueuses gemmes des trabées impériales décrites par Claudien et qui, selon M.-F. Gineste, "matérialise[nt] le pouvoir royal et révèle[nt] le corps divin du prince"[143]. Ils évoquent également les représentations des riches parures faites de dorures et de gemmes, ainsi que les diadèmes et les ceintures, sur les mosaïques de Ravenne : ce passage fait penser à la procession des vierges saintes qui se dirige vers le Christ en majesté sur les genoux de sa mère que l'on peut voir sur les murs de la paroi nord de la nef centrale de Saint-Apollinaire-le-Neuf à Ravenne[144], et également dans une certaine mesure à la représentation en mosaïque de l'impératrice Théodora couverte de joyaux sur les murs de l'abside de Saint-Vital dans la même cité[145]. Le séjour céleste des vierges doit être également rapproché du temple de l'époux que contemple Martin dans le poème hexamétrique que Fortunat lui a dédié[146] *:* dans la chambre de l'Époux les pierres précieuses se déplacent peu à peu du lieu sur le corps de l'époux qui semble progressivement minéralisé[147].

Les structures architecturales sont également présentes dans le *carmen* 8, 4, 15-26 *Ad uirgines* : le "jambage d'émeraude" du v. 18 peut être rapproché de ceux du sanctuaire

142 *Carm.*, 8, 3, 263-275. "Un diadème étincelant de béryl est placé sur sa tête, la blanche émeraude y figure en rangées variées. Une bandelette ornée d'améthyste enserre ses cheveux étincelants, elle se replie avec art en un nœud orné de perles. Sur sa gorge un collier étincelle incrusté de sardoine, les pierres de Sarde scintillent d'un éclat de pourpre. Son bras reçoit un bracelet de calcédoine mêlé de jaspe et sa main est en sueur sous une parure d'hyacinthes. Des fils d'or ourdissent sa robe de parade, les figures qui l'ornent se détachent avec art par une faveur céleste. Sa belle ceinture est décorée de petites pierres de topaze, une fibule de chrysolithe la ferme d'un ardillon en or, un manteau est posé par-dessus [...]" (Trad. Reydellet 1998).

143 Voir Guipponi-Gineste 2011, 97.

144 L'édifice, achevé du vivant de Théodoric avant 526 p.C., et d'abord église arienne, passa au culte catholique vers 561 p.C. Elle fut alors dédiée par l'archevêque Agnellus à saint Martin de Tours. La théorie de saintes sur la paroi nord et le cortège de martyrs sur la paroi sud de la nef centrale vinrent probablement remplacer au registre inférieur une procession solennelle formée par le roi Théodoric, sa famille, sa cour et des membres du clergé arien. Voir par exemple Poeschke 2009, 144.

145 L'édifice fut consacré en 547 par Maximien, devenu évêque grâce au soutien de l'empereur Justinien. Voir par exemple Poeschke 2009, 160.

146 *Vita Martini*, 3, 460-474.

147 Un rapprochement est également possible avec la main de Martin qu'Arborius voit recouverte de pierreries. Voir *Vita Martini*, 3. 305-330.

corinthien de Vénus qui sont traversés par l'éclat fauve de la chrysolithe[148], le "seuil" (*limina*) qui "fleurit de de l'éclat varié des sardoines" (v. 19) de celui de la demeure de Vénus à Chypre "poli de jaspe"[149] à la même place à l'attaque du vers. Quant au rang de hyacinthes qui entoure (*circuit*) le séjour céleste des vierges, il évoque la clôture d'or dont Mulciber entoure (*circuit*) la demeure de Vénus chez Claudien. Ce poème par lequel se clôt ici notre parcours à travers les architectures fictives de la latinité tardive contient certains éléments des pièces du même genre composées par Stace et Claudien[150], mais les transmue en composantes spirituelles d'un "épithalame mystique".

Conclusion

Les architectures fictives de la littérature latine tardive, héritières des édifices fictifs et/ou fictionnels précédents, jettent leurs ultimes feux par les infinis jeux de miroirs que l'on peut repérer entre elles. Elles témoignent également de l'unité d'une esthétique par-delà les limites parfois arbitraires que l'on établit entre littérature païenne et littérature chrétienne. Le parcours qui nous a menés de la demeure de Vénus à Chypre au séjour céleste des Vierges en passant par la Jérusalem céleste, le sanctuaire corinthien de Vénus, et le temple de l'âme prudentien, reflète en quelque sorte les multiples facettes de l'esthétique de la poésie latine tardive qui est conservatoire du patrimoine poétique précédent, lieu de réflexion métapoétique autant que lieu de transmutation dans un monde où l'imaginaire, au seuil de l'époque médiévale, se tourne vers le Ciel[151].

Bibliographie

Sources textuelles

Claudien :

Charlet, J.-L., éd. (2002-2017) : *Claudien. Œuvres*. Texte établi, traduit et commenté par J.-L. Charlet.

— (1991) *Tome I, Le Rapt de Proserpine*, 3e tirage 2002.

— (2000) *Tome II, 1ère et 2ème parties, Poèmes politiques (395-398)*, 2e tirage 2002.

— (2017) *Tome III, Poèmes politiques (399-404)*, CUF, Paris.

Dewar, M. (1996) : *Claudian Panegyricus de sexto consulatu Honorii Augusti*, Introduction, Translation and Literary Commentary by M. Dewar, Oxford.

Hall, J.-B., éd. (1985) : *Claudii Claudiani Carmina*, Teubner, Leipzig.

Ricci, L. M. (2001) : *Claudii Claudiani Carmina minora*, Bari.

148 *Carm.*, 11, 20.

149 *Nupt.*, 9-10, 90-91.

150 Voir par exemple Roberts 1989b, 344-346.

151 Il faudrait également étudier les rapports de la description des portes de Sion dans la *Vita Martini* avec les architectures fictives présentes dans la poésie profane et dans la *Bible*, mais cela dépasserait le cadre de la problématique que nous nous sommes fixée dans cet article.

Prudence :

Fux, P.-Y. (2003) : *Les sept passions de Prudence* (Peristephanon 2. 5. 9. 11-14) Introduction générale et commentaire, Paradosis 46, Fribourg.

Lavarenne, M., éd. [1948] (1992) : *Prudence. Tome III. Psychomachie.* Contre Symmaque, Texte établi et traduit par M. Lavarenne, CUF, Paris, [1948] ; (3e édition revue, corrigée et augmentée par J.-L. Charlet 1992) ; 2003 (2e tirage de la 3e édition 2002).

Sidoine Apollinaire :

Filosini, S., éd. (2014 a) : *Sidonio Apollinare. Epitalamio per Ruricio e Iberia.* Edizione, traduzione e commento, Turnhout.

Loyen, A., éd. [1961] (2008) : *Sidoine Apollinaire. Tome 1. Poèmes.* Texte établi, traduit et commenté par A. Loyen, CUF, Paris [1961], 2008 (3e tirage).

— éd. [1970] (2003) : *Sidoine Apollinaire. Tome II. Correspondance. Livres I-V.* Texte établi, traduit et commenté par A. Loyen, CUF, Paris, [1970] 2003 (2e tirage).

— éd. [1970] (2003) : *Sidoine Apollinaire. Tome III. Correspondance. Livres VI-IX.* Texte établi, traduit et commenté par A. Loyen, CUF, Paris [1970], 2003 (2e tirage).

Stace :

Frère, H. et H.-J. Izaac, éd. [1943] (1992) : *Stace. Les Silves.* Texte établi par H. Frère et traduit par H.- J. Izaac. *Tome I, Livres I-III* [1943] ; (3e tirage revu et corrigé par C. Moussy 1992), 4e tirage 2003, CUF, Paris.

— éd. [1943] (1961) : *Stace. Les Silves.* Texte établi par H. Frère et traduit par H.-J. Izaac. *Tome II, Livres IV-V* [1943] ; 2e édition revue et corrigée 1961) 3e tirage 2003, CUF, Paris.

Venance Fortunat :

Quesnel, S., éd. (2002) : *Venance Fortunat. Œuvres. Tome IV, La vie de saint Martin.* Texte établi et traduit par S. Quesnel, CUF, Paris.

Reydellet, M., éd. [1994] (2002) : *Venance Fortunat. Poèmes.* Texte établi et traduit par M. Reydellet. *Tome I, Livres I-IV*, 1994 (2e tirage 2002), CUF, Paris.

— éd. [1998] (2003) : *Venance Fortunat. Poèmes.* Texte établi et traduit par M. Reydellet. *Tome II, Livres V-VIII*, CUF, Paris, 1998 (2e tirage 2003). — éd. (2004) : *Venance Fortunat. Poèmes.* Texte établi et traduit par M. Reydellet. *Tome III, Livres IX-XI.* Appendice-In laudem sanctae Mariae. Index, CUF, Paris.

Sources secondaires

André, J. (1949) : *Étude sur les termes de couleur dans la langue latine*, Paris.

Balmelle C., Eristov H. et Monier F. (2011) : *Décor et architecture en Gaule entre l'Antiquité et le haut Moyen Age. Actes du colloque international Université Toulouse II Le Mirail 9-12 octobre 2008, Aquitania Suppl. 20*, Bordeaux.

Charlet, J.-L. (2008) : "Tendances esthétiques de la poésie latine tardive (325-470)", in : *Antiquité Tardive*, 16, 159-167.

Cima, M. (1986) : "Il 'prezioso arredo' degli horti Lamiani", in : Cima & La Rocca 1986, 105-144.

Cima, M. et La Rocca, E., dir. (1986) : *Le tranquille dimore degli dei. La residenza imperiale degli horti Lamiani*, Venise.

Condorelli, S. (2008) : *Il poeta doctus. Aspetti della poetica di Sidonio Apollinare*, Naples.

Consolino, F. E. dir. (2000) : *Letteratura e propaganda nel Occidente Latino da Augusto ai regni Romano barbarici*, Rome.

— (2013) : "Sidonio e le Siluae", in : Galand & Laigneau 2013, 213-236.

Crioscolo, U. dir. (2004) : *Societas studiorum per Salvatore D'Elia*, Naples.

Delarue, F., Georgacopoulou, S., Laurens, P. et Taisne, A.-M., dir. (1996) : *Epicedion. Hommages à P. Papinius Statius*, 96-1996, Poitiers.

Dewar, M. (1996) : "Episcopal and Epicurean Villas : Venantius Fortunatus and the Siluae", in : Delarue, Georgacopoulou *et al.* 1996, 297-313.

Di Salvo, L. (2005) : *Felicis munera mali. Momenti di vita quotidiana nella poesia di età romanobarbarica,* Pise.

Filosini, S. (2014 b) : "Ovidio nell'epitalamio per Ruricio ed Iberia (Sidon. *Carm.*, 11)", in : Poignault & Stoehr-Monjou 2014, 349-376.

Galand, P. et Laigneau, S., dir. (2013) : *La silve. Histoire d'une écriture libérée en Europe, de l'Antiquité au XVIII*e *siècle*, Turnhout.

Galand-Hallyn, P. et Zarini, V., dir. (2009) : *Manifestes littéraires dans la latinité tardive. Poétique et rhétorique, Actes du Colloque International de Paris, 23-24 mars 2007*, Coll. des Études Augustiniennes, Paris.

Garambois, F., dir. (2011) : *Claudien, histoire, mythe et sciences,* Coll. Antiquité, Mémoires du Centre Jean Palerme, Saint-Étienne.

Garambois, F. et Vallat, D., dir. (2011) : *Le lierre et la statue. La nature et son espace littéraire dans l'épigramme gréco-latine tardive*. Saint-Étienne.

Gnilka, C. (1963) : *Studien zur Psychomachia des Prudentius,* Klass.-Philol. Studien XXVII Wiesbaden.

Goldlust, B. (2013) : "L'héritage de Stace : nature et culture dans l'écriture silvaine de la latinité tardive", in : Galand & Laigneau 2013, 183-211.

Gros, P. (1993) : "*Stabunt et Parii lapides* : Virgile et les premiers frontons augustéens d'après *Géorgiques* III, 34", in : Mactoux & Geny 1993, 155-159.

Gualandri, I. (1979) : *Furtiua Lectio. Studi su Sidonio Apollinare,* Milan.

— (1994) : "Aspetti dell'*ekphrasis* in età tardo-antica", in : *Testo e immagine nell'alto medioevo. Settimane di studio del centro italiano di studi sull'alto medioevo* 41, O. Capitani, Spolète, 301-341.

— (2000) : "Claudiano e Prudenzio : polemiche a distanza", in : Consolino 2000, 145-171.

— (2004) : "Claudiano, l'isola di Cipro e il palazzo di Venere (*Epith. Hon.* 49-96)", in : Crioscolo 2004, 409-415.

Guipponi-Gineste M.-F. (2010) : *Claudien, poète du monde à la cour d'Occident,* Paris.

— (2011) : "Pierres précieuses et pierres curieuses dans la poésie de Claudien", in : Garambois-Vasquez 2011, 85-111.

Guipponi-Gineste, M.-F. et Urlacher-Becht, C., dir. (2013) : *La Renaissance de l'épigramme dans la latinité tardive, Actes du colloque de Mulhouse (6-7 octobre 2011),* Coll. Études d'archéologie et d'histoire ancienne de l'Université de Strasbourg, Paris.

Harries, J. (1994) : *Sidonius Apollinaris and the Fall of Rome*. AD 407-485, Oxford.

Hecquet-Noti, N. (2013) : "Le temple de Dieu ou la nature symbolisée : la dédicace de la cathédrale de Lyon par Sidoine Apollinaire (*Epist.* 2, 10)", in : Garambois & Vallat, 2011, 217-231.

Herbert de la Portbarré-Viard, G. (2006) : *Descriptions monumentales et discours sur l'édification chez Paulin de Nole. Le regard et la lumière* (*Epist.* 32 et *Carm.* 27 et 28), Leyde-Boston, 2006.

— (2009) : "La poétique de l'édification spirituelle chez Paulin de Nole : un manifeste littéraire explicite ou implicite ?", in : Galand-Hallyn & Zarini 2009, 109-131.

— (2011) : "Venance Fortunat et l'esthétique de l'*ekphrasis* dans les *Carmina* : l'exemple des villas de Léonce de Bordeaux", in : *REL* 88, (2010) 2011, 218-237.

— (2013) : "Présence de l'édifice chrétien dans les épigrammes sur les monuments religieux de Venance Fortunat : intertextualité, enjeux poétiques et spirituels", in : Guipponi-Gineste & Urlacher-Becht 2013, 329-344.

— (2014) : "Les descriptions et évocations d'édifices religieux chrétiens chez Sidoine Apollinaire", in : Poignault & Stoehr-Monjou 2014, 379-406.

— (2016) : "Dire le marbre des édifices chrétiens dans la poésie latine de l'Antiquité tardive", in : Herbert de la Portbarré-Viard & Stoehr-Monjou 2016, 279-296.

Herbert de la Portbarré-Viard, G. et Stoehr-Monjou, A., dir. (2016) : *Studium in libris. Mélanges en l'honneur de Jean-Louis Charlet*, Coll. des Études Augustiniennes. Série Antiquité 201, Paris.

Hernandez Lobato, J. (2010) : "La écfrasis de la catedral de Lyon como hibrido intersistemico. Sidonio Apolinar y el Gesamtkunstwerk tardoantiguo", in : *Antiquité tardive*, 18, 297-338.

Kelly, G. (2013) : "Sidonius and Claudian", in : van Waarden et Kelly 2013, 171-191.

Labarre, S. (2001) : "La poésie visuelle de Venance Fortunat (Poèmes I-IV) et les mosaïques de Ravenne", in : *La littérature et les arts figurés de l'Antiquité à nos jours, Actes du XIVe congrès de l'Association G. Budé (Limoges, 25-28 août 1998)*, Paris, 369-377.

Liverani, P. (2004) : "Arco di Onorio, Arco di Portogalo", in : *BCAR* 105, 351-370.

Loyen, A. (1967) : *Recherches historiques sur les panégyriques de Sidoine Apollinaire*, Rome.

Mactoux, M.-M. et Geny, E., éd. (1993) : *Mélanges P. Lévêque VII*, Anthropologie et société, Paris.

Malick-Prunier, S. (2011) : *Le corps féminin dans la poésie latine tardive*, Paris.

Maugant-Chemin, V. (2006) : "Les couleurs du marbre chez Pline l'Ancien, Martial et Stace", in : Rouveret *et al.*, 2006, 103-125.

Meier, C. (1977) : *Gemma spiritalis. Methode und Gebrauch der Edelsteinallegorese von frühen Christentum bis ins 18. Jahrundert*, Munich.

Montuschi, C. (2001) : "Sidonio Apollinare e Ovidio : esempi di riprese non solo verbali (Sidon. *Carm.*, 2, 405-435; 22, 47-49)", in : *InuLuc*, 23, 161-181.

Morzadec, F. (2001) : "Les jeux de l'illusion dans les Silves de Stace", in : *La littérature et les arts figurés de l'Antiquité à nos jours, Actes du XIVe congrès de l'Association G. Budé (Limoges, 25-28 août 1998)*, Paris, 2001, 359-368.

Pavlovskis, S. (1965) : "Statius and the Late Latin Epithalamia", 60, 164-177.

Poignault, R. et Stoehr-Monjou, A., éd. (2014) : *Présence de Sidoine Apollinaire*, Caesarodunum, Clermont-Ferrand.

Poeschke, J. (2009) : *Mosaïques italiennes du IVe au XIVe siècle*, Paris.

Reynaud, J.-F. (1998) : *Lugdunum christianum. Lyon du IVe au VIIIe s. : topographie et édifices religieux*, Paris.

Robert, R., dir. (2011) : "La description du *burgus* de Pontius Leontius : entre réalité et objet de mémoire littéraire (Sidoine Apollinaire, *Carm.* 22)" in : Balmelle *et al.*, 2011, 377-390.

— (2016) : *Dire l'architecture dans l'Antiquité*, sous la direction de R. Robert, Aix-Marseille Université, CNRS, MMSH, Karthala. (= Robert 2016a)

— (2016) : "Palais ou temple ? Les descriptions architecturales virgiliennes et leur réception chez Ovide et Stace", in : Robert 2016, 225-257. (= Robert 2016b)

Roberts, M. (1989a) : *The Jeweled Style : Pœtry and Pœtics in Late Antiquity*, Ithaque-Londres.

— (1989b) : "The Use of Myth in Latin Epithalamia from Statius to Venantius Fortunatus", in : *TAPhA* 119, 321-348.

Rouveret, A., Dubel, S. et Naas, V., dir. (2006) : *Couleurs et matières dans l'Antiquité. Textes, techniques et pratiques*, Paris.

Santelia, S. (2007) : "Sidonio Apollinare autore di una epigrafe per l'*ecclesia* di Lione (*Epist.* 2. 10. 4)", in : *Vetera Christianorum* 44 (2), 305-321.

— (2014) : "L'aristocratie gallo-romaine s'auto-célèbre : l'épithalame pour Ruricius et Hiberia (Sidoine Apollinaire, *Carm.* 11)", in : Poignault & Stoehr-Monjou 2014, 333-348.

Shanzer, D. (1989) : "Allegory and Reality : *Spes, Victoria* and the Date of Prudentius'Psychomachia", in : *Illinois Class. Studies*, 14, 347-363.

Stoehr-Monjou, A. (2009) : "Sidoine Apollinaire et la fin d'un monde. Poétique de l'éclat dans les panégyriques et leurs préfaces", in : *Revue des Études Latines* 87, 207-230.

Taisne, A.-M. (2014) : "Présence de Stace dans les *Carmina* de Sidoine Apollinaire", in : Poignault & Stoehr-Monjou 2014, 283-293.

Urlacher-Becht, C. (2014) : *Ennode de Pavie, chantre officiel de l'Église de Milan*, Paris.

Van Waarden, J. A. et Kelly, G., dir. (2013) : *New approaches to Sidonius Apollinaris, Actes du congrès "Sidonius Apollinaris for the 21th century", Wassenaar, 26-30 janvier 2011*, Louvain-Paris-Walpole.

Espaces imaginaires –
imaginaire de l’espace

"Le bel antre toujours vert" : une architecture éphémère, entre textes et imaginaire

Anne-Françoise Jaccottet & Stéphanie Wyler

"Parfois il semble que ce soit le rideau de feuillage qui fasse l'antre."

Bachelard, *La terre et les rêveries du repos*, Paris, 1948, 186.

Dionysos est un dieu lié de façon particulière à l'éphémère : il connaît relativement peu de lieux de culte architecturés et, dans certaines pratiques rituelles effectives comme dans son imaginaire qui a traversé les époques, ses célébrations sont ancrées dans le mouvement perpétuel, dans le parcours, souvent débridé, d'un espace sauvage, reflet des marges qu'il représente et pousse les humains à explorer. Dionysos offre ainsi l'occasion de réfléchir à la question des architectures éphémères, mais comme de juste avec lui, dans une optique bien particulière, en prenant la question des architectures fictives à l'envers. Plutôt que d'examiner la transposition, dans la fiction[1] d'un discours littéraire, d'une architecture réelle, nous partirons au contraire de textes, de discours mythiques, décrivant un espace naturel, non architecturé, la grotte, qui représente un des hauts lieux de la ritualité dionysiaque, et traduit l'écart d'avec la ritualité "normale" dont est investi ce dieu. Si la grotte dionysiaque connaît une expression littéraire foisonnante, l'imaginaire de cet espace a également trouvé une traduction rituelle "réelle" dans des architectures extrêmement variables, parfois inattendues – et même si inattendues qu'on ne les a jamais vraiment identifiées archéologiquement. Nous tenterons donc de mettre en évidence les mécanismes de cette transposition, de la fiction mythique d'un espace naturel aux architectures fonctionnelles qui le représentent symboliquement.

1 Sur les enjeux de la fiction dans l'Antiquité, notamment liés aux mythes : Auger & Delattre, 2010, avec la bibliographie plus générale sur la question, 12, n. 1 (voir en particulier les travaux de J.-M. Schaeffer, notamment Schaeffer 1999).

L'antre de Dionysos : textes et images

L'antre du dieu

Depuis le VIe s. a.C. et jusqu'au Ve s. p.C., les textes antiques lient Dionysos à la caverne, que ce soient celle dans laquelle le petit dieu, orphelin de mère, se fait élever par les nymphes de Nysa, celle qui accueille le dieu dans ses périples "missionnaires" jusqu'aux confins indiens, celle dans laquelle se développent les danses qu'il institue, celle encore à travers laquelle il fera remonter sa mère Sémélé des Enfers[2]. Cette liaison du dieu à l'antre est si ancrée dans l'imaginaire littéraire de toute l'Antiquité que Philostrate, au IIIe s. p.C, la reporte de façon allégorique sur la première naissance, dramatique, du petit dieu, mis au monde prématurément par l'éclat insoutenable de l'éclair de Zeus, son divin père :

> "...Dionysos bondit hors du sein de sa mère éventrée et, brillant comme un astre, ternit l'éclat du feu par son propre éclat. La flamme qui se déploie réserve la place ombragée d'un antre pour Dionysos (ἄντρον τι τῷ Διονύσῳ), plus agréable que n'importe lequel en Assyrie ou en Lydie, car les rinceaux ont verdi tout autour de l'antre ainsi que des baies de lierre ; la vigne est déjà là tout comme les hampes du thyrse (ἕλικές τε γὰρ περὶ αὐτὸ τεθήλασι καὶ κιττοῦ κόρυμβοι καὶ ἤδη καὶ ἄμπελοι καὶ θύρσου δένδρα)..."[3].

Si l'on se réfère à la mise en image de cette *ekphrasis*, dans le volume qui contient la traduction française de Blaise de Vigenère rééditée en 1615[4] (fig. 1), l'antre est représenté comme un dôme couvert de vigne et de raisin et le petit Dionysos se dirige vers son entrée dans laquelle on ne distingue que l'obscurité de la grotte. On va voir que les Anciens n'auraient pas conçu l'image de la sorte.

De fait, l'*ekphrasis* du rhéteur est révélatrice de l'impact profond, moteur d'inspiration, de l'adéquation entre le dieu et la grotte, qui confine au *topos*. Cette liaison essentielle de Dionysos à l'antre, si fortement et durablement ancrée dans l'imaginaire, d'un bout à l'autre de la production littéraire antique, dit naturellement quelque chose de la nature du dieu. Elle dit son lien au monde sauvage, aux marges de la culture, elle dit son étrangeté comme divinité, son débordement du modèle normal de la religiosité qui installe un dieu dans un temple aux belles proportions, marque de l'ingéniosité architecturale humaine. Elle exprime son refus des rites policés, autour de l'autel, au profit de manifestations de transe. Elle dit enfin sa nature vagabonde, son éternel mouvement, accompagné de son cortège itinérant, en un mot, son refus de se laisser enfermer entre quatre murs.

Fig. 1 (sur la page de droite). Images ou tableaux de platte, peinture des deux Philostrates sophistes grecs et les statues de Callistrate, traduits par Blaise de Vigenère, 1615, 108. © BNF-Gallica.

2 Boyancé 1960-1961.
3 Philostr., *Im.*, 1.13 (Sémélé).
4 De Vigenère 1615, 108.

Iaspar Isac fecit

L'antre du cortège bachique

Cet imaginaire, dans lequel l'antre apparaît comme l'expression de la nature du dieu, comme une sorte d'attribut essentiel, ne reste pas cantonné aux seuls textes, ni à Dionysos lui-même. Des images, comme celles ornant par exemple les vases de banquet attiques, traduisent le même message en termes figuratifs. Ainsi, sur le médaillon d'une coupe produite à Athènes aux alentours de 475 a.C.[5], une ménade évolue dans l'espace d'une grotte, signifiée par une vague ondulante verticale qui borde la limite gauche du médaillon. C'est un signe conventionnel des environnements rocheux, en l'occurrence de l'antre. La femme, potentielle citoyenne athénienne, porte toutes les marques de la déculturation et de l'ensauvagement exigé par le dieu : cheveux dénoués, peau de panthère, thyrse autour duquel s'enroule un serpent, danse effrénée qui signifie la transe. Tous les traits de cette représentation expriment la nature sauvage, celle des lieux comme celle du rite, liée à la figure de Dionysos, et dont l'antre est le cadre adéquat[6].

Sur le col d'un canthare plastique janiforme (fig. 2)[7], on trouve le pendant masculin des activités dionysiaques dans la grotte, signifiée par le trait ondulant à droite, sur lequel est adossé le dieu, installé sur des coussins, un *skyphos* à la main. Le satyre de gauche, tenant un thyrse, est assis sur une base rectangulaire et tend le bras droit vers son compagnon qui effectue un mouvement de danse devant le dieu banquetant, qui lui adresse également un geste de la main droite. Les satyres, couronnés comme le dieu, peuvent être compris comme l'expression figurée des hommes, des citoyens athéniens, dans leur dépersonnalisation et leur ensauvagement rituel temporaire : cette transformation symbolique et figurative permet d'épargner la respectabilité des citoyens dans les diverses pratiques liées à Dionysos qui sous-entendent une perte de contrôle[8].

On trouve enfin des représentations qui mettent en scène des épisodes initiatiques forts dans un antre, comme sur un cratère de Berlin, aujourd'hui perdu (fig. 3)[9]. On y voit un personnage féminin sortant de terre à l'intérieur d'une structure ondulée semi-circulaire, caractéristique de la figuration d'un antre, et avec Dionysos nonchalamment installé en haut à gauche, comme signature rituelle, entouré de diverses figures liées à son cortège, deux satyres dansant, un Pan essentiellement attaché à l'image de la grotte[10] et un *eros* jouant de la flûte. Il s'agit d'une *anodos*[11], d'une remontée des Enfers, matrice symbolique évidente de rituels initiatiques jouant sur la mort fictive et le retour à la vie des initiés. On remarque que, dans la figuration de la grotte, sont représentées des fleurs et que d'autres motifs végétaux

5 Coupe attique à figures rouges, vers 480-470 a.C., du Peintre de la Dokimasie, intérieur. Paris, musée du Louvre, G159. Beazley 1963, 413.26. Carpenter *et al.* 1989, 233.

6 Jaccottet 2011.

7 Canthare plastique attique à figures rouges, vers 470 a.C., attribué à l'école du Peintre de Toronto. Londres, British Museum, E786. Beazley 1963, 1537.3. *CVA British Museum* 4.III.Ic, pl. 36.2.

8 En dernier lieu, Lissarrague 2013. Sur l'impossibilité fonctionnelle et sociale de représenter un citoyen en bacchant, et le détour nécessaire par la figure du satyre, cf. Jaccottet 1998.

9 Cratère de Berlin, F2646. Beazley 1963, 1443.6. Bérard 1974, pl. 10, fig. 35a (dessin) et 35b.

10 Lissarrague 2008.

11 Bérard 1974, 103-115, pour ce vase et d'autres exemples d'antres dans l'imagerie attique. Sur l'*anagogè* de Sémélé, cf. Morard 2009, 117-128.

Fig. 2. Col de canthare plastique. Londres, British Museum, E786. © Trustees of the British Museum.

Fig. 3. Cratère de Berlin, F2646 (aujourd'hui perdu). Dessin d'ap. Bérard 1974, pl. 10, fig. 35a.

remplissent l'espace, à l'extérieur comme à l'intérieur : nous reviendrons sur cet aspect central en contexte rituel.

Antres cultuels

À la recherche de l'antre perdu

L'imaginaire de l'antre dionysiaque, avec tout son bagage expressif, passe ainsi du dieu à ceux qui l'honorent, de la figure divine aux membres de son cortège, qu'il soit mythique ou rituel et bien humain[12]. La transition se fait ainsi entre l'imaginaire lié au dieu et son expression rituelle. On constate alors que, loin de rester confiné à l'imaginaire littéraire ou figuratif, l'antre dionysiaque entre de plain-pied dans les pratiques rituelles effectives antiques.

Le document qui a éveillé la critique sur la place de l'antre dans les rites dionysiaques est la longue inscription grecque trouvée à Torre Nova, aux alentours de Rome, datant des environs de 160 p.C., qui catalogue les noms et fonctions rituelles de près de 500 membres d'une association cultuelle dionysiaque[13]. On y voit apparaître deux "gardiens de l'antre", ἀντροφύλακες[14]. L'antre dionysiaque n'est donc sans doute pas une simple fiction, il fait partie des lieux effectifs des rituels bachiques. Et le cas de cette association est loin d'être le seul témoignage de cet ancrage dans le quotidien cultuel des groupes, associations ou communautés qui rendent hommage au dieu.

On pense en particulier au récit de Tite-Live sur les bacchanales condamnées par le sénat romain en 186 a.C. : "on di(sai)t 'ravis par les dieux' des gens que des machines entraînent loin des regards, pieds et poings liés, dans des cavernes cachées (*abditos specus*)"[15]. Derrière le filtre négatif et caricatural employé par Tite-Live, reflet probable des documents de l'instruction de l'affaire, apparaît en creux l'attestation de l'emploi d'antres dans ces rassemblements à connotation bachique des pentes de l'Aventin. La fonction rituelle de ces antres a été débattue, et relevait probablement de la mise en scène d'une forme de "théoleptie"[16]. Sans rouvrir ici un dossier complexe, retenons que la grotte apparaît comme un entre-deux-mondes, comme un lieu de passage à caractère initiatique, dont le cratère de Berlin (fig. 3) présentait déjà une expression, sur le plan figuré.

12 Sur les précautions avec lesquelles il convient de lire "en miroir" le cortège démonique et son corollaire humain, cf. Jaccottet, 2003, vol. 1, 101-122. Également de Cazanove 1986.

13 *IGUR*, 1.160, aujourd'hui à New York, Metropolitan Museum of Art. Jaccottet 2003, vol. 2, n° 188 (vol. 1, 30-53, vol. 2, 302-310), avec la bibliographie antérieure.

14 Cette mention indirecte de l'antre dans une association cultuelle n'a pourtant pas fait d'entrée de jeu l'unanimité quant à son appréciation véritablement rituelle. Pour certains chercheurs, des années 1940-1950, la grotte des mystes de Torre Nova n'était qu'un artifice bucolique, le lieu de "beuveries", ou alors une sorte de "grotte de la nativité" révélant une certaine "fadeur de la dévotion". Sur les détails de cette polémique cf. Jaccottet 2003, vol. 1, 150-151.

15 Liv. 39.13.13 (Trad. Pailler 1988).

16 Sur ce passage et son interprétation débattue en termes rituels, cf. Pailler 1976.

Se pose ainsi la question de l'existence réelle, tridimensionnelle et rituellement fonctionnelle, de cet antre, en dehors du monde imaginaire mythique, littéraire ou figuratif, et de sa concrétisation dans la réalité matérielle des lieux de culte dionysiaques. C'est par ce biais que la grotte dionysiaque entre, et même doublement, dans la problématique des architectures fictives : quel type d'architecture est-il susceptible d'actualiser un motif de fiction mythique, de manière à la transposer dans la réalité cultuelle ? À quels référents renvoient ces structures architecturales qui traduisent l'antre dans le quotidien rituel des membres des associations dionysiaques ? Quel dialogue s'instaure-t-il entre imaginaire et architecture fonctionnelle ?

Précisons qu'il ne sera pas question ici des formes d'architecture que constituent les aménagements des grottes réelles, au moins depuis l'époque hellénistique : la thèse d'H. Lavagne[17], parue en 1988, a bien montré combien les grottes ont fait l'objet de spéculations, de réévaluations culturelles ; elles connaîtront, sous l'influence de la bucolique alexandrine, une notable domestication, passant de l'"habitation inhabitable" du *Philoctète* de Sophocle (v. 534, ἄοικον εἰσοίκησιν) au *locus amoenus*, au lieu agréable et charmant, que l'on ne va pas hésiter à aménager artificiellement – et donc architecturalement – pour accueillir des banquets ombragés, des rendez-vous galants, plutôt que des manifestations cultuelles[18]. La description que transmet Diodore de Sicile[19] de la grotte dionysiaque de Nysa, berceau de l'enfance du jeune orphelin Dionysos, n'est d'ailleurs sans doute pas étrangère à ce type de développement. Cependant, aucune grotte aménagée n'a pu être identifiée comme un antre rituel bachique, ni par ses structures internes, ni par ses décors.

À quoi pouvait donc bien ressembler l'antre que doivent garder les deux ἀντροφύλακες, les "gardiens de l'antre" de l'association de Torre Nova, ou ceux dans lesquels disparaissaient les participants aux bacchanales de 186 a.C. ? Y a-t-il une typologie de l'antre rituel dionysiaque ? Quels sont dès lors les critères qui permettraient de reconnaître un antre cultuel dans les vestiges archéologiques et les représentations figurées ? Ces questions, nécessaires aujourd'hui encore dans le cas des antres bachiques, nous montrent que nous sommes donc bien loin des *mithraea*, retrouvés et identifiés par centaines, qui sont censés reproduire architecturalement tant la grotte dans laquelle Mithra a vaincu le taureau que la voûte céleste, image du *kosmos*, de l'Univers en tant que tel. Malgré les variations individualisées dans l'aménagement de ces *speluncae*, à fonction associative autant que rituelle, la forme de ces structures est suffisamment constante pour permettre, en combinaison avec le matériel retrouvé, une identification archéologique immédiate et assurée[20]. Si l'existence d'une architecture de la grotte, symbolique et rituelle tout à la fois, a su se développer dans le cas de Mithra, prouvant qu'il est possible d'envisager un modèle architectural constant de la grotte, les antres bachiques semblent répondre à une autre dynamique.

17 Lavagne 1988.

18 L'activité cultuelle et les banquets agréablement ombragés ne s'excluent pas forcément. Cf. Jaccottet 2003, 161-162. C'est bien l'action qui définit la connotation du lieu bien plus que sa structure. La définition d'un lieu est intérieure et fonctionnelle bien plus qu'extérieure et formelle. Cf. infra.

19 D.S. 3.69. Cf. infra.

20 Pour un point récent et synthétique de la question, cf. Gordon 2013.

Variétés typologiques

Des architectures éphémères...

L'antre rituel dionysiaque peut en effet prendre des formes très différentes et rencontrer une matérialité fort variable. Il peut parfaitement être une structure éphémère, un montage pour l'occasion fait pour ne durer que le temps de son utilisation rituelle. C'est ce dont témoigne par exemple un passage du *Péan à Dionysos*[21], composé par Philodamos pour la célébration de la fête de la Théoxénie, au sanctuaire de Delphes, en 340 a.C. Le contexte de cet hymne, fait pour être chanté lors de ces fêtes dionysiaques, nous atteste l'utilisation de structures légères et temporaires pour jouer le rôle de l'antre bachique dans un cadre clairement rituel ; pour célébrer le dieu, outre l'organisation de concours choraux et l'installation d'une "statue magnifique de Bacchos", "aussi flamboyante que le soleil sur la mer, sur un char attelé de lions d'or", les participants doivent "aménager pour ce dieu vénérable entre tous un antre digne de lui" (ζαθέωι τε τ[εῦ]-/ξαι θεῶι πρέπον ἄντρον·)[22] : l'emploi du verbe *teuchein* ("aménager") garantit le caractère artificiel de la grotte.

Dans des contextes rituels plus ambigus, lors de fêtes dionysiaques à Alexandrie, on a conservé des témoignages littéraires d'autres dispositifs de grottes éphémères et mobiles. Athénée de Naucratis en mentionne au moins deux : la première, clairement qualifiée d'ἄντρον, a été conçue pour occuper l'un des chars de parade lors de la procession de Ptolémée II Philadelphe :

> "Sur un char tiré par cinq cents hommes, il y avait un antre excessivement profond, recouvert de lierre et d'if (ἄντρον ἦν βαθὺ καθ' ὑπερβολὴν κισσῷ καὶ μίλῳ). De cet antre s'envolaient, tout le long du chemin, des pigeons, des ramiers, des tourterelles, avec des rubans attachés à leurs pattes pour que les spectateurs puissent les attraper au vol. Deux sources en jaillissaient aussi, l'une de lait, l'autre de vin. Toutes les nymphes qui l'entouraient avaient des couronnes d'or."[23]

L'enjeu scénographique est de taille à la fois pour figurer l'extérieur et suggérer ce qui se trouve à l'intérieur de la grotte. Le parti adopté repose sur ses dimensions et sur sa couverture faite d'une végétation luxuriante, jouant peut-être sur le contraste des couleurs si l'on comprend que la μῖλος est du bois d'if, rouge foncé, plutôt que ses aiguilles et ses baies. En outre, faute de pouvoir montrer l'intérieur de l'antre, des procédés sont mis en place pour en faire sortir ce que l'on signifie qu'il s'y trouve : des oiseaux, des sources propres à l'imaginaire de la profusion dionysiaque[24], et des nymphes, qui connotent clairement l'espace des grottes. L'espace interne y est ainsi "externalisé" par une stratégie spectaculaire sans doute tout à fait novatrice.

21 *SEG*, 32.552.
22 V. 139-140. Trad. d'après Croissant 2003, 10.
23 Callix. *ap.* Ath. 7.200c.
24 Wyler 2012.

La seconde grotte mentionnée par Athénée faisait partie de l'équipement de la *thalamegos*, le bateau d'apparat de Ptolémée IV Philopator, intégrée dans la "salle bachique" (οἶκος βακχικός) :

> "Le toit était approprié au caractère du dieu : du côté droit, on y avait aménagé une grotte (ἄντρον κατεσκεύαστο), dont les couleurs étaient nuancées avec de vraies pierres précieuses relevées par des ornements en or"[25].

Il est difficile de se représenter comment pouvait être matérialisé cet antre, outre le luxe de ses matériaux : on ignore notamment son échelle et sa fonction, si l'on pouvait s'y tenir ou s'il s'agissait d'un modèle réduit. Ce qui apparaît en revanche, c'est que l'antre fait partie intégrante des espaces dionysiaques, et qu'il évoque, par son chatoiement, la grotte mythique pleine de tous les charmes de la nature.

Nouvel héritage républicain de ces mises en scène spectaculaires, Marc Antoine semble encore avoir adapté cette tradition hellénistique dans le théâtre d'Athènes :

> "…Quant à Antoine, lorsqu'il séjourna après cela quelque temps à Athènes, il fit construire en haut du théâtre une baraque, visible de tous côtés et couverte d'un bois de verdure, comme celui qui couvre les antres bachiques (περίοπτον ὑπὲρ τὸ θέατρον κατασκευάσαντα σχεδίαν χλωρᾷ πεπυκασμένην ὕλῃ, ὥσπερ ἐπὶ τῶν βακχικῶν ἄντρων) : il y fit suspendre des tambours, des nébrides et tous les autres instruments dionysiaques (τύμπανα καὶ νεβρίδας καὶ παντοδαπὰ ἄλλ' ἀθύρματα Διονυσιακά)"[26].

La légèreté de la construction est soulignée d'entrée de jeu, de manière directe dans et par les termes employés mais aussi par un jeu indirect de contraste avec la structure massive et monumentale du théâtre de Dionysos sur laquelle cette hutte décorée de manière bachique vient s'installer. Il est difficile d'évaluer précisément la valeur rituelle de l'installation d'Antoine, présentée dans la suite du passage[27] comme une mascarade donnant lieu aux beuveries et aux abus de pouvoir du *theos neos Dionysos*, dans la mesure où la source d'Athénée, Socrate de Rhodes, se fait visiblement le porte-parole de la propagande d'Auguste[28]. Le lieu éminemment politique et religieux que représente le théâtre d'Athènes a pu servir à des célébrations plus sérieuses organisées par Antoine. Plutarque, par ailleurs, loue le philhellénisme et même le "philathénisme" de ce bon connaisseur de la culture religieuse locale[29]. Quoi qu'il en soit, pour notre propos, nous retiendrons simplement que la

25 Callix. *ap.* Ath. 5.205e.

26 Socr. Rhod., *FGrH* 192 F2, *ap.* Ath. 4.148b-c.

27 *Ibid.* : …μετὰ τῶν φίλων ἐξ ἑωθινοῦ κατακλινόμενον μεθύσκεσθαι, λειτουργούντων αὐτῷ τῶν ἐξ Ἰταλίας μεταπεμφθέντων ἀκροαμάτων συνηθροισμένων ἐπὶ τὴν θέαν τῶν Πανελλήνων ("…il s'allongeait à l'intérieur avec ses amis pour banqueter dès le lever du jour et s'enivrer ; il était servi par des musiciens qu'il avait fait venir d'Italie, et l'ensemble du monde grec était rassemblé à ce spectacle.")

28 Couvenhes 2013.

29 Plu., *Ant.*, 23.2 : Τοῖς μὲν οὖν Ἕλλησιν οὐκ ἄτοπος οὐδὲ φορτικὸς συνηνέχθη τό γε πρῶτον, ἀλλὰ καὶ τὸ παῖζον αὐτοῦ πρὸς ἀκροάσεις φιλολόγων καὶ θέας ἀγώνων καὶ μυήσεις ἔτρεπε, καὶ περὶ τὰς κρίσεις ἦν ἐπιεικής,

comparaison avec les antres dionysiaques concerne autant le caractère léger et éphémère de l'installation que la couverture de verdure caractéristique sur laquelle nous aurons à revenir.

...aux constructions permanentes

À l'autre extrémité de l'échelle de la matérialité et de la durabilité, un ensemble d'inscriptions provenant de la cité de Callatis, sur la rive occidentale de la mer Noire, nous permet de comprendre à quoi pouvait ressembler l'antre utilisé par une association dionysiaque sur plusieurs siècles, entre 220 a.C. et jusqu'aux alentours de 50 p.C.[30]. Les termes techniques employés par l'une des inscriptions, qui se rapporte à l'édification du sanctuaire de ces dionysiastes callatiens, nous donnent l'image d'une structure construite en voûtes souterraines :

> "Damosthénès, fils de Dionysios, [a offert] la couverture voûtée de la porte (d'accès) et les voûtes souterraines (ἀλέαν εἰς τὸ θύρωμα | κοίλαν καὶ ψαλίδας)"[31].

Or il s'agit d'une technique encore rare et innovante pour l'époque, raison pour laquelle, dans la souscription lancée pour l'édification du *naos* des thiasites de Callatis, c'est un spécialiste de la construction qui offre sa compétence technologique en lieu et place d'un engagement financier, comme le font les autres donateurs. On soulignera en outre que, dans cette même cité de Callatis, ont été mises au jour des tombes à chambre, souterraines, contemporaines de l'inscription en question, comportant des voûtes avec arcs radiés, correspondant directement aux termes techniques employés (*psalides*). Nul doute donc que le Damosthénès de l'inscription était actif dans la construction de ces tombes à chambres et que c'est cette technique qu'il propose aux thiasites pour l'édification de leur "temple", que d'autres inscriptions de la série qualifieront sans aucune ambiguïté d'antre[32]. S'impose donc à l'esprit un antre rituel, à l'usage de cette association bachique, construit à l'image des tombes voûtées souterraines de la région. Ajoutons encore que l'association des thiasites de Callatis était directement impliquée dans l'initiation dionysiaque publique et officielle de la cité, en tant que détentrice d'une expertise rituelle particulière. Si cet antre n'a malheureusement

καὶ φιλέλλην ἀκούων ἔχαιρεν, ἔτι δὲ μᾶλλον φιλαθήναιος προσαγορευόμενος, καὶ τῇ πόλει πλείστας δωρεὰς ἔδωκε. ("Envers les Grecs, Antoine ne se montra d'abord ni extravagant ni grossier ; au contraire il se fit un plaisir d'écouter les conférences des lettrés et de regarder les concours et les initiations. Il rendait les jugements avec équité et il aimait à être appelé ami des Grecs et, plus encore, ami des Athéniens, dont la ville reçut de lui des dons considérables." Trad. Flacelière et Chambry).

30 Inscriptions : Avram 1999, n° 35, 36, 42, 43, 44, 45, 46, 80 ; Jaccottet, 2003, vol. 2, n° 54-61 ; sur l'analyse de ce dossier, cf. Chiekova 2008, 87-107, et spécialement 96, Avram 2000, Jaccottet 2003, vol. 1, 151-155, vol. 2, 113-116.

31 Jaccottet 2003, vol 2, n° 54, l. 38-40. Fin du IIIe s. a.C. Au début de notre ère, un autre décret honorifique du thiase de Callatis devait être placé "à l'endroit le plus en vue de l'antre", avec l'emploi cette fois du terme μύχος (Jaccottet 2003, vol 2, n° 58, l. 42) alors qu'une dédicace de la seconde moitié du Ier siècle mentionne bel et bien un *antron* (Jaccottet 2003, vol. 2, n° 61, avec les commentaires vol. 2, 54-55, et vol. I, 151-155).

32 Sur l'interprétation des termes se référant à cette structure et notamment le terme de *muchos* et ses référents sémantiques, cf. Jaccottet 2003, vol. 2, 115-116.

pas (encore) été retrouvé, les nombreuses données sémantiques et archéologiques du dossier permettent d'en avoir une idée suffisamment claire que l'on peut synthétiser ainsi : construit sur le modèle des tombes souterraines voûtées de la région, l'antre des thiasites de Callatis est une structure massive, permanente (sur plusieurs siècles même) et à la pointe de la technique architecturale du moment. La symbolique formelle funéraire donne une coloration particulière aux initiations qui y avaient lieu et rappelle, de manière indirecte, l'antre du cratère de Berlin, lieu d'une *anodos* depuis le royaume souterrain[33].

On serait évidemment tenté de rapprocher ces attestations épigraphiques de la pièce souterraine trouvée sous une *domus* romaine de Bolsena (Poggio Moscini), interprétée par ses inventeurs, F.-H. Massa-Pairault et J.-M. Pailler[34], comme un *bacanal*, lieu de culte bachique italique qui aurait subi une destruction consécutive au sénatus-consulte de 186 a.C. *de bacanalibus* (fig. 4). Il s'agit d'une salle carrée (de 4,60 m de côté et 2,50 m de hauteur), surmontée d'une voûte tronconique percée d'un *oculus* zénithal, dont la jonction est décorée d'une moulure peinte en rouge. Les surfaces de la pièce sont recouvertes de mortier de tuileau. On y accède par une rampe inclinée et elle se trouve reliée à une grande citerne rhomboïdale. L'interprétation de cette salle souterraine comme antre dionysiaque a été guidée par la découverte, à proximité de la *domus* (et non dans la salle elle-même) d'un trône dionysiaque et de fragments de terre cuite remployés dans les fondations du péristyle

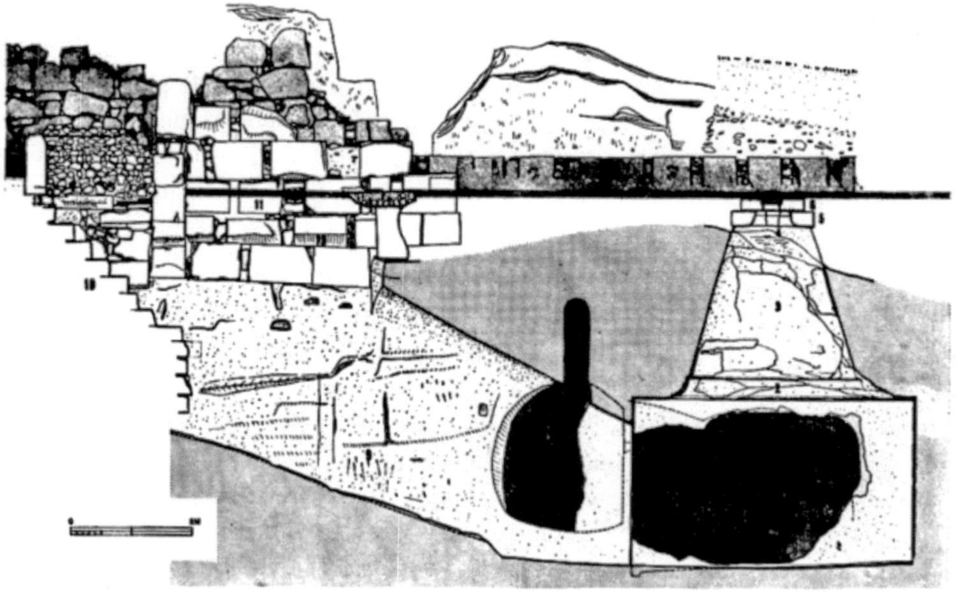

(Relevé G. Hallier)

Fig. 4. Bolsena, Poggio Moscini, antre ou citerne de la "Maison des salles souterraines", coupe nord-est / sud-ouest, d'ap. Pailler 1971, 391, fig. 13.

33 Cf. Avram 2000 pour le parallèle avec l'archéologie funéraire locale et Avram 1995 pour le rôle de l'association dans l'initiation dionysiaque dispensée au nom de la cité.

34 Pailler 1976. Massa-Pairault & Pailler 1979.

de la maison, suggérant la présence antérieure d'un sanctuaire, détruit peu de temps après sa construction. Cette interprétation a toutefois été remise en question par O. de Cazanove, qui a préféré y voir une citerne dans sa phase initiale, transformée dans une deuxième phase en salle d'agrément[35]. V. Jolivet et F. Marchand[36], qui ont repris l'étude de la documentation stratigraphique et céramique de la zone, penchent pour une interprétation possible de la zone comme sanctuaire bachique qui a pu être concerné par le sénatus-consulte de 186 a.C., tout en concluant qu'"il est assurément plus prudent, en l'état actuel de nos connaissances, de laisser en suspens la question de savoir quelle était la fonction première de la salle souterraine – tombe, citerne publique, lieu de culte"[37].

Si le caractère hypothétique de la lecture de cette salle à voûte tronconique comme "antre" bachique empêche toute conclusion définitive, cette structure a au moins le mérite de souligner une fois de plus le cas de méthode posé par l'identification archéologique des antres bachiques bien connus par les textes et les représentations. Aucune unité formelle, structurelle, matérielle ne guide l'interprétation. La différence flagrante entre l'antre bachique que se fait construire Antoine au-dessus du théâtre d'Athènes et l'antre des thiasites de Callatis est à ce titre suffisamment éloquente : construction légère, éphémère et à l'air libre d'un côté, gros œuvre techniquement à la pointe des nouveautés architecturales de l'autre, sous forme de voûtes enterrées, l'écart formel semble irréductible. C'est pourtant bien le même terme d'antre, *antron*, qui sert, dans les deux cas, à exprimer ces deux structures si dissemblables formellement. Les conséquences de ces constatations sont claires. Ce n'est pas la structure en elle-même, dans son acception formelle, qui fait l'antre, mais bien ce à quoi elle sert rituellement et l'espace de fiction mythique auquel elle renvoie. La définition d'un antre n'est donc pas formelle et extérieure, mais bien fonctionnelle et intérieure. Un antre rituel dionysiaque ne se définit que par ce qui s'y passe, non par son aspect – ou du moins, quel que soit son aspect, à condition que s'y trouvent certains éléments signifiants, suffisants pour transformer cette diversité architecturale en grottes bachiques.

"Le bel antre toujours vert"

L'inscription de Thasos

Une inscription de Thasos datant du Ier s. p.C. servira à illustrer cet aspect et à avancer encore d'un pas dans la perception fonctionnelle de ces antres dionysiaques. Le texte retranscrit la donation, faite par un médecin de l'île, à l'association d'initiés dionysiaques dont il fait partie, en tant que prêtre, semble-t-il. Il s'agit d'une dédicace en vers :

> "Pour toi, un temple à ciel ouvert, enfermant un autel (ὑπαίθριον... ναὸν ἀμφιβώμιον), et son berceau de pampres (σκεπαστὸν ἀμπέλιοισι), ô prince des Ménades (Μαινάδων ἄνα), un bel antre toujours vert (ἀειθαλὲς... ἄντρον), voici, Dionysos Bakkheus, ce qu'a fondé Timokleidès,

35 De Cazanove 2000.
36 Jolivet & Marchand 2003.
37 Jolivet & Marchand 2003, 50.

fils de Diphilos ; et pour les initiés, un espace vénérable (οἶκον σεμνόν) où chanter évohé, et l'onde des Nymphes Naïades, à l'éclat pur, voici ce qu'avec ta grâce, voulant mêler le nectar si doux qui suspend les soucis des hommes, a consacré ton ministre, ô bienheureux..."[38].

La mention, capitale ici, de "bel antre toujours vert" se trouve mise en apposition à une description, poétique certes, de la structure ainsi nommée : "un temple à ciel ouvert, enfermant un autel et son berceau de pampres". Appeler "antre" une structure à ciel ouvert peut sembler paradoxal. Comment concilier en effet, les caractéristiques d'intimité, d'isolement et d'évocation matricielle de l'antre avec l'ouverture totale que sous-entend une construction hypèthre ? Les termes de la dédicace permettent de dépasser ce qu'une première lecture nous fait prendre pour une incompatibilité fondamentale. Ce temple à l'air libre qui comprend en son sein un autel est décrit comme étant protégé, couvert par les pampres. Si le temple en question n'a pas de toit en dur, le feuillage vert de la vigne se charge de lui en fournir un dont la nature sied particulièrement au dieu que l'on compte y honorer, Dionysos, dieu de la vigne et du lierre. Que cette structure, couverte de l'entrelacs des pampres, comme une tonnelle, soit reprise dans la dédicace par les termes d'"antre toujours vert" ne saurait dès lors paraître incongru. La verdure de la couverture végétale du temple fait écho au qualificatif *aeithales*, alors que la forme extérieure de l'ensemble, structure bâtie pour sa base et couverture de pampres, se conçoit assez naturellement comme une métaphore de l'antre.

Nous voici donc ici avec une structure mi-permanente, mi-éphémère pour évoquer rituellement l'antre dionysiaque et fonctionner comme tel. Mais il convient de revenir sur cette formule d'"antre toujours vert", justifiée par la tonnelle de pampres qui forme son toit et lui sert de définition. Un antre vert, un antre dans lequel pousse une végétation luxuriante, c'est au moins un paradoxe, si ce n'est un oxymore. L'antre naturel ne permet pas, par sa nature sombre et souterraine, de faire pousser autre chose que des mousses ou des lichens. Un antre toujours vert, et fait de la verdure de la vigne, est ainsi une adaptation très libre des modèles naturels, non seulement dans sa forme de tonnelle mais dans le matériau qui la constitue.

Ce paradoxe de la nature luxuriante dans un milieu qui lui est naturellement hostile trouve bien sûr sa résolution symbolique dans la nature même du dieu, source de jaillissement naturel, dont la vigueur de la vigne et encore plus celle du lierre est l'expression la plus directe, divinité capable de faire fleurir l'espace de l'antre, impropre naturellement à toute manifestation de verdure et de végétation, par sa lumière et sa force de vie. Le sanctuaire de Thasos propose une solution, parmi d'autres, pour rendre cette aporie naturelle dans le monde réel.

Retour aux textes : le "paradis" de l'antre

Un examen des textes qui mentionnent l'antre dionysiaque permet de remettre cette dimension dans son contexte littéraire et imaginaire. On peut revenir à l'évocation de Philostrate citée plus haut, qui fait surgir un antre de vigne au milieu du feu de l'accouchement

38 Jaccottet 2003, vol 2, n° 31 et vol. 1, 155-160.

dramatique de sa mère pour abriter le jeune dieu encore fœtus. Diodore de Sicile, quant à lui, décrit au Ier s. a.C. la grotte dans laquelle se passe l'enfance de Bacchus sur l'île de Nysa :

> "...On rencontre une grotte arrondie d'une grandeur et d'une beauté extraordinaires (ἄντρον τῷ μὲν σχήματι κυκλοτερές, τῷ δὲ μεγέθει καὶ τῷ κάλλει θαυμαστόν). Cette grotte est surmontée d'un rocher escarpé d'une hauteur prodigieuse, et dont les pierres brillent des couleurs les plus éclatantes (...). À l'entrée de cette grotte, il y a des arbres énormes dont les uns portent des fruits ; les autres, toujours verts (ἀειθαλῆ), semblent n'avoir été produits par la nature que pour réjouir la vue. Là nichent des oiseaux de toute espèce, remarquables par la beauté de leur plumage et par la douceur de leur chant (...). Derrière l'entrée, la grotte est entièrement découverte et reçoit les rayons du soleil (διελθόντι δὲ τὴν εἴσοδον θεωρεῖσθαι μὲν ἄντρον ἀναπεπταμένον καὶ τῇ κατὰ τὸν ἥλιον αὐγῇ περιλαμπόμενον). Il y croît des plantes de toute espèce (...). On voit aussi dans cette grotte plusieurs lits de Nymphes, formés de toutes sortes de fleurs, œuvre non pas de l'homme, mais de la nature..."[39].

Cette évocation merveilleuse est celle d'un *locus amoenus* parfait, un *paradeisos* teinté de *topoi* alexandrins associant la vue, l'ouïe et l'odorat, une nature qui rivalise avec l'excellence des techniques humaines[40]. Or elle résout le paradoxe évoqué à l'instant de l'obscurité logiquement associé à l'espace de la grotte, puisqu'elle laisse passer les rayons du soleil, peut-être par la suggestion d'un puits de lumière (ἀναπεπταμένον). D'une manière générale, la végétation luxuriante devient l'un des signes les plus caractéristiques des antres dionysiaques, mythiques et réels. Ainsi, Plutarque, aux alentours de 100 p.C., évoque le gouffre infernal par lequel Dionysos a pu rejoindre les dieux et a permis l'apothéose de sa mère Sémélé :

> "Ce gouffre (χάσμα), à l'intérieur, ressemblait aux antres bachiques, orné de lierre, de verdure et de la couleur de toutes les fleurs (εἴσω... ὀφθῆναι τοῖς βακχικοῖς ἄντροις ὁμοίως ὕλῃ καὶ χλωρότητι καὶ χλόαις ἀνθέων ἁπάσαις διαπεποικιλμένον) (...). C'était par là que Bacchus était monté parmi les dieux et qu'il y avait ensuite conduit Sémélé (ταύτῃ τὸν Διόνυσον ἀνελθεῖν εἰς θεοὺς καὶ τὴν Σεμέλην ἀναγαγεῖν ὕστερον)"[41].

On pense bien sûr au cratère de Berlin présenté plus tôt (fig. 3), qui met en scène une *anodos* dans un antre dont l'intérieur est parsemé de fleurs "flottant" dans le champ, comme autant de signes iconiques renvoyant à la luxuriance de l'espace initiatique présenté.

Si donc, pour synthétiser, l'antre, qui est si fortement lié à la figure de Dionysos dans l'imaginaire littéraire et même figuratif, ne se définit pas par sa forme extérieure, qui peut varier du tout au tout, mais par sa fonction, rituelle et initiatique, par la dimension événementielle liée au rituel, et si sa principale caractéristique est sa composante végétale, forcément éphémère, soit en décor intérieur, soit dans la composition même de la structure qui fonctionne comme un antre, se pose alors la question de l'identification de l'antre, dans

39 D.S. 3.69.1-3 à 3.70.1-2.

40 Morvillez 2014.

41 Plu., *Moralia,* 565f (*De ser. num. uind.* 27), trad. Méautis 1935.

la réalité archéologique tout comme dans les images qui représenteraient le dispositif rituel, et non la traduction mythique que ce dernier doit idéalement atteindre.

L'antre retrouvé

Ce n'est pas une forme précise que nous pouvons ou devons chercher. La quête ne doit pas s'arrêter à une structure réalistement semblable à l'antre naturel. Tout peut devenir antre du moment que celui-ci fonctionne effectivement en tant que tel rituellement. La palette des possibles s'ouvre ainsi presque indéfiniment, et il s'agit dès lors d'interroger différemment les structures archéologiques comme les représentations figurées, sur la base de ces constatations.

C'est peut-être bien en ce sens qu'il convient de lire une structure intrigante qui figure sur une fresque de Lanuvium, près de Rome, datée de l'époque augustéenne (fig. 5)[42]. Elle représente différentes étapes d'une initiation dionysiaque dans un sanctuaire rustique, matérialisé par un temple, à gauche : la statue de culte du dieu a été sortie le temps de la cérémonie. On distingue plusieurs épisodes de l'initiation aux mystères : notamment l'imposition du van mystique au-dessus de la tête de l'initié, ou la préparation du sacrifice d'un bouc devant un arbre chargé d'attributs dionysiaques. C'est la structure à droite de la fresque qui nous intéresse ici : une installation végétale, qui forme une sorte de tente de feuilles à laquelle a été fixé un pan de tissu. Dessous, un enfant, la tête couronnée de lierre et un thyrse à la main, est accompagné d'une femme, qui se tient debout derrière lui comme une éducatrice. Le bas de la structure est malheureusement lacunaire, mais la partie conservée est suffisante pour suggérer que l'enfant et la femme qui le guide représentent respectivement l'initié et son initiatrice, peut-être le jeune dieu lui-même et Nysa ou Mystis, figures de l'éducation et de l'initiation de l'enfant Dionysos : on les retrouve notamment, avec des inscriptions les identifiant, sur la voûte stuquée d'une tombe de l'Isola Sacra, à Ostie, datant du IIe s. p.C.[43] Or ce couple initiatique est encadré à Lanuvium par une structure qui évoque "le bel antre toujours vert" et surtout en prend le rôle fonctionnel : nous aurions là une image de ce à quoi pouvaient effectivement ressembler ces espaces cultuels, qui sont bien loin du modèle réaliste d'une grotte sans le prisme de l'interprétation mythique et rituelle.

Il conviendrait dès lors de reprendre avec un œil neuf l'ensemble des données archéologiques dionysiaques, qui n'ont révélé aucun antre stricto sensu, et de rechercher des dispositifs architecturaux beaucoup moins mimétiques. Si l'on prend l'exemple du sanctuaire extra-urbain de Sant'Abbondio, sur le territoire de Pompéi (fig. 6), la phase impériale est caractérisée par l'adjonction de différentes structures, notamment des *triclinia*, des lits de banquet, contre la façade du temple, de part et d'autre de la rampe d'accès. Or les fouilles de W. Jashemski, à la fin des années 1970, qui marquent les débuts de l'archéobotanique, ont révélé la présence de pieds de vigne aux angles de ces *triclinia*[44]. D'autres fouilles plus récentes ont également mis au jour la trace d'un trou de poteau[45], qui pourrait conforter

42 Museo Civico di Lanuvio. Attenni 2002. Wyler 2006.

43 Tombe de P. Aelius Maximus, *c.* 120-130, C. *LIMC*, III, *s.v.* "Dionysos/Bacchus", n° 170.

44 Jashemski & Jashemski 1979, 157-158.

45 Creissen & Van Andringa 2013, 29-30 et 37 (qui proposent au contraire d'interpréter, à titre d'hypothèse,

Fig. 5. Fresque de Lanuvium. © Museo Civico di Lanuvio.

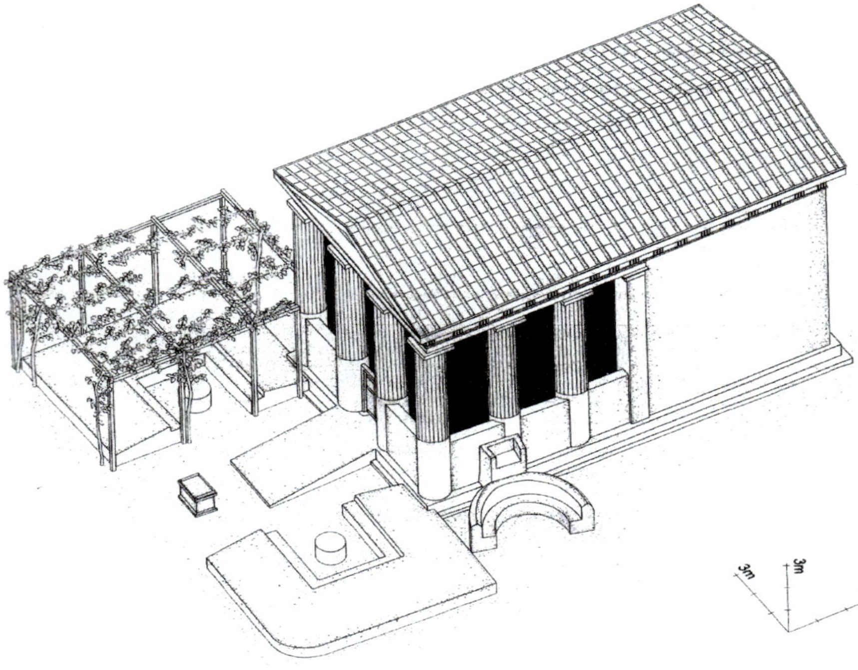

Fig. 6. Sanctuaire de Sant'Abbondio (Pompéi), phase impériale, restitution axonométrique d'ap. Wolff 2007.

l'hypothèse d'une installation légère comme une pergola végétale. Cette structure était destinée, certes, à ombrager agréablement les banqueteurs, comme on en trouve d'autres exemples dans les jardins des maisons de Pompéi, à la même époque. Mais dans ce contexte cultuel, il est tentant de transposer notre modèle interprétatif, et d'y voir le lieu où les membres d'une association dionysiaque banquetaient avec leur dieu, figuré sur le fronton, dans un "bel antre toujours vert".

Conclusion

Pour reprendre, en guise de conclusion, les différentes étapes de cette enquête sur cette architecture fictive et évanescente, nous avons pu dégager plusieurs degrés de réalité caractérisant le motif du "bel antre toujours vert", la grotte dionysiaque végétalisée :

L'imaginaire mythique construit le paradigme d'un antre, espace sauvage par excellence, devenu un "paradis", au sens hellénistique du terme, dont la nature luxuriante et merveilleuse sert de chambre d'enfant au petit dieu.

Par extension, la végétation prolifique et grimpante acquiert une fonction indicielle pour caractériser la grotte dionysiaque, dans laquelle ménades et satyres, le cortège mythique, évoluent aux côtés de leur dieu.

Par analogie, le cortège humain, les membres des associations rituelles dionysiaques, placent une partie de leurs activités cultuelles dans un espace qui fait office d'antre végétal. Pour autant, le caractère surnaturel, la fiction du paradigme mythique ne permet pas de placer ces rites dans de véritables antres, qui seraient toujours en deçà de leur modèle, notamment par la dimension végétalisée de ces espaces, essentielle sur le plan conceptuel, rituel et symbolique.

Des solutions très variables ont dès lors été trouvées par les différentes associations dionysiaques au travers des siècles, solutions qui rivalisent d'ingéniosité, pour combler le fossé entre réalité et fiction symbolique et qui vont des architectures les plus simples aux plus complexes, des plus légères aux plus massives, des plus éphémères aux plus durables. Le rituel, performatif, est le liant qui permet de transformer ces différentes architectures en fictions, ces espaces cultuels en lieux de rencontre effective avec le dieu, et en retour de faire de la fiction une réalité fonctionnelle parfaitement efficace rituellement.

En échappant à toute sclérose formelle et en s'accommodant de toutes les formes qu'on a voulu lui faire prendre, l'antre bachique a pu, à travers les siècles, sacrifier à la mode matérielle du moment, aux possibilités techniques ou matérielles de tel ou tel groupe dionysiaque, sans hypothéquer sa valeur intrinsèquement religieuse. Cette souplesse extrême illustre une fois encore la prépondérance absolue de l'image, verbale ou visuelle, sur la forme, du discours tenu sur la structure tangible.

ce trou comme lié au chantier de réfection de la rampe, 41). Wyler 2013, 25-26.

Références bibliographiques

Attenni, L. (2002) : *Frammenti di affresco con scene d'iniziazione dionisiaca*, Quaderni del museo civico di Lanuvio 1, Velletri.

Auger, D. et Delattre, C., éd. (2010) : *Mythe et fiction*, Nanterre.

Avram, A. (1995) : "Un règlement sacré de Callatis", in : *BCH* 119, 235-252.

— (1999) : *Inscriptions grecques et latines de Scythie mineure III : Callatis et son territoire*, Bucarest.

— (2000) : "Der dionysische Thiasos in Kallatis : Organisation, Repräsentation, Funktion", in : Egelhaaf-Gaiser & Schäfer 2000, 69-80.

Beazley, J. D. (1963) : *Attic Red-Figure Vase-Painters*, 2e éd., Oxford.

Bérard, C. (1974) : *Anodoi. Essai sur l'imagerie des passages chtoniens*, Bibliotheca Helvetica Romana 13, Berne.

Bonnet, C., Scarpi, P. et Rüpke, J., éd. (2006) : *Religions orientales, culti misterici, Mysterien. Nouvelles perspectives, nuove perspettive, neue Perspektiven*, Stuttgart.

Boyancé, P. (1960-1961) : "L'antre dans les mystères dionysiaques", in : *RPPA*, 33, 107-127.

Carpenter, T. H., Mannack, T. et Mendonca, M. (1989) : *Beazley Addenda*, 2e éd., Oxford.

Cazanove (De), O. (2000) : "Bacanal ou Citerne ? À propos des salles souterraines de la *Domus* II à Bolsena et de leur interprétation comme lieu de culte dionysiaque", in : *AC*, 29, 237-253.

Chiekova D. (2008) : *Cultes et vie religieuse des cités grecques du Pont Gauche (VIIe - Ier siècles av. J.-C.)*, Berne.

Couvenhes, J.-C. (2013) : "Le *basilikon symposion* de Cléopâtre à Tarse et Antoine *neos Dionysos* à Athènes", in : Grandjean *et al.*, 2013, 229-250.

Creisson, T. et Van Andringa, W. (2013) : "De l'analyse stratigraphique au culte de Loufir/Liber. Hypothèse de lecture", in : *MEFRA*, 125, 1. URL : http://mefra.revues.org/1255

Croissant, F. (2003) : *Les frontons du temple du IVe siècle*, Fouilles de Delphes 4, Monuments figurés, sculptures 7, Athènes.

Delporte, C., Gervereau, L. et Maréchal, D., éd. (2008) : *Quelle est la place des images en histoire ?*, Paris.

Egelhaaf-Gaiser, U. et Schäfer, A., éd. (2000) : *Religiöse Vereine in der römischen Antike*, Studien und Texte zu Antike und Christentum 13, Tübingen.

Gordon, R. (2013) : "'Glücklich ist dieser Ort...' Mithras-Heiligtümer und Kultgeschehen", in : *Imperium der Götter* 2013, 211-218.

Grandjean, C., Heller, A. et Peigney, J., éd. (2013) : *A la table des rois. Luxe et pouvoir dans l'œuvre d'Athénée*, Rennes.

Imperium der Götter (2013) : *Imperium der Götter. Isis – Mithra – Christus. Kulte und Religionen im römischen Reich, Katalog der Ausstellung, Karlsruhe, Badisches Landesmuseum,* Darmstadt.

Jaccottet, A.-F. (1998) : "L'impossible bacchant", in : *Pallas,* 48, 9-18.

— (2003) : *Choisir Dionysos. Les associations dionysiaques ou la face cachée du dionysisme*, Kilchberg (Zurich).

— (2011) : "Integrierte Andersartigkeit : die Rolle der dionysischen Vereine", in : Schlesier 2011, 413-431.

Jashemski, W. M. F. et Jashemski, S. A. (1979) : *The Gardens of Pompeii, Herculaneum and the villas destroyed by Vesuvius*, I, La Nouvelle-Rochelle.

Jolivet, V. et Marchand, F. (2003) : "L'affaire du bacanal. Nouvelles réflexions sur le sanctuaire bachique du Poggio Moscini à Bolsena", in : Quilici Gigli & Quilici 2003, 35-51.

Lavagne, H. (1988) : *Operosa antra. Recherches sur la grotte à Rome de Sylla à Hadrien*, BEFAR 272, Rome.

Lissarrague, F. (2008) : "L'expérience grecque. La grotte, une image et un lieu", in : Delporte *et al.* 2008, 25-33.

— (2013) : *La cité des satyres. Une anthropologie ludique (Athènes VI-Ve siècles av. J.-C.)*, Paris.

Massa-Pairault, F.-H. et Pailler, J.-M. (1979) : *Bolsena V, 1. La maison aux salles souterraines. Les terres cuites sous le péristyle*, Rome.

Mélanges Heurgon (1976) : *L'Italie préromaine et la Rome républicaine. Mélanges offerts à J. Heurgon,* Coll.EFR 27, Rome.

Morard, T. (2009) : *Horizontalité et verticalité. Le bandeau humain et le bandeau divin chez le Peintre de Darius*, Mayence.

Morvillez, E., éd. (2014) : *Paradeisos. Genèse et métamorphose de la notion de paradis dans l'Antiquité*, Paris.

Pailler, J.-M. (1971) : "Bolsena 1970. La Maison aux Peintures, les niveaux inférieurs et le complexe souterrain", in : *MEFRA*, 83/2, 367-403.

— (1976) : "'*Raptos a diis homines dici...*' (Tite-Live, XXXIX, 13) : les bacchanales et la possession par les nymphes", in : *Mélanges Heurgon* 1976, II, 731-742.

— (1988) : *Bacchanalia. La répression de 186 av. J.-C. à Rome et en Italie*, BEFAR 270, Rome.

Quilici Gigli, S. et Quilici, L., éd. (2003) : *Santuari e luoghi di culto nell'Italia antica*, ATTA 12, Rome.

Schaeffer, J.-M. (1999) : *Pourquoi la fiction ?*, Paris.

Schlesier, R., éd. (2011) : *A Different God ? Dionysos and Ancient Polytheism*, Berlin-New York.

Vigenère (De), B. (1615) : *Les images ou tableaux de platte peinture des deux Philostrates sophistes grecs et les statues de Callistrate*, Paris.

Wolff, M. (2007) : "Der Tempel von Sant'Abbondio in Pompeji. Bauaufnahme und Architektur", in : *MDAI(R)*, 113, 277-316.

Wyler, S. (2006) : "Images dionysiaques à Rome : à propos d'une fresque méconnue de Lanuvium", in : Bonnet *et al.*, éd. 2005, 135-145.

— (2012) : "*Dionysiaca Aurea* : the Development of Dionysiac Images from Augustus to Nero", *Neronia electronica*, 2, 3-19. URL : http://www.sien-neron.fr/2013/02/neronia-electronica-%E2%80%93-fascicule-2-2012/

— (2013) : "Dionysos/Loufir/Liber et sa parèdre. Le fronton du temple et le culte de S. Abbondio", in : *MEFRA*, 125, 1. URL : http://mefra.revues.org/1252

Paysages - fictions : les villas romaines du Ier s. a.C. et l'Illissos

Renaud Robert

Les paysages dans lesquels Cicéron situe les préambules de ses dialogues ont depuis longtemps été interprétés comme autant de "métaphores" des idées philosophiques développées dans les dits dialogues[1]. On s'est en effet surtout demandé en quoi l'imaginaire des lieux informait la construction des dialogues. Faute, sans doute, d'attestations archéologiques assurées concernant les villas et les lieux évoqués par l'auteur[2], on s'est moins intéressé à l'éclairage que les dialogues projettent sur ces paysages, sur les architectures qui s'y déployaient, sur les activités qui s'y déroulaient[3] ; on s'est moins intéressé, en somme, à ce qu'ils nous disent sur l'aménagement et l'imaginaire de ces lieux qui, ne l'oublions pas, ne sont pas uniquement des lieux imaginaires.

Cicéron situe le dialogue du *De legibus* dans le cadre de sa villa familiale d'Arpinum[4]. Le décor a été rapidement esquissé dès le début de l'ouvrage. La conversation qui se noue entre Cicéron, son frère Quintus et Atticus a lieu au bord du Fibrène, à l'ombre des peupliers[5].

Vis ne igitur (...) sic nos inter has procerissimas populos in uiridi opacaque ripa inambulantes, tum autem residentes, quaeramus isdem de rebus aliquid uberius quam forensis usus desiderat ?

Le cadre est plus précisément décrit au livre deux. Le décor change légèrement : Atticus propose de gagner une île formée par la séparation du cours d'eau en deux bras et fait la description suivante du lieu[6].

1 Hirzel 1895, 471-495 et 513-521 ; Ruch 1958, 73-91 ; Görler 1988 ; Auvray-Assayas 2005.

2 Schmidt 1899.

3 À l'exception notable des études de G. Sauron ; voir en particulier Sauron 2007.

4 Sauf indication contraire, les textes latins sont cités dans les éditions et les traductions de la CUF. Dyck 2004, 20-23.

5 Cic., *Leg.*, 1.5.15 : "Tu voudrais que [...] nous aussi, parmi ces peupliers à la taille si haute, marchant au long de la rive verte et ombragée, puis ensuite assis, nous nous mettions à rechercher sur les mêmes points quelque chose de plus nourri que ce qu'exige la pratique courante du forum." Ruch 1958, 247-255 ; Dyck 2004, 99-100. Sur les implications philosophiques de l'évocation des lieux chargés de mémoire et, en particulier, sur les liens entre la mise en scène des dialogues et la philosophie cicéronienne de l'âme : Görler 1988, 215-235. On a beaucoup écrit sur les villas de Cicéron ; pour une mise au point bibliographique, voir en dernier lieu : Agache 2008, 24-30.

6 Cic., *Leg.*, 2.3.6 : "Mais nous sommes arrivés dans l'île. Il n'y a pas d'endroit qui soit plus agréable. Voici le Fibrène qui se divise devant elle comme devant un éperon de vaisseau et qui, après en avoir baigné les

R. Robert, in : *Architectures et espaces fictifs dans l'Antiquité*, p. 161-178

Sed uentum in insulam est. Hac uero nihil est amoenius. Etenim hoc quasi rostro finditur Fibrenus, et diuisus aequaliter in duas partes latera haec adluit, rapideque dilapsus cito in unum confluit, et tantum conplectitur quod satis sit modicae palaestrae loci. Quo effecto, tamquam id habuerit operis ac muneris, ut hanc nobis efficeret sedem ad disputandum, statim praecipitat in Lirem, et quasi in familiam patriciam uenerit, amittit nomen obscurius Liremque multo gelidiorem facit. Nec enim ullum hoc frigidius flumen attigi, cum ad multa accesserim, ut uix pede temptare id possim, quod in Phaedro Platonis facit Socrates.

Les préambules des deux premiers livres du *De legibus* offrent un véritable entrelacs d'allusions et de références intertextuelles. Nous allons essayer d'en mettre quelques-unes en évidence. La plus obvie, puisqu'elle est explicitement mentionnée par Cicéron, renvoie au *Phèdre* de Platon. Dans ce dialogue, comme on le sait, Socrate rencontre Phèdre qui sort de chez Lysias et souhaite, dit-il, se promener sur la route (ὁδός) plutôt que dans des allées (δρόμος)[7].

"Or, conformément aux prescriptions d'Acoumène, ton ami comme le mien, c'est sur la grand'route que je fais mes promenades : elles sont alors, en effet, d'après lui, plus délassantes que lorsqu'on se promène dans les allées."

Il faut comprendre que le jeune homme préfère s'entretenir en marchant hors de la ville plutôt que dans le cadre traditionnel du gymnase. Le texte suggère donc une opposition entre la nature où se déroulera le dialogue avec Socrate et les lieux où se tiennent habituellement les enseignements des philosophes. Cette antinomie en suggère une autre entre l'enseignement "sauvage" et spontanée de Socrate et l'éducation institutionnelle dispensée dans les gymnases de la cité par des hommes tels que Lysias dont Phèdre vient d'écouter un discours[8].

Cicéron reprend à son compte en la transposant cette opposition et lui donne une portée un peu différente. Atticus oppose en effet la campagne qui environne la villa d'Arpinum, dont Cicéron vante l'*amoenitas* et la *salubritas*[9], aux aménagements artificiels – de prétentieuses imitations de la nature – visibles dans les villas de ses contemporains[10].

bords des deux courants égaux entre lesquels il se partage, emporté dans son élan rapide, se reforme vite en un courant unique, et n'embrasse de terrain que juste ce qu'il en faudrait pour une palestre de dimensions moyennes ; et, ce travail accompli, comme s'il ne s'était proposé d'autre tâche que de nous offrir et préparer un siège pour notre discussion, il se précipite immédiatement dans le Liris et là, tout comme s'il pénétrait dans une famille patricienne, il abandonne son nom plus obscur et rend beaucoup plus fraîches les eaux du Liris. Je n'ai en effet jamais senti un cours d'eau plus froid, bien que j'en aie approché beaucoup, si froid que c'est à peine si je pourrais le tâter du pied, comme fait Socrate dans le *Phèdre* de Platon" ; Dyck 2004, 262-265.

7 Plat., *Phdr.*, 227a-b : Τῷ δὲ σῷ καὶ ἐμῷ ἑταίρῳ πειθόμενος Ἀκουμενῷ κατὰ τὰς ὁδοὺς ποιοῦμαι τοὺς περιπάτους : φησὶ γὰρ ἀκοπωτέρους εἶναι τῶν ἐν τοῖς δρόμοις. (Trad. L. Robin).

8 Sur la cadre du dialogue platonicien, De Vries 1969, 53-56.

9 Cic., *Leg.*, 2.1.3. Sur ces notions, Galimberti-Biffino 2014, 37-46.

10 Cic., *Leg.*, 2.1.1-2 : "*Atticus* : Eh bien ! Veux-tu, puisque nous nous sommes déjà bien promenés et que tu dois aborder un autre sujet de discours, veux-tu que nous changions de place et que nous allions nous asseoir dans l'île, au milieu du Fibrène – car c'est ainsi, je pense, que s'appelle ce deuxième cours d'eau – pour nous consacrer à la suite de cet entretien ? *Marcus* : Oui, car c'est un endroit qu'il m'est

Atticus : *Sed uisne, quoniam et satis iam ambulatum est, et tibi aliud dicendi initium sumendum est, locum mutemus et in insula quae est in Fibreno (nam opinor hoc illi alteri flumini nomen esse) sermoni reliquo demus operam sedentes ?* Marcus : *Sane quidem. Nam illo loco libentissime soleo uti, siue quid mecum ipse cogito, siue aliquid scribo aut lego.* Atticus : *Equidem, qui nunc potissimum huc uenerim, satiari non queo, magnificasque uillas et pauimenta marmorea et laqueata tecta contemno. Ductus uero aquarum quos isti Nilos et Euripos uocant, quis non cum haec uideat inriserit ? Itaque, ut tu paulo ante de lege et de iure disserens ad naturam referebas omnia, sic in his ipsis rebus quae ad requietem animi delectationemque quaeruntur, natura dominatur.*

L'un des liens possibles entre le cadre du dialogue et son sujet est clairement établi par Atticus. La nature est préférable à son imitation, car la nature, comme l'a montré Cicéron dans le premier livre, relie les hommes à la divinité et constitue le fondement des lois et de la justice, objets de la discussion. Comme dans le *Phèdre*, le cadre habituel des entretiens philosophiques[11], la palestre, est allusivement évoqué pour être finalement récusé[12]. L'île du Fibrène *pourrait* contenir une *palestra*, mais c'est bien dans une île "naturelle", non aménagée, que se déroulera finalement le dialogue.

Le modèle platonicien, toutefois, est comme mis à distance par Cicéron. Le cours du Liris dans lequel se jette le Fibrène est frais, comme l'Illissos sur les rives duquel Socrate et Phèdre s'entretiennent[13], mais sa fraîcheur excessive ne permet plus d'y tremper les pieds comme le faisaient les protagonistes du dialogue de Platon.

très agréable de fréquenter, soit que je veuille m'y livrer seul à mes réflexions, soit que j'ai quelque ouvrage à écrire ou à lire. *Atticus* : Quant à moi, qui suis justement sous l'impression de mon arrivée, je ne puis me lasser et je n'ai que dédain pour les villas ambitieuses, les dallages de marbre et les plafonds cloisonnés : quand on voit ce paysage, peut-on ne pas trouver ridicules ces canaux artificiels qu'on appelle des 'Nils' et des 'Euripes' ? Si bien que, comme tout à l'heure, quand tu faisais la théorie de la Loi et du Droit, tu ramenais tout à la nature, ainsi, dans ces objets où nous cherchons un délassement et un agrément pour l'esprit, c'est la nature qui est reine." ; Dyck 2004, 247-250.

11 C'est bien le terme qu'utilise Vitruve pour désigner les gymnases ; Vitr. 5.11.1 : "Je crois bon à présent, bien qu'il n'entre pas dans les coutumes italiennes de construire des palestres, d'exposer les pratiques reçues en ce domaine et de montrer comment les Grec les établissent. À l'intérieur de la palestre, il faut faire un péristyle de forme carrée ou oblongue, dont le pourtour corresponde à une promenade de deux stades – ce que les Grecs appellent diaulos –, autour duquel on disposera les portiques dont trois seront simples et le quatrième, ouvert au midi, double, de façon à ce que, en cas d'intempéries et de vent, les gouttes de pluie ne puissent en atteindre le fond. On établira sous les trois portiques simples des exèdres spacieuses, munies de sièges, où les philosophes, les rhéteurs et tous ceux qui ont le goût de l'activité intellectuelle puissent s'asseoir pour discuter." Sur l'importance du modèle du gymnase dans l'architecture privée romaine, voir notamment Sauron 1980, 277-301.

12 Il faut noter, toutefois, que le paysage offert par la propriété d'Arpinum semble constituer aux yeux d'Atticus une sorte de juste milieu entre les aménagements luxueux des villas qu'il déclare mépriser et la sauvagerie des "rochers et des montagnes" qu'il avait imaginée en se fondant sur le témoignage des discours et des poèmes de Cicéron ; c'est cet équilibre précisément qui fait de la villa d'Arpinum un *locus amoenus* parfait ; Cic., *Leg.*, 2.1.2 : "Avant donc, je m'étonnais, car je m'imaginais qu'il n'y avait en ce pays que 'rochers et montagnes' – et que j'eusse cette idée, c'étaient tes discours et tes poèmes qui me l'avaient donnée – je m'étonnais, dis-je, que tu puisses éprouver en ce lieu un agrément si vif ; mais maintenant je m'étonne que, lorsque tu dois t'absenter de Rome, tu puisses préférer être quelque part ailleurs."

13 Plat., *Phdr.*, 229a (Trad. L. Robin).

> "*Phèdre* : Mais où désires-tu, dis-moi, que nous nous asseyions pour faire notre lecture ? *Socrate* : Obliquons par ici et suivons l'Ilissos. Après, où tu voudras, nous nous assiérons pour causer en paix. *Phèdre* : C'est à propos, apparemment, que je me trouve être sans chaussure ! Car toi, c'est toujours ton cas, on le sait. Il nous sera, comme cela, tout à fait commode de suivre, dans notre marche, ce filet d'eau en y mouillant nos pieds ; et ce ne sera pas désagréable, surtout en cette saison de l'année et à cette heure du jour ! *Socrate* : Avance donc et, en même temps, vois où nous nous assiérons. *Phèdre* : Dis-moi, aperçois-tu, là-bas, ce très haut platane ? *Socrate* : Bien sûr. *Phèdre* : Il y a de l'ombre, une brise modérée, du gazon pour nous asseoir, ou, si nous préférons, pour nous étendre."

Cicéron est coutumier de ces jeux de décalage et de transposition qui constituent le fondement même de l'*imitatio*. Dans le dialogue du *De oratore*, on trouve une autre allusion au *Phèdre*, là aussi distanciée avec humour. Le passage cité du *De legibus* y fait certainement écho[14]. L'un des personnages, Q. Mucius Scaevola établit un parallèle entre le cadre de l'entretien (la villa de L. Licinius Crassus à Tusculum) et celui du dialogue de Platon. Le renvoi au texte platonicien se fait ici par l'intermédiaire d'un platane, qui appelle lui-même la référence à l'Ilissos[15]. Pourtant le rapprochement est en partie illusoire : la rusticité de Socrate n'est plus de mise parmi les membres de la *nobilitas* romaine, auxquels ni leur âge, ni leur dignité ne permettent d'imiter jusqu'au bout l'attitude du philosophe grec[16].

> "Le lendemain, lorsque les plus âgés eurent pris assez de repos, on se réunit à la promenade. Après deux ou trois tours d'allée : 'Que n'imitons-nous Socrate, mon cher Crassus, dit Scaevola, le Socrate du *Phèdre* de Platon ? Ce qui me fait songer à cette ressemblance, c'est ton platane, aux branches largement déployées. Sans doute il ne répandait pas plus de fraîcheur, celui dont l'ombrage fut si recherché par Socrate, et qui me semble redevable de l'importance qu'il a prise, beaucoup moins au filet d'eau de la source voisine qu'à la description qu'en a laissée Platon. Si Socrate aux pieds nus endurcis, s'est cependant étendu sur l'herbe pour faire entendre les divins propos que lui prêtent les philosophes, la faiblesse de mes jambes mérite plus justement, à coup sûr, le même privilège - Elle mérite mieux encore, dit Crassus, et je veux que nous soyons plus à l'aise.' Alors il fit apporter des coussins, et chacun prit place sur les sièges disposés à l'ombre du platane."

14 Dyck 2004, 263-264.

15 Grimal [1943] 1984, 362 et 371, qui voit aussi une réminiscence du paysage platonicien chez Lucrèce (2.29-33) : "Il nous suffit du moins, étendus entre amis sur un tendre gazon, le long d'une eau courante, sous les branches d'un grand arbre, de pouvoir à peu de frais apaiser agréablement notre faim."

16 Cic., *De orat.*, 1.7.28-29 : *Postero autem die, quom illi maiores natu satis quiessent et in ambulationem uentum esset,* [*dicebat*] *tum Scaevolam duobus spatiis tribusue factis dixisse : Cur non imitamur, Crasse, Socratem illum, qui est in Phaedro Platonis ? Nam me haec tua platanus admonuit, quae non minus ad opacandum hunc locum patulis est diffusa ramis quam illa, cuius umbram secutus est Socrates, quae mihi uidetur non tam ipsa acula, quae describitur, quam Platonis oratione creuisse ; et quod ille durissimis pedibus fecit, ut se abiceret in herba atque ita illa, quae philosophi diuinitus ferunt esse dicta, loqueretur, id meis pedibus certe concedi est aequius. Tum Crassum : Immo uero commodius etiam ; puluinosque poposcisse et omnis in eis sedibus, quae erant sub platano, consedisse dicebat.* Sur l'opposition nature grecque et sophistication romaine : Görler 1988, 216 et 220.

On voit comment le cadre "naturel" du *Phèdre* et, dans une certaine mesure du *De legibus*, est remplacé dans le *De oratore* par celui, artificiel, de la villa ; aux chemins de campagne des bords de l'Illissos se sont substituées les *ambulationes* de la villégiature de Crassus, promenades qui, dans les villas tardo-républicaines, cherchent elles-mêmes à reproduire les allées d'une palestre grecque, semblable à celle que le jeune Phèdre avait précisément voulu quitter en gagnant les bords de l'Illissos[17]. Le monde de Socrate peut être invoqué, mais il ne peut plus être reproduit.

Pour autant, Cicéron établit un lien très étroit entre le lieu et sa propre productivité philosophique. En évoquant l'île du Fibrène, où se tiendra la discussion du *De legibus*, Cicéron déclare : "Oui, car c'est un endroit qu'il m'est très agréable de fréquenter, soit que je veuille m'y livrer seul à mes réflexions, soit que j'ai quelque ouvrage à écrire ou à lire"[18]. Dans l'*Orator*, ce n'est pas la campagne de l'Attique, mais l'*Académie* elle-même, en tant que site athénien où demeure inscrit le souvenir de Platon, qui est utilisée comme métaphore de la formation philosophique que Cicéron revendique pour l'orateur idéal[19].

> *Et fateor me oratorem, si modo sim aut etiam quicumque sim, non ex rhetorum officinis sed ex Academiae spatiis exstitisse ; illa enim sunt curricula multiplicium uariorumque sermonum, in quibus Platonis primum sunt impressa uestigia.*

On notera que l'auteur emploie le terme général de *spatia* pour désigner les jardins de l'Académie et non celui d'*ambulationes*, comme si ce dernier mot renvoyait trop systématiquement aux promenoirs aménagés des villas luxueuses. Ce lieu "socratique" peut-il être instauré par la parole ou par le texte sans être reproduit à la lettre dans la réalité ? Il s'agit bien là de ce que C. Auvray-Assayas a qualifié d'"installations grecques" dans les dialogues de Cicéron[20]. Elles constituent une sorte de mise en condition favorable au débat philosophique. Elles créent une atmosphère propice à l'*otium studiosum*. C'est ce que dit clairement un passage célèbre du *De finibus*[21].

17 Leeman & Pinkster 1981, 76-80 et 99-101. Sur les liens entre le préambule du *De oratore* et les modèles platoniciens, voir Fantham 2004, 49-77, en particulier p. 65.

18 Cic., *Leg.*, 2.1.1. : *Sane quidem. Nam illo loco libentissime soleo uti, siue quid mecum ipse cogito, siue aliquid scribo aut lego.*

19 Cic., *Orat.*, 12 : "J'avoue que je suis orateur, si du moins je le suis ou dans la mesure où je le suis, non pour être sorti des ateliers des rhéteurs, mais des chemins de l'Académie : là est en effet la carrière des entretiens multiples et variés, où Platon a le premier marqué l'empreinte de ses pas." (Trad. modifiée A. Yon).

20 Auvray-Assayas 2005, 211-228.

21 Cic., *Fin.*, 5.1.1-2 : "Nous fûmes tous au rendez-vous chez Pison. De là, tout en causant de choses et d'autres, nous fîmes les six stades de la porte Dipyle à l'Académie. Arrivés là, dans ces parages si justement célèbres, nous trouvâmes la solitude que nous voulions. 'Est-ce disposition naturelle, dit alors Pison, ou bien je ne sais quelle illusion ? Mais, quand nous voyons les lieux où nous savons que les hommes dignes de mémoire ont beaucoup vécu, nous sommes plus émus que quand nous entendons parler d'eux ou que nous lisons quelqu'un de leurs écrits ? Ainsi moi en ce moment, je suis ému. Platon se présente à mon esprit, Platon qui le premier, dit-on, fit de cet endroit le lieu habituel de ses entretiens ; et les petits jardins, qui sont là près de nous, non seulement me rendent présente sa mémoire, mais me remettent pour ainsi dire son image devant les yeux'." Sur ce préambule,

Itaque ad tempus ad Pisonem omnes. Inde uario sermone sex illa a Dipylo stadia confecimus. Cum autem uenissemus in Academiae non sine causa nobilitata spatia, solitudo erat ea, quam uolueramus. Tum Piso: Naturane nobis hoc, inquit, datum dicam an errore quodam, ut, cum ea loca uideamus, in quibus memoria dignos uiros acceperimus multum esse uersatos, magis moueamur, quam si quando eorum ipsorum aut facta audiamus aut scriptum aliquod legamus ? Velut ego nunc moueor. Venit enim mihi Platonis in mentem, quem accepimus primum hic disputare solitum ; cuius etiam illi hortuli propinqui non memoriam solum mihi afferunt, sed ipsum uidentur in conspectu meo ponere.

Le texte laisse entendre que ce processus de remémoration, indissociable de celui de l'imitation, est stimulé par la vision des lieux et des objets. Toutefois, la suite de l'entretien est explicite sur le fait que la contemplation des lieux chargés d'histoire ne doit pas obéir à une simple curiosité mais doit enclencher un mécanisme d'émulation[22]. Pison oppose en effet ce qui procède d'une *curiositas* improductive pour le passé[23] à une attitude dynamique qui, par l'imitation des modèles, met en œuvre les ressources de l'*ingenium*[24].

Tum Piso : Atqui, Cicero, inquit, ista studia, si ad imitandos summos uiros spectant, ingeniosorum sunt ; sin tantum modo ad indicia ueteris memoriae cognoscenda, curiosorum. Te autem hortamur omnes, currentem quidem, ut spero, ut eos, quos nouisse uis, imitari etiam uelis.

Comme le note C. Auvray-Assayas, ce processus d'émulation implique aussi un va-et-vient entre les "lieux" platoniciens de la mémoire et la réalité romaine, un jeu d'équivalence ou de transposition d'un monde à l'autre[25]. Le *De finibus* en donne d'ailleurs un très bon exemple, puisque Pison esquisse un parallèle entre l'Académie et la Curie romaine[26].

Hutchinson 1909, *ad loc.* ; Ruch 1958, 277-280. Le mot *spatia* est encore employé ici par Cicéron pour désigner le site de l'Académie ; plus bas, il utilise la tournure hypocoristique *hortuli* en l'associant de manière plaisante au pronom emphatique *illi*.

22 Cic., *Fin.*, 5.1.6 : "Fais attention, Lucius, dit Pison : des goûts comme ceux que tu as là, quand c'est l'imitation des grands hommes que l'on vise, sont le propre de la fécondité de l'esprit ; mais se contenter de chercher à connaître ce qui témoigne d'un antique passé, c'est simplement faire preuve de curiosité. Or nous t'y exhortons tous, les hommes sur le compte desquels tu te proposes de t'instruire, propose toi en outre, et même, je l'espère, très vite, de les prendre pour modèles."

23 La liste des lieux hantés par les philosophes, les poètes et les orateurs dresse une cartographie mémorielle d'Athènes et de ses environs : Pison évoque l'Académie et le souvenir de Platon, de Speusippe, de Xénocrate et de Polémon ; Quintus Cicéron mentionne ensuite Colone et la mémoire de Sophocle ; Atticus, célèbre à son tour le Jardin d'Épicure ; Cicéron lui-même, après avoir rappelé une visite de l'endroit où était mort Pythagore à Métaponte, évoque, toujours à propos de l'Académie, la figure de Carnéade ; enfin, Lucius Cicéron achève ce panorama en citant la plage de Phalère où déclamait Démosthène ainsi que le tombeau de Périclès et conclut : *quacumque enim ingredimur, in aliqua historia uestigium ponimur* (5.1.5).

24 C'est bien ce qui se produit pour Cicéron lorsqu'il se promène sur les bords du Fibrène : ce lieu empreint d'une atmosphère toute socratique favorise la méditation, la lecture et surtout l'écriture. La mise ne scène du dialogue fonctionne comme une métaphore du processus créatif qui a abouti au dialogue que le lecteur est en train de lire.

25 Auvray-Assayas 2005, 219-220 ; voir aussi Görler 1988, 221.

26 Cic., *Fin.*, 5.1.2 : "À Rome aussi, quand je voyais notre curie (j'entends la curie Hostilia et non pas la curie nouvelle, qui me paraît plus petite depuis qu'on l'a faite plus grande), je pensais toujours à Scipion, à

> *Equidem etiam curiam nostram (Hostiliam dico, non hanc nouam, quae minor mihi esse uidetur, posteaquam est maior) solebam intuens Scipionem, Catonem, Laelium, nostrum uero in primis auum cogitare ; tanta uis admonitionis inest in locis ; ut non sine causa ex iis memoriae ducta sit disciplina.*

Pour susciter cette *uis admonitionis*, qui est plus que la remémoration pure, puisque, comme le recommande Pison à Lucius Cicéron, elle doit déboucher sur l'action (ou la production), un lieu doit posséder certains marqueurs emblématiques, qui, comme le platane dans le cas du *De oratore*, sont autant de citations capables de provoquer chez le spectateur/lecteur le processus métonymique de la réminiscence du sous-texte platonicien.

Si l'on revient à présent au *De legibus*, ce n'est pas le platane qui fait le lien avec le *Phèdre*, mais, comme on l'a vu, le Liris dont la fraîcheur peut être comparée à celle de l'Illissos. Cicéron pousse le parallèle plus loin et compare ensuite les bords du Liris à ceux du Thyamis, le cours d'eau qui coule dans la propriété épirote d'Atticus[27].

> Marcus : *Est vero ita. Sed tamen huic amoenitate, quem ex Quinto saepe audio, Thyamis Epirotes tuus ille nihil, opinor, concesserit.* Quintus : *Est ita ut dicis. Caue enim putes Attici nostri Amalthio platanisque illis quicquam esse praeclarius.*

Comme on le voit, les platanes de la propriété d'Atticus ramènent une fois encore le lecteur au cadre du *Phèdre* dont nous étions partis. Chez Atticus, toutefois, nulle île vierge de toute construction comme à Arpinum, mais un monument singulier : l'*Amaltheum*. L'*Amaltheum* d'Atticus a fait l'objet de plusieurs études récentes, notamment celles d'H. Lavagne et de G. Sauron[28]. On peut se demander quelle fonction joue l'évocation de ce lieu dans le préambule du livre deux du *De legibus*. Cicéron, comme on le sait, avait lui aussi réalisé un *Amaltheum*, imité de celui d'Atticus, précisément dans sa villa d'Arpinum, vraisemblablement à l'emplacement même où se déroule le dialogue. Il mentionne pour la première fois son intention de l'aménager dans une lettre de l'été 61 a.C. Lorsque, une dizaine d'années plus tard, il rédige le texte du *De legibus*, le monument est achevé et doit être connu des lecteurs familiers de Cicéron[29].

Caton, à Lélius et tout particulièrement à mon aïeul. Les lieux ont un tel pouvoir de rappel que, non sans raison, on les a utilisés pour créer un art de la mémoire."

27 Cic., *Leg.*, 2.3.7 : "*Marcus* : C'est bien vrai ; mais pourtant d'après ce que j'entends Quintus me dire bien souvent, ton Thyamis en Épire n'a, je pense, rien à envier à l'agrément que l'on rencontre ici. *Quintus* : Et c'est comme tu le dis : ne va pas t'imaginer qu'il puisse y avoir un site plus merveilleux que l'Amalthée d'Atticus avec ses platanes."

28 Lavagne 1988, 258-264 ; Sauron 1991, 5-19 ; *Id.* 2007, 156-157 ; *Id.* 2009, 63-71.

29 Cic., *Att.*, 1.16.15 et 18 : "Les inscriptions que tu as composées et placées dans ton Amalthéum me suffiront, d'autant plus que Thyillus m'a lâché et qu'Archias n'a rien écrit sur moi : je crains qu'ayant achevé son poème en grec pour les Luculli, il ne regarde à présent du côté d'un drame Cécilien. [...] Je voudrais que tu me dises comment est ton Amalthéon, quelle est sa décoration, quel paysage en forme le cadre, et que tu m'envoies les poèmes et les récits que tu possèdes sur Amalthée. J'ai envie d'en faire un dans ma villa d'Arpinum."

Epigrammatis tuis quae in Amaltheo posuisti contenti erimus, praesertim cum et Thyillus nos reliquerit et Archias nihil de me scripserit. Ac uereor ne, Lucullis quoniam Graecum poema condidit, nunc ad Caecilianam fabulam spectet [...]. *Velim ad me scribas cuiusmodi sit* Ἀμαλθεῖον *tuum, quo ornatu, qua* τοποθεσίᾳ *et quae poemata quasque historias de* Ἀμαλθείᾳ *habes ad me mittas. Libet mihi facere in Arpinati.*

Ce texte, assez énigmatique, donne un certain nombre d'informations sur l'aménagement du site. Il indique, tout d'abord, que Cicéron avait eu besoin d'une série d'épigrammes, qu'il avait, dans un premier temps, voulu commander au poète grec Thyillos[30], pour reproduire à l'identique le dispositif de l'*Amaltheum* d'Atticus. Faute d'obtenir ce qu'il désirait du poète, il avait dû se résigner à copier les inscriptions d'Atticus.

D'autre part, l'environnement dans lequel se trouvait l'*Amaltheum* est qualifié de τοποθεσία par Cicéron. Ce terme, qui a souvent été commenté, est employé par Servius pour caractériser un passage de Virgile[31]. La *topothesia* est définie par le commentateur comme un lieu imaginé "suivant la licence poétique". Si l'on se reporte au passage correspondant de l'*Énéide*[32], il s'agit bien de la description d'un paysage qui paraît répondre en tous points aux critères génériques du *locus amoenus*[33].

Est in secessu longo locus : insula portum
efficit obiectu laterum, quibus omnis ab alto
frangitur inque sinus scindit sese unda reductos.
Hinc atque hinc uastae rupes geminique minantur
in caelum scopuli, quorum sub uertice late
aequora tuta silent. Tum siluis scaena coruscis
desuper horrentique atrum nemus imminet umbra ;
fronte sub aduersa scopulis pendentibus antrum,

30 Les affinités entre la poésie de Thyillos et le paysage sont attestées : *Anthologie Grecque*, 6, 170 (Thyillos) : "C'est à Pan que sont dédiés ces ormes, ces saules élancés, ce platane vénérable dont les branches s'étendent de toutes parts ; c'est à Pan que sont consacrés ce filet d'eau et ces coupes rustiques : de quoi apaiser les tourments de la soif."

31 Serv., *Ad Aen.*, 1.159 : *Topothesia est : id est fictus secundum poeticam licentiam locus.* Sur la *topothesia* cicéronienne, Baldo 1999, 17-57, à propos de la description du paysage d'Enna. Voir aussi Vasaly 1993, 20, sur les liens entre *topothesia* et esthétique de l'*euidentia* ; sur Enna comme *locus amoenus* : *ibid*, 120-124.

32 Verg., *Aen.*, 1.159-168 : "Au creux d'une baie profonde, il est un lieu : une île y fait un port en déployant au devant ses côtes où se brise toute la houle du large, rejetée de part et d'autre vers des criques retirées. À droite, à gauche des falaises gigantesques, deux cimes menacent le ciel ; sous leur élévation, bien loin, les eaux abritées se taisent. Puis, comme un mur de théâtre, des forêts frémissantes descendent, et un bois noir qui fait peser son ombre mystérieuse ; au pied de cette façade, sous des roches suspendues, une grotte, abritant des eaux douces et des sièges de pierre vive, demeure des Nymphes." ; Grimal [1943] 1984, 393.

33 La genèse et la postérité du topos ont été décrites pour la première fois par Curtius [1948] 1956, 301-326 ; l'auteur insiste en particulier sur les origines homériques du "paysage idéal" : Hom., *Od.*, 9.131-141 ou 13.96-112 ; on y reconnaît quelques-unes des composantes de la *topothesia* virgilienne, le mouillage, la végétation luxuriante, la source et la grotte ; voir aussi Grimal [1943] 1984, 66-69.

intus aquae dulces uiuoque sedilia saxo, nympharum domus.

La fin du texte de Virgile, avec son évocation d'une grotte des nymphes, n'est pas sans rappeler un autre passage : celui du *Phèdre*, dans lequel Socrate évoque les rives de l'Illissos et la grotte près de laquelle il s'est assis avec son compagnon[34].

> "*Socrate* : Ah ! par Héra ! Voilà un bel endroit pour s'y arrêter ! Le platane qui est là est en effet vraiment aussi large qu'il est élevé ! Ce gattilier, comme il est de belle venue et que son ombrage est magnifique ! dans le plein comme il est de sa floraison, il parfume ce lieu le plus agréablement qu'il est possible. Et la source maintenant, qui coule sous le platane, en est-il une plus charmante et dont l'eau ait une pareille fraîcheur, ainsi qu'en vérité vient de me l'attester mon pied ! À en juger par ces petites bonnes femmes et par ces statuettes de Dieux, elle doit être consacrée aux Nymphes et à Achéloos. Me permets-tu d'ajouter encore à quel point me séduit l'extrême agrément du bon air qu'on a ici ? L'été accompagne de sa claire mélodie le chœur des cigales. Mais ce qui est surtout le plus exquis, c'est ce gazon, parce qu'avec la douceur naturelle de sa pente il se prête, une fois qu'on s'est étendu, à avoir la tête magnifiquement bien posée ! "

Tout se passe donc comme si Platon, après Homère, avait défini les grandes lignes d'un "lieu idéal" qui n'a cessé par la suite de hanter l'imaginaire des Latins, qu'ils fussent poètes ou, comme Atticus à Buthrote, jardiniers[35]. Si l'*Amaltheum* répondait aux règles de la *topothesia*, qui consistaient certainement à reconstituer un modèle fictif dans la réalité, il est vraisemblable que Cicéron avait aussi recréé à Arpinum un *locus amoenus* susceptible d'évoquer, entre autres, la topographie imaginaire des bords de l'Illissos, justifiant ainsi le parallèle esquissé dans le préambule du *De legibus* entre le Liris et le cours d'eau athénien.

Pourtant avec l'*Amaltheum*, la villa d'Arpinum ne se contentait sans doute pas de faire allusivement référence à la topographie de l'Athènes de Platon, tandis que la villa de Tusculum comportait, quant à elle, une véritable palestre qualifiée par Cicéron d'*Académie*. En rapprochant le passage de la lettre à Atticus cité précédemment et un texte de Cornélius Népos[36], G. Sauron a proposé de voir dans l'*Amaltheum* un lieu, sans doute en forme de grotte, consacré aux grands hommes de l'histoire romaine[37]. Atticus, dit Cornélius Népos, avait composé des vers qui devaient accompagner les portraits de ces *summi uiri*. Il est vraisemblable que les épigrammes que Cicéron avait empruntées à Atticus pour son propre *Amaltheum* étaient précisément les poèmes dont parle Cornelius Népos. Il faut également rappeler que la grotte où Amalthée avait nourri le jeune Jupiter était gardée par les Courètes, jeunes guerriers en armes. Ils étaient assimilés, selon Lucrèce[38], aux Courètes Phrygiens

34 Plat., *Phdr.*, 230b.

35 Curtius [1948] 1956, 306-307 ; Grimal [1943] 1984, 362-363.

36 Nep., *Att.*, 25.18.5-6 : "Il ne resta pas non plus complètement étranger à la poésie, séduit, je suppose, par ses charmes. Il exposa en vers quels grands citoyens avaient surpassé les autres Romains par leur dignité et leurs actions d'éclat, et cela, en écrivant pour servir d'épigraphe à chacune de leurs images et rappeler leurs actions et leurs magistratures, quatre ou cinq vers au plus ; on aurait eu peine à croire que de si grandes choses eussent pu tenir en si peu de mots."

37 Sauron 2009, 63-71.

38 Lucr., *De la nature*, 2, 633-643 : "Ainsi rappellent-ils (les Curètes Phrygiens) les Curètes du Dictè qui

qui escortent la Grande Mère. Le poète propose une interprétation allégorique de ces personnages : ils représenteraient les défenseurs de la patrie. Il fallait donc reconnaître dans les *summi uiri* dont les effigies ornaient les jardins de l'*Amaltheum* une actualisation romaine des Courètes de la mythologie.

Si tel était bien le cas, la villa d'Arpinum aurait parfaitement illustré le processus de transposition et d'émulation théorisé dans le passage du *De finibus* examiné plus haut, qui mettait en parallèle l'*Académie* et la Curie romaine. L'installation grecque de Cicéron, l'atmosphère platonicienne des jardins de la villa devaient conduire le visiteur, poussé par la *uis admonitionis*, à s'interroger sur les prolongements romains de la pensée de l'auteur grec des *Lois* et de la *République*, prolongements qu'incarne, en premier lieu, l'œuvre philosophique de Cicéron en train de s'écrire avec le *De legibus*, mais qu'exaltait sans doute aussi, sous une forme monumentale, l'*Amaltheum*, s'il était bien consacré aux gloires de l'histoire romaine[39], gloires au nombre desquelles il fallait évidemment compter Cicéron. Il n'y a là, en somme, qu'une scénographie destinée à "mettre sous les yeux" de manière à la fois symbolique et concrète la pensée de Cicéron pour qui la philosophie grecque trouve dans l'orateur et l'homme politique romains son interprète idéal, à la fois penseur et homme d'action, théoricien du droit et protecteur de la patrie.

Or un certain nombre d'indices disséminés dans les deux premiers livres du *De legibus* paraissent confirmer l'interprétation que G. Sauron propose de l'*Amaltheum*. Rappelons qu'il est un autre objet de mémoire évoqué dès le début du *De legibus*. Il s'agit d'un arbre, non plus un platane comme dans le *Phèdre*, mais d'un chêne : le chêne de Marius[40].

> Atticus : *Lucus quidem ille et haec Arpinatium quercus agnoscitur, saepe a me lectus in Mario : si enim manet illa quercus, haec est profecto ; etenim est sane uetus.* Quintus : *Manet uero, Attice noster, et semper manebit : sata est enim ingenio. Nullius autem agricolae cultu stirps tam diuturna quam poetae uersu seminari potest.*

Cet arbre aurait été le lieu d'un présage : Marius, en effet, avait assisté à cet endroit au combat d'un serpent et d'un aigle ; le reptile, qui avait commencé par blesser l'aigle, avait finalement été déchiré par les serres du rapace. L'aigle avait alors pris son envol et le présage heureux, que Marius avait cru reconnaître dans ce spectacle, avait été confirmé par un coup de tonnerre. Cicéron avait raconté cet épisode dans le poème qu'il avait consacré à Marius

autrefois, au dire de la légende, couvrirent en Crète les vagissements de Jupiter, tandis qu'autour du Dieu enfant, des enfants en armes formaient des rondes agiles, et choquaient en cadence l'airain contre l'airain, de peur que Saturne ne découvrît son fils, et ne le fît périr sous sa dent, portant au cœur de sa mère une blessure éternelle. Voilà pourquoi la Grande Mère est entourée d'hommes armés. Peut-être aussi leur présence signifie-t-elle que la déesse nous prescrit d'être résolus à défendre par les armes et le courage la terre de nos pères, et à être les soutiens et la gloire de nos parents."

39 Sur la mémoire des *summi uiri*, Dörrie 1978, 207-220.

40 Cic., *Leg.*, 1.1.1 : "*Atticus* : Mais c'est le bois sacré et le chêne des gens d'Arpinum ; je les reconnais pour les avoir lus tant de fois dans *Marius*. Si le chêne subsiste, c'est sûrement celui-ci. *Quintus* : Mais oui, il subsiste, cher Atticus, et il subsistera toujours, car il a été planté par les soins du génie. Il n'est plantation due aux soins d'un paysan qui puisse être aussi durable qu'une semence due aux vers du poète" ; Dyck 2004, 56-62 ; Görler 1988, 218.

et il en cite même un extrait dans le *De divinatione*[41]. On connaît l'importance de la figure de C. Marius pour Cicéron : *homo nouus*, natif d'Arpinum comme lui, Marius incarne la *uirtus* de ceux qui ne peuvent compter sur les avantages de la naissance mais qui se sont dressés pour défendre la patrie. Cicéron n'a cessé de faire un parallèle entre sa carrière et celle de son illustre devancier, notamment parce qu'ils ont connu tous deux l'exil au cours de leur vie. C'est du reste Marius qui apparut en songe à Cicéron alors qu'il s'apprêtait à quitter l'Italie, songe dans lequel il avait vu l'annonce de son retour glorieux[42].

En réalité, les préambules des deux premiers livres du *De legibus* sont imprégnés d'une réflexion sur les origines, la patrie et les devoirs de l'homme d'état. Au début du livre deux, la présentation de la maison natale de Cicéron, ce qu'il appelle ses *incunabula*[43], justifie un développement sur la notion de double patrie, la *patria naturae* et la *patria ciuitatis*. C'est l'occasion pour Cicéron d'affirmer que, si les deux doivent être chéries, la "grande patrie" est celle pour laquelle on doit accepter de mourir lorsqu'elle doit être défendue[44]. Atticus rappelle alors un discours dans lequel Pompée avait rendu hommage au municipe d'Arpinum qui avait donné le jour à deux des sauveurs de l'état (*conservatores*) : Marius et Cicéron[45]. Plus loin, lorsque les protagonistes du dialogue évoquent la confluence du Fibrène et du Liris, Atticus recourt à une métaphore qui renvoie indirectement à la carrière des deux *homines noui* : le modeste Fibrène, en se précipitant dans le Liris, fait "comme s'il pénétrait dans une famille patricienne, abandonne son nom plus obscur et rend beaucoup plus fraîches les eaux du Liris". C'est là une manière de rappeler une idée chère à Cicéron, mais aussi à Marius, si l'on en croit le discours que lui prête Salluste dans la *Guerre de Jugurtha*[46] : les hommes nouveaux, issus des municipes font oublier l'obscurité de leurs origines quand ils sont accueillis dans la *nobilitas*, mais ils revivifient également celle-ci, en lui apportant du sang neuf et en mettant leur *uirtus* au service de la République.

Il est donc vraisemblable que Cicéron avait fait de sa villa d'Arpinum un manifeste de ses idées politiques et philosophiques, le théâtre des principes qui avaient guidé sa propre carrière. Dans ce contexte, l'édification de l'*Amaltheum*, comme monument dédié à la célébration des origines et aux défenseurs de l'état, pouvait apparaître comme l'écrin idéal pour exalter son propre itinéraire politique et celui des prédécesseurs auxquels il voulait s'identifier. Les préambules du *De legibus*, comme sans doute auparavant le poème sur Marius, font d'Arpinum un lieu emblématique, destiné à former un pendant transposé dans le contexte romain aux lieux de mémoire de l'Athènes classique. Ainsi, selon Quintus, le chêne d'Arpinum répond à l'olivier athénien, car tous deux sont, en somme, le produit du discours qui continue à faire exister l'objet quand bien même l'arbre réel aurait disparu[47].

41 Cic., *Div.*, 1.47.106. Un vers du poème décrivant l'aigle de Jupiter est également cité dans la suite du *De legibus* (1.1.2) : *Nuntia fuulua Jouis miranda uisa figura*.

42 Cic., *Div.*, 1.59 ; Gnauk 1936, 35-38 ; Bonjour, 1975, 227-234.

43 Cic., *Leg.*, 2.2.4 ; Cicéron utilise également le mot *incunabula* dans une lettre à Atticus pour désigner la maison d'Arpinum (Cic. *Att.*, 2.15.3) : il s'agit précisément d'une citation du poème *Marius*.

44 Sur le rôle d'Arpinum dans la réflexion de Cicéron, Bonjour 1975, 169-178.

45 Cic., *Leg.*, 2.3.6.

46 Sal., *Jug.*, 85.

47 Cic., *Leg.*, 1.1.2 : "Mais tant que les lettres latines auront une voix, un chêne qu'on appellera 'le chêne de Marius' ne fera jamais défaut en cet endroit, et, comme l'a dit Scévola, en parlant du Marius de mon

Quintus : *Verum tamen dum Latinae loquentur litterae, quercus huic loco non deerit quae Mariana dicatur, eaque, ut ait Scaeuola de fratris mei Mario, canescet saeclis innumerabilibus, nisi forte Athenae tuae sempiternam in arce oleam tenere potuerunt, aut quam Homericus Vlixes Deli se proceram et teneram palmam uidisse dixit, hodie monstrant eandem, multaque alia multis locis diutius commemoratione manent quam natura stare potuerunt.*

Du reste, le *De legibus* propose aussi une réflexion sur la notion de lieu de mémoire et sur le mécanisme que Cicéron qualifie de *commemoratio*[48]. Or, cette réflexion constitue un lien supplémentaire entre le dialogue cicéronien et le *Phèdre* de Platon. Le jeune Phèdre, en effet, interroge Socrate sur les légendes qui s'attachent aux rives de l'Illissos[49].

"*Phèdre* : Parle-moi, Socrate ! N'est-ce pas certainement de quelque point par ici que, d'après la légende, Borée dans l'Illissos se fit le ravisseur de la nymphe Orithye ? Ou bien est-ce de la colline d'Arès ? Car cette version de la légende existe aussi, que c'est de là et non point d'ici, qu'elle a été enlevée ? *Socrate* : Cette version existe en effet. *Phèdre* : Enfin ! est-ce d'ici ? En tout cas, le charme, la pureté, la transparence de ces filets d'eau sont manifestes, et leurs bords à souhait pour des ébats de jouvencelles !"

Socrate réplique que le lieu où la tradition situe la scène est plus loin, à deux ou trois stades, là où s'élève précisément un autel de Borée. Interrogé ensuite sur la véracité de ces légendes, il répond d'abord par une explication rationalisante (la légende d'Orithye résulte d'un banal accident : poussée par le vent, elle est tombée des rochers), avant de rejeter en bloc l'étude de la mythologie qui, dit-il, détourne de la seule recherche utile, la connaissance de soi-même.

À ce passage du *Phèdre* répondent les interrogations d'Atticus dans le *De legibus* à propos du chêne de Marius : l'arbre existait-il vraiment ou n'est-il qu'une création de Cicéron ?[50]

frère : 'Il vieillira dans les siècles sans nombre'. Ou alors penses-tu que ton Athènes ait pu garder dans son acropole un olivier éternel ? Et parce que l'Ulysse d'Homère a raconté qu'il a vu à Délos un long palmier souple, est-ce encore le même qu'on nous montre aujourd'hui ? Et il y a en bien des endroits beaucoup d'autres choses qui, grâce à la tradition, subsistent plus longtemps que leur nature ne leur aurait permis de durer ". De la même manière, Scaevola déclare dans le *De oratore* (1.7.28) que l'Illissos doit davantage sa célébrité à la description de Platon qu'à son charme intrinsèque.

48 Le texte du *De finibus* (5.1.2), cité plus haut, lie explicitement la *uis admonitionis* propre aux lieux à l'art de la mémoire (*memoriae disciplina*), selon un procédé rhétorique bien étudié : voir en particulier Baroin 2005, 199-214 ; *Ead.* 2010, 218-230.

49 Plat., *Phdr.*, 229b-230a-b (Trad. L. Robin).

50 Ce passage mériterait une étude à lui seul. Cette question rejoint en quelque sorte la réflexion du préambule du livre 2 dans lequel Atticus insiste sur le décalage entre la sauvagerie du lieu imaginée à partir des œuvres de Cicéron et la réalité plus amène du paysage "réel" d'Arpinum qu'il est en train de contempler ; c'est bien la question du pouvoir de la littérature qui est posée dans les deux cas. Peut-on dire pour autant que l'effet de la littérature est fallacieux dans le premier cas, lorsque, induit en erreur par les poèmes de son ami, Atticus s'était attendu à ne voir que rochers et montagnes à Arpinum ? En fait, c'est toujours de mémoire littéraire qu'il s'agit : à la mémoire épique de Marius évoquée au livre 1, Cicéron substitue au livre 2 la référence plus séduisante au *Phèdre* de Platon. Comme dans le cas du chêne de Marius, qui n'existe vraiment qu'à travers le poème de Cicéron, c'est la puissance instauratrice de l'énonciation littéraire qui est ici exaltée. Par ailleurs, la réflexion de Cicéron recoupe

On observe, il faut le noter, un subtil glissement qui fait passer de la mythologie du *Phèdre* à l'histoire, entraînant un débat sur l'écriture de l'histoire[51].

> Atticus : *Sed hoc iam non ex te, Quinte, quaero, uerum ex ipso poeta, tuine uersus hanc quercum seuerint, an ita factum de Mario, ut scribis, acceperis.* Marcus : *Respondebo tibi equidem, sed non ante quam mihi tu ipse responderis, Attice, certen non longe a tuis aedibus inambulans post excessum suum Romulus Proculo Iulio dixerit se deum esse et Quirinum uocari templumque sibi dedicari in eo loco iusserit, et uerumne sit ut Athenis non longe item a tua illa antiqua domo Orithyiam Aquilo sustulerit ; sic enim est traditum.* Atticus : *Quorsum tandem aut cur ista quaeris ?* Marcus : *Nihil sane, nisi ne nimis diligenter inquiras in ea quae isto modo memoriae sint prodita.*

La réponse de Cicéron est tout à fait spirituelle. Elle conduit Quintus, dans la suite du texte, à établir une distinction entre les règles de l'histoire et celles de la poésie. Aussi Atticus, sans doute poussé par la *uis admonitionis* de l'endroit, encourage-t-il Cicéron à se consacrer à l'écriture de l'histoire. Mais surtout, outre la référence directe au *Phèdre* par l'intermédiaire du rappel du mythe athénien d'Orithye, Cicéron glisse une allusion au personnage de Proculus Julius, l'un des ancêtres de la *gens Iulia*, grâce auquel la propagande césarienne pouvait établir une corrélation supplémentaire entre César et le fondateur mythique de Rome[52]. Peut-on laisser entendre de manière plus habile que les aspirations de César procédaient de la fiction ? Suivant le glissement que nous avons déjà observé, l'incrédulité de Socrate à l'égard des mythes de la cité devient, dans le *De legibus*, l'expression des réserves de Cicéron à l'égard des nouveaux mythes forgés par les hommes de pouvoir.

Avant de conclure, il convient de faire un rapide détour par le livre trois des *Res Rusticae* de Varron. Comme on le sait, à propos de l'élevage des oiseaux, Varron en vient à décrire la

partiellement le topos qui veut que l'œuvre de l'esprit soit plus durable que la matérialité de l'objet.

51 Cic., *Leg.*, 1.1.3 : "*Atticus.* – Cependant ce n'est plus toi, Quintus, que j'interroge, mais c'est à l'auteur lui-même que je demande : 'Est-ce que ce sont tes vers qui ont semé le chêne ou bien as-tu entendu dire que les choses se sont réellement passées en ce qui concerne Marius ainsi que tu l'écris ?' *Marcus.* – Je te répondrai, mais pas avant que toi-même, Atticus, tu ne m'aies dit s'il est bien sûr que, se promenant non loin de ta maison, après sa disparition, Romulus a déclaré à Proculus Julius qu'il était dieu et lui a ordonné de l'invoquer sous le nom de Quirinus, ainsi que de lui bâtir un temple en cet endroit ; et s'il est véritable qu'à Athènes, toujours non loin de ton ancienne demeure, Aquilon ait ravi Orithye, comme le dit la tradition. *Atticus.* – Où veux-tu en venir, et pourquoi me demandes-tu cela ? *Marcus.* – Pour rien, si ce n'est pour que tu t'abstiennes de poser des questions trop précises sur des faits dont le souvenir s'est transmis de cette manière."

52 Cicéron exprime ailleurs son scepticisme à l'égard de la version des faits colportée par l'*homo agrestis* qu'était Proculus : Cic., *Rep.*, 2.10.20 (selon Plut., *Rom.*, 28.1, c'était au contraire l'un des patriciens les plus distingués), voir Büchner 1984, 187-188 ; sur l'ironie du passage Benardete 1987, 298 ; sur les différentes versions de la légende, voir Dyck 2004, 63-64 : il conteste à juste titre le commentaire de Borzák 1975, 29-32 pour qui la différence de ton entre les deux occurrences cicéroniennes – le *De legibus* manifesterait davantage de distance par rapport à la tradition – viendrait du fait que ce passage serait un ajout de Cicéron postérieur à la guerre civile. La légende de Proculus serait une innovation du Pontificat de Jules César selon Classen 1962, 191-192.

volière qu'il a fait aménager dans sa villa de Casinum. On peut examiner la description du site dans lequel se dressait l'édifice[53].

> *Quoi ego : Cum habeam sub oppido Casino flumen, quod per uillam fluat, liquidum et altum marginibus lapideis, latum pedes quinquaginta septem, et e uilla in uillam pontibus transeatur, longum pedes DCCCCL derectum ab insula, quae est in imo fluuio, ubi confluit altera amnis, ad summum flumen, ubi est museum, circum huius ripas ambulatio sub dio pedes lata denos, ab hac est in agrum uersus ornithonis locus ex duabus partibus dextra et sinistra maceriis altis conclusus.*

On note la grande similitude entre la topographie des lieux décrits par Varron et celle de la villa de Cicéron à Arpinum. Dans les deux cas, l'espace aménagé en promenade se situe à la confluence de deux cours d'eau. Une île se trouve à proximité. Faut-il penser que le texte de Varron (sans doute commencé vers 54, mais publié vers 37 a.C.) cherche à faire écho à la description cicéronienne ? Aucune référence explicite n'est faite par Varron au texte du *Phèdre* ou à un quelconque modèle platonicien. Pourtant, on retrouve bien chez l'auteur des *Res rusticae* l'association du cours d'eau avec un édifice à connotation philosophique. Les études de L. Deschamps et de G. Sauron ont montré que les références qui sous-tendent l'ordonnance de l'*ornithon* étaient cosmiques et pythagoriciennes[54]. Faut-il voir dans ce parallélisme une émulation philosophique entre les deux hommes par villas interposées, une volonté de Varron de répondre aux critiques formulées par Cicéron au début des *Académiques*[55], reprochant à l'illustre savant son manque d'intérêt pour la philosophie ? Il faut aussi, avec H. Lavagne, s'interroger sur la nature du *museum* brièvement mentionné par Varron et situé en amont du cours d'eau[56]. Fait-il pendant à la grotte aménagée en *Amaltheum* par Cicéron et par Atticus ? On rappellera que Platon avait installé un μουσεῖον dans son Académie[57], et que, selon Pline, les *musaea* de son temps semblent avoir pris la forme de grottes[58]. On peut aussi évoquer le *stenopos* (vallon ?) de Métaponte où la tradition

53 Var., *Res rusticae*, 3.9 : "Je lui répliquais : 'J'ai, en bas de la ville de Casinum, un cours d'eau, qui court à travers ma villa, limpide et profond, entre deux bordures de pierre ; il a cinquante sept pieds de large et on passe d'un côté de la villa à l'autre par des ponts ; il coule tout droit sur 950 pieds depuis l'île qui se trouve en aval, au confluent d'un autre ruisseau, jusqu'en amont, là où est le Musée. Le long de ses rives se trouve une promenade à ciel ouvert, large de dix pieds ; à partir de celle-ci, en allant vers la campagne, est situé l'emplacement de la volière, délimité des deux côtés, à droite et à gauche, par de hauts murs'."

54 Phèdre opposait l'ὁδός au δρόμος ; chez Varron, aux *ambulationes* extérieures s'oppose la *semita*, le sentier qui conduit à la volière entre deux bassins (3.12). L. Deschamps a voulu y voir une allusion à la recommandation de Pythagore (Iam., *VP*, 105), conseillant de quitter les grandes routes pour prendre les sentiers ; Deschamps 1987, 80-81 ; Sauron 1994, 137-167 ; *id.* 2007, 143-156.

55 Cic., *Acad.*, 1.3.9.

56 Lavagne 1988, 266-270.

57 D. L., 4.1.

58 Plin., *Nat.*, 26.154 : "Il ne faut pas passer non plus sous silence la nature des pierres ponces. On appelle ainsi les pierres poreuses qui, dans les édifices que l'on nomme musées, pendent au plafond afin de leur donner artificiellement l'apparence d'une grotte". Pour Pindare (*P.*, 6.48-49), les Muses de l'Hélicon résidaient dans une grotte (ἐν μυχοῖσιν).

voulait que Pythagore eût disparu et qui comportait, selon Porphyre, un μουσεῖον[59]. Or cet endroit fait également partie des "lieux de mémoire" cités par Cicéron dans le passage déjà mentionné du *De finibus*[60].

Quoi qu'il en soit du *museum* de Casinum, on voit se fixer avec Varron une topographie, où le cours d'eau, qu'il renvoie ou non à un référent philosophique, platonicien ou pythagoricien, s'intègre désormais entièrement à l'architecture. Mieux encore, s'il l'on en croit Sénèque, les architectes pouvaient détourner les fleuves pour leur faire traverser les villas[61]. De fait, les bâtiments de la villa de Casinum se répartissent de part et d'autre du ruisseau. Ce dispositif planimétrique sera repris sous l'Empire, dans la villa de Manlius Vopiscus sur l'Anio décrite par Stace[62], dans la villa de Bazzano à Sperlonga, celle dite de Néron à Subiaco ou encore à Jurançon à une époque beaucoup plus tardive[63]. Il n'est pas certain toutefois que les connotations philosophiques qui s'attachaient à ce type de paysage au Ier s. a.C. aient encore été perçues ou même recherchées.

Conclusion

On pourrait dire, en conclusion, qu'un paysage peut en cacher un autre. La référence platonicienne la plus évidente dans le *De legibus* devrait renvoyer aux *Lois*. Or cette référence existe bien et, encore une fois, c'est par l'évocation du paysage qu'elle passe[64]. Il nous faut revenir au texte dont nous sommes partis.

> *Visne igitur, ut ille cum Crete Clinia et cum Lacedaemonio Megillo aestiuo, quem ad modum describit, die in cupressetis Gnosiorum et spatiis siluestribus, crebro insistens, interdum adquiescens, de institutis rerum publicarum ac de optimis legibus disputabat, sic nos inter has procerissimas populos in uiridi opacaque ripa inambulantes, tum autem residentes, quaeramus isdem de rebus aliquid uberius quam forensis usus desiderat ?*

Ce passage renvoie avec une symétrie parfaite au préambule des *Lois* de Platon : il met aussi en scène trois protagonistes qui conversent, tantôt en marchant, tantôt en faisant halte sous les arbres. Mais, dans le paysage cicéronien, les peupliers se substituent aux cyprès et, par une sorte de fondu enchaîné, la route vers le sanctuaire de Zeus à Cnossos se confond

59 Porph., *VP*, 4 ; Vallet 1974, 749-759 ; Lavagne 1988, 272.

60 Cic., *Fin.*, 5.2.4 : "Tu sais en effet qu'un jour, étant allé avec toi à Métaponte, je n'ai pas voulu descendre chez mon hôte avant d'avoir vu l'endroit où Pythagore avait rendu le dernier soupir et vu le siège où il s'asseyait."

61 Sen., *Nat.*, praef. 8 : *Deriuata in domos flumina*.

62 Stat., *Silv.*, 1.3 ; voir notamment Delarue 2014, 89-98.

63 De Rossi 1973, 286-290 ; Lafon 2001, 368 et 380 ; Di Matteo 2005 ; Mari 2008, 43-52 ; Tombrägel 2012, 177-188 ; Fabre 2006, 125-130 ; sur les rapports entre villas et paysages, Tessaro Pinamonti 1984, 48-67.

64 Cic., *Leg.*, 1.5.15 : "Tu voudrais donc qu'à son exemple, tel qu'il se dépeint, en compagnie du crétois Clinias et du Lacédémonien Mégille, par un jour d'été dans les cyprès de Gnosse et les promenades boisées, bien souvent s'arrêtant, parfois même prenant du repos, en train de discuter nous aussi, parmi ces peupliers à la taille si haute, marchant au long de la rive verte et ombragée, puis ensuite assis, nous nous mettions à rechercher sur les mêmes points quelque chose de plus nourri que ce qu'exige la pratique courante du Forum ?"

peu à peu avec les rives ombragées du Liris[65]. Pourquoi alors changer de référence lorsque Cicéron en vient à décrire la villa familiale d'Arpinum et renvoyer désormais au *Phèdre* et non plus aux *Lois* ? Le thème du *Phèdre* est fort éloigné de celui du *De legibus* et, comme nous avons essayé de le démontrer, le "paysage de mémoire" que Cicéron a mis en place autour de sa villa – du chêne de Marius à l'*Amaltheum* – se rapporte plutôt à la mythologie politique de Rome. Tout se passe comme si le paysage du *Phèdre* était devenu pour les contemporains de Cicéron le *locus amoenus* par excellence, un lieu de l'imaginaire plus platonicien que l'*Académie* elle-même. La réponse est peut-être aussi à chercher du côté de l'opposition que nous avons cru pouvoir discerner au début du *Phèdre* entre les allées des gymnases où professent les sophistes et les sentiers de l'Illissos plus propices à l'enseignement socratique : c'est pourtant bien à l'*Académie* elle-même que Cicéron se référera lorsqu'il voudra mettre en scène son *otium studiosum* dans sa villa "officielle" de Tusculum, mais s'agissant de la villa de son enfance, sans doute préféra-t-il invoquer un modèle plus proche de la nature, un paysage moins léché que celui de la palestre, choisir les rives agrestes de l'Illissos, métaphore de la philosophie "sauvage" et libre de Socrate, plutôt que les jardins d'Académos. En tout état de cause, Cicéron lui-même rappelle que les paysages de mémoire, quelle que soit la réalité topographique ou architecturale des lieux, sont avant tout des fictions instaurées par la parole et par la littérature. Nul autre endroit, plus qu'Arpinum, la "petite patrie", cette image en réduction de la Patrie, ne se prêtait mieux au transfert que Cicéron y opère : tel le Fibrène venant rafraîchir les eaux du Liris, la mémoire de Socrate, subtilement convoquée, vient irriguer l'*ingenium* de l'homme romain, comme le souhaitait vivement Pison dans le *De finibus*[66]. Tout l'art de Cicéron consiste à se mettre en scène, dans ces dialogues, en jardinier ou en architecte de ces paysages qui "donnent à penser".

Références bibliographiques

Agache, S. (2008) : "La villa comme image de soi (Rome antique, des origines à la fin de la République)", in : Galand-Hallyn 2008, 15-44.

Auvray-Assayas, C. (2005) : "Les installations grecques dans les dialogues de Cicéron", in : Dupont & Valette-Cagnac 2005, 211-228.

Avezzù, G., Pianezzola, E., éd. (1999) : *Sicilia e Magna Grecia. Spazio reale e spazio immaginario nella letteratura greca e latina*, Padoue.

Baldo, G. (1999) : "Enna : un paesaggio del mito tra storia e religio (Cicerone, *Verr.* 2, 4, 105-111)", in : Avezzù & Pianezzola 1999, 17-57.

Baroin, C. (2005) : "Le rôle de la vue dans les arts de la mémoire latins", in : Villard 2005, 199-214.

— (2010) : *Se souvenir à Rome. Formes, représentations et pratiques de la mémoire*, Paris.

65 Plat., *Leg.*, 1.625b-c : "*L'étranger athénien* : En tout cas, il y a passablement de chemin, à ce qu'on nous dit, pour aller de Cnôssos jusqu'à l'antre de Zeus et à son sanctuaire ; en outre, avec la chaleur qu'il fait à présent, des haltes sont probables le long de la route, à l'ombre des grands arbres ; enfin, ne conviendra-t-il pas, à l'âge que nous avons, de nous y reposer souvent ? Par la conversation, nous nous donnerons comme cela le courage, mutuellement, d'aller avec aisance jusqu'au bout de la route entière ! – *Clinias* : La chose est sûre, Étranger : plus avant il y a, dans des enclos consacrés, des cyprès d'une hauteur et d'une beauté merveilleuse, avec des pelouses où nous pourrons prendre le temps de nous reposer."

66 Cic., *Fin.*, 5.2.6.

Benardete, S. (1987) : "Cicero's *De Legibus* I : Its Plan and Intention", in : *AJPh* 108, 295-309.

Bonjour, M. (1975) : *Terre natale. Études sur une composante affective du patriotisme romain*, Paris.

Borzák, S. (1975) : "Cicero and Caesar. Ihre Beziehungen im Spiegel des Romulus-Mythos", in : Michel, A. et Verdière, R., éd. (1975) : *Ciceroniana. Hommages à Kasimierz Kumaniecki*, Leyde, 22-35.

Büchner, K. (1984) : *M. Tullius Cicero* De re publica. *Kommentar*, Heidelberg.

Classen, C. J. (1962) : "Romulus in der römischen Republik", in : *Philologus*, 106, 174-204.

Curtius, E. R. [1948] (1956) : *La littérature européenne et le Moyen Âge latin*, tr. fr. d'après la 1ère éd. en allemand Berne, 1948, Paris.

Delarue, F. (2014) : "L'eau et l'imaginaire : les villas des *Sylves* de Stace", in : Devillers 2014, 89-98.

De Rossi, G. M. (1973) : "Note topografiche sulla villa di Nerone a Subiaco", in : *Lazio ieri e oggi* 9, 286-290.

Deschamps, L. (1987) : "Dis-moi où tu manges : je te dirai qui tu es", in : *BSTEC*, 191-192, 63-93.

Devillers, O. (2014) : *La villégiature dans le monde romain de Tibère à Hadrien, Actes du IXe congrès de la SIEN (Neronia IX)*, Bordeaux.

De Vries, G. J. (1969) : *A Commentary on the Phaedrus of Plato*, Amsterdam.

Di Matteo, F. (2005) : *Villa di Nerone a Subiaco : il complesso dei Simbruina Stagna*, Rome.

Dupont, Fl., Valette-Cagnac, E., éd. (2005) : *Façons de parler grec à Rome*, Paris.

Dyck, A. R. (2004) : *A Commentary on Cicero* De Legibus, Ann Arbor.

Dörrie, H. (1978) : "Vestigia summorum uirorum", in : *GB*, 7, 207-220.

Fabre, G. (2006) : "La villa du Pont d'Oly à Jurançon (Pyrénées-Atlantiques)", in : Réchin 2006, 125-130.

Fantham, E. (2004) : *The Roman World of Cicero's* De oratore, Oxford.

Galand-Hallyn, P., éd. (2008), *La villa et l'univers familial de l'Antiquité à la Renaissance*, Paris.

Galimberti-Biffino, G. (2014) : "*Amoenitas, utilitas* e *voluptas* in ville e villeggiatura : testimonianze di Vitruvio e di Plinio il Giovane", in : Devillers 2014, 37-46.

Görler, W. (1988) : "From Athens to Tusculum : Gleaning the Background of Cicero's *De oratore*", in : *Rhetorica*, 6, 3, 215-235.

Gnauk, R. (1936) : *Die Bedeutung des Marius und Cato maior für Cicero*, Berlin.

Grimal, P. [1943] (1984) : *Les jardins romains*, 3e éd. revue de l'éd. de 1943, Paris.

Hirzel, R. (1895) : *Der Dialog. Ein literarhistorischer Versuch*, Leipzig.

Hutchinson, W. M. L. (1909) : *M. Tullii Ciceronis De finibus Bonorum et Malorum Libri quinque, with Introduction and Commentary*, Londres.

Lafon, X. (2001) : Villa maritima. *Recherches sur les villas littorales de l'Italie romaine*, BEFAR 307, Rome.

Lavagne, H. (1988) : Operosa antra. *Recherches sur la grotte à Rome de Sylla à Hadrien*, BEFAR 272, Rome.

Leeman, A. D. et Pinkster, H. (1981) : *M. T. Cicero* De oratore libri III. *Kommentar*, Band 1, Heidelberg.

Mari, Z. (2008) : "Il *Sublaqueum* : la villa di Nerone a Subiaco", in : Valenti 2008, 43-52.

Michel, A. et Verdière, R., éd. (1975) : *Ciceroniana. Hommages à Kasimierz Kumaniecki*, Leyde.

Réchin, F., éd. (2006) : *Nouveaux regards sur les* villae *d'Aquitaine : bâtiments de vie et d'exploitation, domaines et postérités médiévales, Actes de la table ronde de Pau, 24-25 novembre 2000*, Pau.

Ruch, M. (1958) : *Le* prooemium *philosophique chez Cicéron. Signification et portée pour la genèse et l'esthétique du dialogue*, Strasbourg.

Sauron, G. (1980) : "*Templa serena*. À propos de la 'villa des Papyri' d'Herculanum : contribution à l'étude des comportements aristocratiques romains à la fin de la République", in : *MEFRA*, 92, 277-301.

— (1991) : "De Buthrote à Sperlonga : à propos d'une étude récente sur le thème de la grotte dans les décors romains", in : *RA*, 3-42.

— (1994) : Quis deum ? *L'expression plastique des idéologies politiques et religieuses à Rome*, BEFAR 285, Rome.

— (2007) : *La peinture allégorique à Pompéi. Le regard de Cicéron*, Paris.

— (2009) : *Dans l'intimité des maîtres du monde. Les décors privés des Romains*, Paris.

Schmidt, O. E. (1899) : *Ciceros Villen*, Leipzig.

Tessaro Pinamonti, A. (1984) : "Rapporti fra ambiente naturale ed ambiente architettonico nella villa romana del I sec. D.C. in Italia", in : *Rivista di archeologia*, 8, 48-67.

Tombrägel, M. (2012) : *Die republikanischen Otiumvillen von Tivoli*, Wiesbaden.

Valenti, M., éd. (2008) : *Residenze imperiali nel Lazio. Atti della giornata di studio, Monte Porzio Catone, 3 aprile 2004*, Monte Porzio Catone.

Vallet, G. (1974) : "Le sténopos des Muses à Métaponte", in : Mélanges de philosophie, de littérature et d'histoire ancienne offerts à P. Boyancé, Coll.EFR 22, Rome.

Vasaly, A. (1993) : *Representations. Images of the World in Ciceronian Oratory*, Berkeley-Los Angeles-Londres.

Villard, L., éd. (2005) : *Études sur la vision dans l'Antiquité classique*, Rouen.

Textes, images et imaginaire de l'architecture : dans le dédale des graffitis labyrinthiques du couloir des théâtres de Pompéi

Éloïse Letellier-Taillefer

Ce que "les murs murmurent"[1] : exercices de stylet ou architectures fictives ?

On conserve dans le couloir qui dessert les deux théâtres de Pompéi (VIII 7, 20) de très nombreux graffitis, témoins d'une fréquentation quotidienne assidue dans l'Antiquité. Aménagé sans doute au début du Ier s. a.C., en même temps que l'enceinte du *theatrum tectum* qu'il longe au nord[2], ce couloir, qu'il était possible de fermer par des portes donnant sur la rue de Stabies et vers l'*aditus* oriental du grand théâtre, permettait d'accéder aux deux édifices de spectacles. Il était revêtu d'un enduit peint uni, dont on conserve la zone inférieure rouge surmontée d'une bande jaune qui la séparait probablement d'une autre zone aujourd'hui disparue. Le couloir était également doté, au pied du mur nord, d'une rigole maçonnée que nous interprétons comme un possible urinoir[3] ; il s'agissait visiblement d'un lieu public ouvert à tous, du moins à certains horaires, comme en témoigne éloquemment la variété des graffitis inscrits en grand nombre sur ses deux parois.

Certainement visibles depuis la découverte de cet espace, entre 1794 et 1795, les graffitis ne sont pas mentionnés dans les journaux de fouilles de l'époque, sans doute parce qu'ils furent longtemps considérés comme des traces vulgaires et de peu d'intérêt, à l'instar de l'ensemble des graffitis antiques. Ceux-ci ont cependant fait l'objet d'une réévaluation et apparaissent aujourd'hui comme une expression du quotidien d'autant plus précieuse qu'elle est peu représentée dans les autres sources[4]. Les graffitis du couloir des théâtres de Pompéi, qu'il s'agisse de textes[5] ou d'images[6], ont été partiellement décrits dans le cadre d'études

1 Barbet & Fuchs 2008.

2 Par commodité de langage et comme de coutume à Pompéi, nous décrivons les espaces du quartier des théâtres en supposant que l'axe perpendiculaire au bâtiment de scène correspond à la direction nord sud, bien qu'il soit en réalité orienté nord-ouest/sud-est.

3 Letellier 2015, 439.

4 Langner 2001 ; Barbet & Fuchs 2008 ; Baird & Taylor 2011 ; Ozcáriz Gil 2012

5 Voir *CIL*, IV 2414-2457 et Varone 2012, 403-420.

6 Voir Maulucci Vivolo 1993, 121-154 ; Langner 2001, 118-120 et catalogue.

Fig. 1. Photographie du couloir des théâtres de Pompéi (VIII 7, 20) depuis la rue de Stabies. Cl. T. Crognier, avec l'aimable autorisation du Parco Archeologico di Pompei. © *EFR/IRAA.*

synthétiques sur les graffitis pompéiens[7] ou à propos de questions linguistiques, historiques ou iconographiques ponctuelles[8]. Seulement datables, d'après leur contexte archéologique, d'avant la destruction de Pompéi en 79 p.C., ils sont le résultat d'une longue accumulation, depuis 37 a.C. au moins[9].

Nous présentons ici quelques réflexions à propos de trois de ces graffitis, trois dessins très similaires, gravés à la pointe d'un outil et montrant une forme traditionnelle de représentation du labyrinthe[10]. Ces "exercices de stylets"[11] nous ont en effet semblé – à cause de certaines particularités de leurs formes mais aussi en raison de leur répétition et de leur contexte matériel – avoir pu déborder la simple fonction d'ornement ou de distraction et nous pensons qu'ils faisaient aussi référence à des "architectures fictives" : non seulement celle du labyrinthe mais aussi celle du théâtre. Nous verrons dès lors comment, au travers d'une étroite intrication de textes, d'images et de contextes urbains concentrée dans un tracé évocateur, quelques traits incisés sur un mur nous offrent peut-être un accès inattendu à une perception subjective de l'architecture, nourrie en premier lieu par l'expérience visuelle

7 Garrucci 1854 ; Garrucci 1856 ; Le Gall 1954 ; Maiuri 1958 ; Varone 1994 ; Varone 2012.

8 Dans le cadre du projet de recherche *Teatri di Pompei*, nous avons entrepris en juin 2017 une étude systématique des ces graffitis dans le contexte particulier du couloir des théâtres, afin de les analyser pour la première fois comme un ensemble complexe mais cohérent, dont les relations font sans doute plus sens que les études morcelées laissent pour l'heure apparaître. Le traitement et l'analyse des données recueillies sur le terrain sont actuellement en cours.

9 Comme l'indique la date consulaire qui apparaît dans le graffiti *CIL,* IV 2437. Voir Roddaz 1984, 91, n. 29.

10 Pour une première présentation de ces documents, voir Letellier 2015, 184-194.

11 Barbet & Fuchs 2008, 37-38

2a

2b

Fig.2a & 2b. Premier et deuxième graffitis en forme de labyrinthe (mur sud). Prises de vue et traitement en RTI (reflectance transformation imaging) : T. Crognier, avec l'aimable autorisation du Parco Archeologico di Pompei. © EFR/IRAA.

mais aussi par des récits, des pratiques sociales et des représentations symboliques et mythiques.

Le graffiti le mieux conservé et au tracé le plus clair se situe sur le mur sud du couloir, à 6,40 m de la paroi orientale du pilier du petit bassin du couloir des théâtres, à 1,30 m au-dessus du sol de circulation actuel (fig. 2a et 5). D'un diamètre de 13,8 cm, il reprend, avec des adaptations, la forme traditionnelle d'un labyrinthe de type "crétois" circulaire[12].

Le schéma classique de ce dernier se décline en effet en deux versions. L'une représente en plan les "murs" d'un labyrinthe encadrant un parcours unique et contraint conduisant, en suivant de multiples sinuosités, vers le centre (fig. 3a). L'autre représente à l'inverse ce parcours lui-même (fig. 3b). La première, généralement composée de huit "murs" délimitant sept "couloirs" formant des méandres en forme de courbes concentriques, peut être bâtie de façon méthodique à partir d'une croix centrale associée à quatre angles et à quatre points formant carré, selon le procédé illustré dans la figure 4. Dans cette première version, le labyrinthe est donc composé de deux lignes ; il peut s'analyser comme la transformation d'un carré en cercle[13]. La seconde, à l'instar du parcours qu'elle représente, peut être qualifiée de "fil d'Ariane" : elle est composée d'un seul trait, sans interruption et ne comporte pas de croix centrale.

12 Pour une présentation synthétique claire et complète des représentations de labyrinthes et sur la typologie du labyrinthe "crétois", voir Kern 1982, 13-17. Il existe également des déclinaisons quadrangulaires de ce type de labyrinthe sur lesquelles nous reviendrons plus bas.

13 Kern 1982, 16

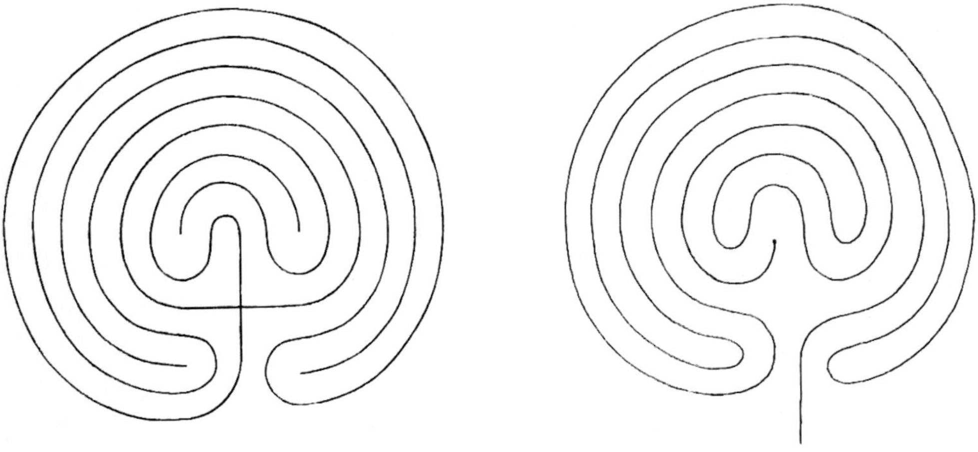

a b

Fig. 3a & 3b. Schéma de base du labyrinthe de type crétois selon ses deux versions (d'ap. Kern 1982, fig. 1., 34).

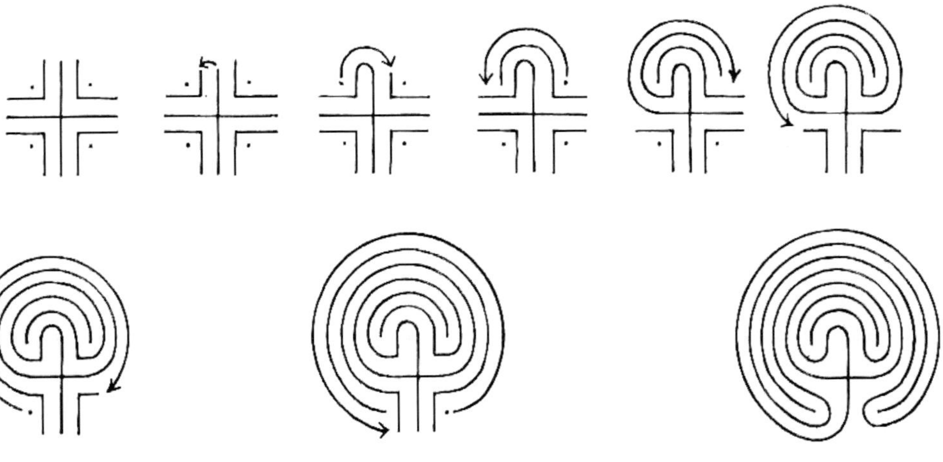

Fig. 4. Technique de construction d'un labyrinthe de type crétois classique (d'ap. Kern 1982, fig. 6A, 36).

Notre graffiti (fig. 5) est en fait un hybride entre ces deux versions. Il est en effet formé de courbes concentriques en partie reliées les unes aux autres par leurs extrémités et formant des méandres concentriques de telle sorte que le dessin a pu être réalisé d'un seul trait, sans lever la pointe du stylet (fig. 6a) – en tout cas il pouvait être suivi du doigt de cette manière. Mais on observe pourtant au centre du dessin une croix en X, qui est intégrée dans l'un des méandres et a aussi pu servir de base à une mise en place plus méthodique du tracé, sans les points de la version habituelle cependant (fig. 6b). L'état de conservation de la gravure ne permet pas de déterminer l'ordre effectif de tracé du dessin.

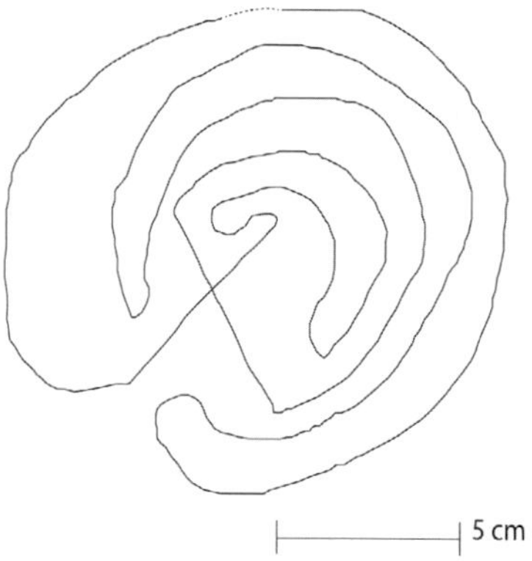

Fig. 5. Dessin du premier graffiti.

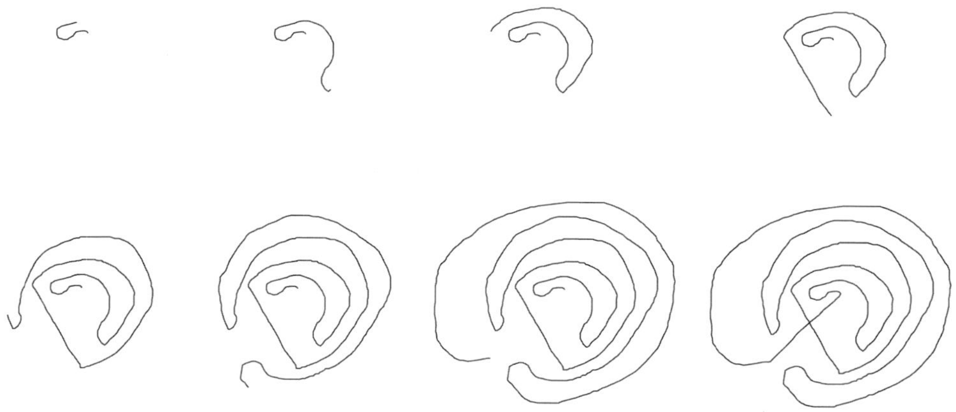

a

Fig. 6a & 6b. Deux hypothèses de reconstitution du tracé.

b

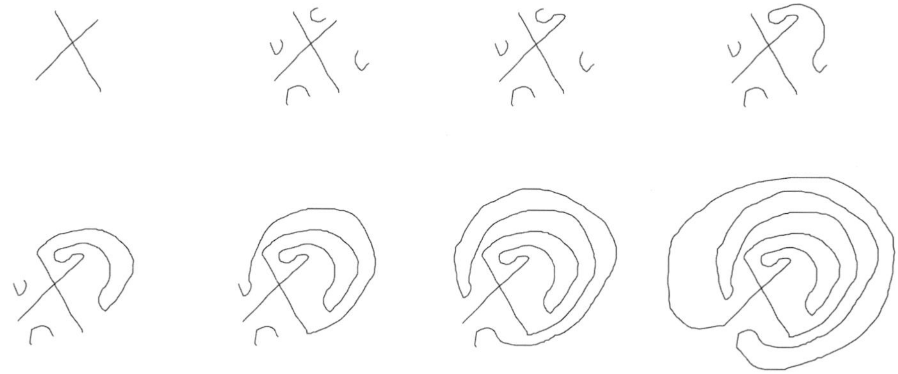

Fig. 7. Dessin du deuxième graffiti.

La combinaison du schéma basé sur une croix centrale et du schéma en un seul trait constitue une anomalie. Possible erreur ou maladresse, ce détail particulier met néanmoins en valeur le caractère semi-circulaire de la forme finale. En effet, il ajoute au parcours linéaire – habituellement entièrement courbe – une ligne droite (un des traits de la croix) qui constitue le diamètre d'un demi-cercle qui apparaît bien ouvert vers la gauche.

Le deuxième graffiti, plus grand (24,4 cm de diamètre), est situé à côté du premier, à une trentaine de centimètres plus à l'est et à 1,20 m au-dessus du sol de circulation (fig. 2b et 7). Sa partie supérieure a disparu à cause de l'érosion de l'enduit et il présente plusieurs lacunes, ainsi que des perturbations de lecture liées à d'autres incisions, antérieures ou postérieures ; on y retrouve néanmoins le même schéma globalement semi-circulaire, composé cette fois de huit courbes concentriques. Une croix en X est toujours bien lisible au centre mais ne semble pas avoir été utilisée pour bâtir le dessin, qui présente encore plus d'irrégularités que le précédent. Le diamètre du demi-cercle, ouvert vers la gauche comme le précédent, n'est pas constitué ici par un des côtés de la croix, mais placé à la verticale du sol. Un élément quadrangulaire au centre du dessin, à droite de la croix, constitue une anomalie supplémentaire par rapport au schéma traditionnel. Il est donc possible que le deuxième graffiti ait tenté de reproduire le premier, sans en avoir décelé la clé.

Quant au troisième et dernier graffiti, situé en face des deux autres sur le mur nord du couloir, à environ 1,15 m du sol de circulation actuel, les nombreuses concrétions et lacunes de l'enduit empêchent d'en faire une lecture complète et précise (fig. 8 et 9). Il semble également organisé suivant la forme globale d'un demi-cercle composé de courbes concentriques, ouvert vers la gauche et centré sur une croix en X, mais il est bâti de manière

Fig. 8. Photographie du troisième graffiti.
Prise de vue et traitement en RTI (reflectance transformation imaging) :
Cl. T. Crognier, avec l'aimable autorisation du Parco Archeologico di Pompei. © EFR/IRAA

plus floue que le premier. Il est même difficile de déterminer si son diamètre a été aligné sur la croix ou s'il est vertical comme dans le deuxième graffiti.

Nous émettons l'hypothèse que le graffiti que nous avons décrit en premier lieu fut le premier dessiné sur la paroi et que les deux autres en constituent des tentatives de copie. En effet, le premier graffiti correspond à une variante proche du schéma traditionnel, dont le tracé est facilité si on applique la "méthode de la croix" (fig. 4), simplifiée par l'omission des points (fig. 6b). Les deux autres reproduisent bien le schéma semi-circulaire ouvert vers la gauche, sans omettre la croix centrale en X, mais ils n'ont pas mis à profit cette dernière pour la construction du dessin, n'en ayant sans doute pas décodé l'utilité.

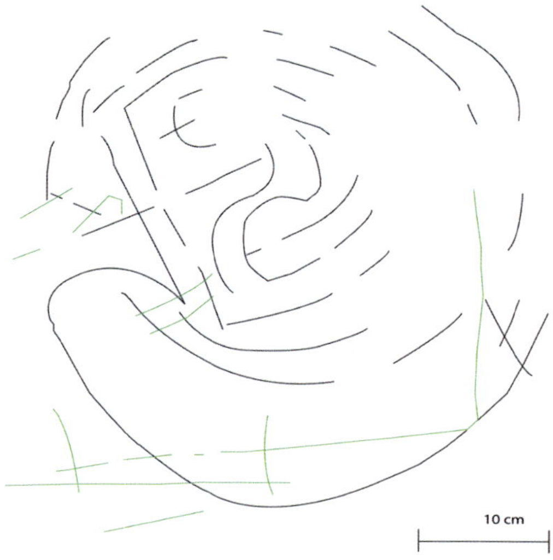

Fig. 9. Dessin du troisième graffiti.

Si le premier dessin a été ainsi reproduit, c'est sans doute d'abord qu'il constituait une sorte d'énigme graphique amusante. C'est ce qui semble avoir par exemple suscité l'intérêt de William Gell, architecte membre de la *Society of Dilettanti*, auteur avec son compatriote John Gandy de la première publication en langue anglaise sur Pompéi[14]. La bibliothèque de l'INHA conserve un recueil de notes inédites de sa main consacrées à Pompéi[15], à la dernière page duquel on trouve une série de transcriptions de graffitis de la basilique ainsi que celles de quatre graffitis observés à proximité du "petit théâtre" (fig. 10). Parmi les secondes figure un dessin à l'encre reproduisant, de manière régularisée, notre premier graffiti. Mais quatre autres dessins au crayon, à peine lisibles en bas de la page, explicitent les étapes du "déchiffrage" de la figure par le dessinateur, qui la rattachait bien au schéma connu, partant d'une base constituée d'une croix, de quatre angles et de quatre points.

Il est cependant significatif que le premier graffiti en forme de labyrinthe ait été reproduit au même endroit au moins deux fois (la majeure partie de l'enduit a disparu avec les graffitis qu'il supportait très certainement). Nous pensons que cet intérêt particulier s'explique non seulement par ce caractère ludique, mais aussi par l'efficacité de ses connotations formelles et sémantiques, activées par le contexte architectural et urbain du couloir des théâtres.

Du point de vue formel, le demi-cercle formé de multiples courbes concentriques évoque en effet assez naturellement le plan d'un théâtre, avec ses gradins et son bâtiment de scène. Soulignons qu'il ne s'agit pas seulement d'une correspondance formelle avec la représentation théorique et normalisée que constituent les plans de théâtres antiques, qui nous sont certainement bien plus familiers aujourd'hui qu'ils ne l'étaient aux passants qui fréquentaient le couloir des théâtres de Pompéi. Cette forme générale correspond aussi très directement à l'expérience visuelle de tout spectateur assis dans les gradins d'un tel édifice, dont l'architecture est caractérisée par une grande lisibilité. L'hybridation du schéma traditionnel du labyrinthe dans le premier graffiti, répétée de manière indirecte dans les deux autres, n'est donc peut-être pas seulement une "erreur"[16], mais un détail référentiel, un signe. Ce détail accentue l'aspect semi-circulaire de la forme globale, aspect caractéristique du plan des théâtres romains et récurrent dans quasiment toutes leurs représentations iconographiques d'époque romaine[17].

Ces croquis pouvaient donc évoquer simultanément un labyrinthe et un théâtre, et sans doute en premier lieu celui sur les murs duquel ils étaient tracés, le *theatrum tectum* de Pompéi (fig. 11). En effet, nous remarquons que le dispositif très particulier des degrés bas de la proédrie dans ce bâtiment, avec un retour constitué par trois marches formant des courbes concentriques opposées à celles des degrés de la proédrie et adossées au mur de soutènement des gradins[18], n'est pas sans écho formel avec les courbes latérales des labyrinthes qui nous occupent.

14 Gell & Gandy 1817

15 Voir l'identification et la présentation de ce document dans Dessales 2000.

16 Le schéma est "unregelmäβig und fehlerhaft" écrivait H. Kern : Kern 1982, 98 (n. 108).

17 Pour le catalogue et l'analyse de ces représentations, voir notre thèse de doctorat : Letellier 2015, 123-249.

18 On retrouve le même type d'aménagement, très original, seulement dans le théâtre de Pietrabbondante et dans celui de Sarno, qui présentent d'autres rapprochements avec le *theatrum tectum* de Pompéi : Letellier 2015, 411-412.

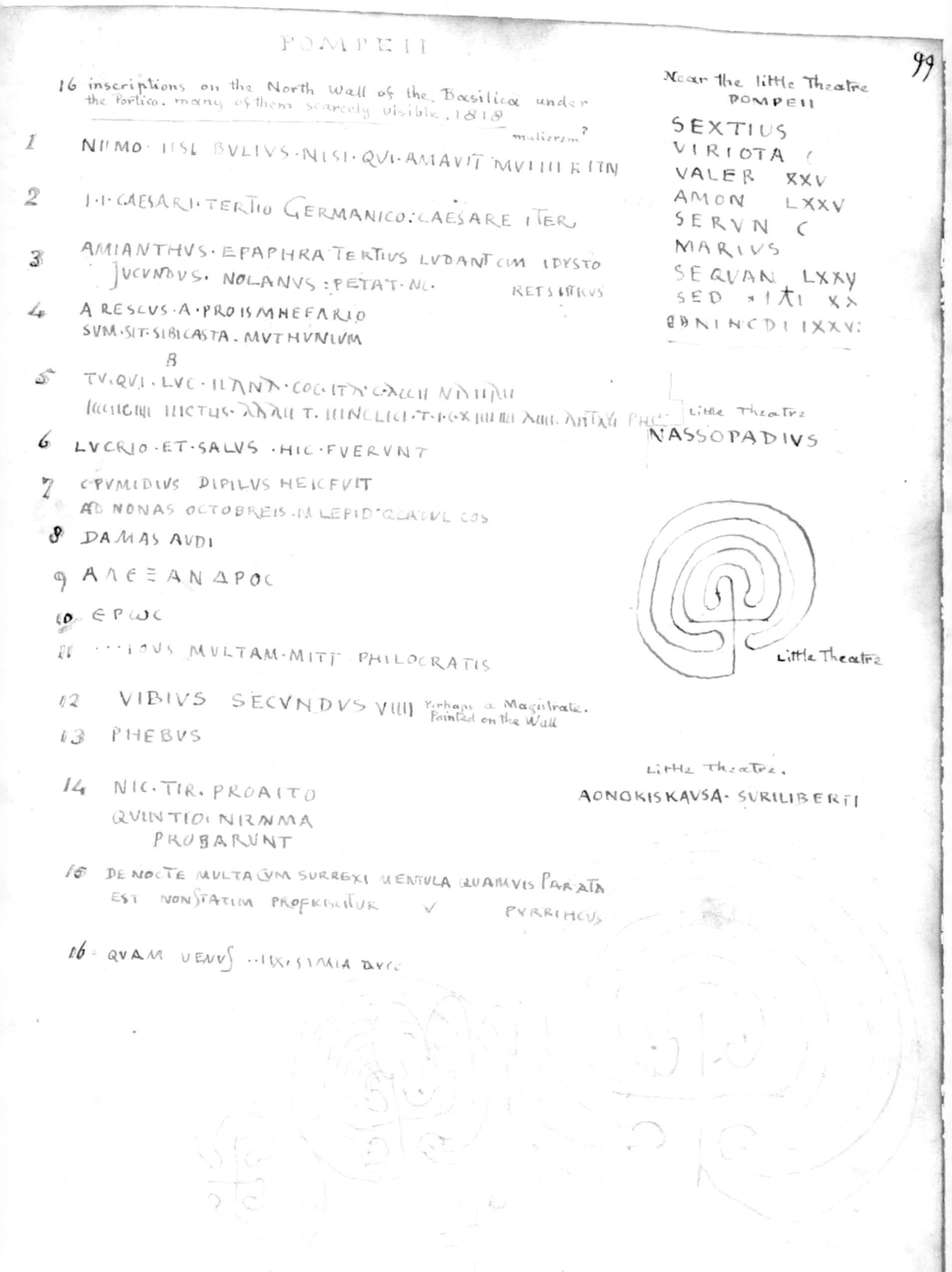

Fig. 10. Page d'un carnet de croquis de William Gell conservé à la Bibliothèque de l'INHA – Ms. 180 (2), 99. Bibliothèque numérique de l'INHA.

Fig. 11. Plan du theatrum tectum *de Pompéi relevé par F. Mazois. F. Mazois et al. Les ruines de Pompéi. Quatrième partie, Paris, Diderot, 1838, pl. XXVIII.*

Ces trois graffitis nous semblent donc avoir pu mêler l'image du labyrinthe et celle du théâtre, jouant à deux niveaux avec des architectures "fictives" – celle, mythique, du labyrinthe, et celle, représentée, d'un théâtre voire des théâtres en général – qu'ils mettaient en résonance. Nous chercherons dès lors à explorer les implications sémantiques de cette association après un détour indispensable par l'imaginaire romain du labyrinthe.

Le labyrinthe "crétois" dans l'imaginaire romain : du mythe à l'ornement, une image en mouvement

La littérature sur le thème du labyrinthe et de ses représentations iconographiques est aussi infinie et vertigineuse que le mouvement d'un doigt qui suivrait le fil du premier graffiti que nous venons de présenter. Les sources sur ce thème sont à la fois nombreuses, dispersées et d'interprétation délicate. Même en se concentrant sur les images correspondant à la typologie mise en œuvre ici – celle du labyrinthe de type "crétois"[19] – on observe qu'il s'agit d'un motif de portée universelle, attesté dans des contextes chronologiquement, géographiquement et culturellement très éloignés, de la Préhistoire à nos jours. Il n'est pas question ici d'entrer dans le domaine des analyses structuralistes cherchant dans la récurrence de cette figure les constantes rituelles potentiellement liées à des observations

19 Nous nous appuyons sur les distinctions établies par H. Kern dans son ouvrage de synthèse qui constitue un bon point de repère dans toute la littérature sur le sujet : Kern 1982.

astronomiques[20] ou une explication des schémas mythologiques fondamentaux[21]. Il est en revanche nécessaire de revenir sur les valeurs sémantiques du labyrinthe et de son image dans le cadre plus resserré du monde romain auquel appartiennent nos graffitis car c'est dans ce contexte qu'ils furent tracés pour être vus et qu'ils prenaient du sens.

Le schéma du labyrinthe et le cycle mythologique de Cnossos

Pour partir du centre, rappelons que c'est justement à Pompéi que l'on trouve la première preuve directe du lien entre le schéma du labyrinthe de type "crétois" qui nous occupe, le mot "labyrinthe" et le cycle mythologique de Cnossos. On connaît en effet un autre graffiti pompéien, provenant de la maison dite de Marcus Lucretius découverte en 1847 et jouant avec le même motif. Aujourd'hui disparu[22], ce graffiti représentait un labyrinthe de type "crétois" de forme quadrangulaire accompagné d'une légende parfaitement explicite : *Labyrinthus. Hic habitat Minotaurus* (fig. 12).

Fig. 12. Dessin par Filippo Morghen du graffiti observé dans la maison de Marcus Lucretius à Pompéi (IX 3, 5). D'ap. G. Bechi, Relazione degli scavi di Pompei da Agosto 1842 a Gennaio 1852, dans Real Museo Borbonico, XIV, 1852, planche.

Le schéma, qui suit le même principe de composition que les graffitis du théâtre même si leur plan d'ensemble varie, était donc clairement associé, dans la Pompéi de 79 p.C. au plus tard, au cycle mythique. Il constituait bien une représentation commune et reconnue

20 Pour une contribution récente sur ce thème : Obsomer 2003 ; Obsomer 2011.

21 Nous suivons ainsi les incitations à la prudence de F. Frontisi-Ducroux qui a donné un aperçu critique de ce type d'approches dans son ouvrage sur Dédale : Frontisi-Ducroux 1975, 148-149.

22 *CIL*, IV 2331. Voir Sarullo 2008, où l'auteure rappelle qu'il est difficile d'interpréter les motivations de l'auteur de ce graffiti, situé sur un des piliers du péristyle de la domus. Elle réfute l'idée couramment évoquée d'une moquerie d'une personne extérieure à l'égard du propriétaire (le graffiti a été réalisé au cœur de la maison) et suggère plutôt un possible jeu de mots sur le nom de ce dernier. Elle écarte également une référence à la forme architecturale de la maison.

du labyrinthe, cet édifice extraordinaire construit par l'architecte Dédale à Cnossos, à la demande du roi Minos, pour abriter le Minotaure. Celui-ci, mi-homme mi-taureau, fruit des amours illicites de son épouse Pasiphaé, fut tué par Thésée, sorti par la suite sain et sauf du labyrinthe grâce au fil d'Ariane[23]. Des monnaies de Cnossos, datant de l'époque classique à l'époque impériale et ornées du même type de schéma – sous sa forme quadrangulaire comme circulaire – associé à des images évoquant divers éléments du mythe, prouvent d'ailleurs qu'il lui était déjà depuis longtemps associé, même si on n'y trouvait pas encore l'association directe du mot et de l'image (par exemple fig. 13).

a b c

Fig. 13. Monnaies de Cnossos.

a. Monnaie de Cnossos datée du troisième quart du IVe s. a.C. (Staatliche Museen zu Berlin, Münzkabinett, inv. 18216476).

b. Monnaie de Cnossos datée de 110-90 a.C. (Staatliche Museen zu Berlin, Münzkabinett, inv. 18238206).

c. Monnaie de Cnossos frappée sous Auguste (Staatliche Museen zu Berlin, Münzkabinett, inv. 18238206).

23 Pour des récits de ce mythe de date proche de nos graffitis, voir : Diod. 4.76-77 ; Ov., *Ep.*, 10 (lettre d'Ariane à Thésée après qu'il l'a abandonnée sur l'île de Naxos) et Mét., 8.151-235 ; Verg., *Aen.*, 6.14-33 (description de la porte du temple d'Apollon à Cumes, sur laquelle Dédale lui-même aurait représenté plusieurs épisodes du mythe et en particulier le labyrinthe qu'il avait construit) ; Plut., *Thes.*, 15-23.

Les représentations de labyrinthes en mosaïque et l'image de la ville

À l'époque romaine, les autres représentations du labyrinthe[24] apparaissent essentiellement sur des mosaïques, où elles prennent des formes plus variées que le schéma "crétois" classique[25] et présentent des plans circulaires comme quadrangulaires[26]. On y observe de manière récurrente l'association de l'image du labyrinthe avec celle d'une ville fortifiée : le pourtour du labyrinthe est ainsi souvent représenté comme une enceinte en grand appareil pourvue de créneaux, de tours et/ou de portes. Un exemple parmi tant d'autres de ce "raccourci" iconographique créant des labyrinthes-villes ou des villes-labyrinthes[27] provient de la villa de Diomède à Pompéi (fig. 14).

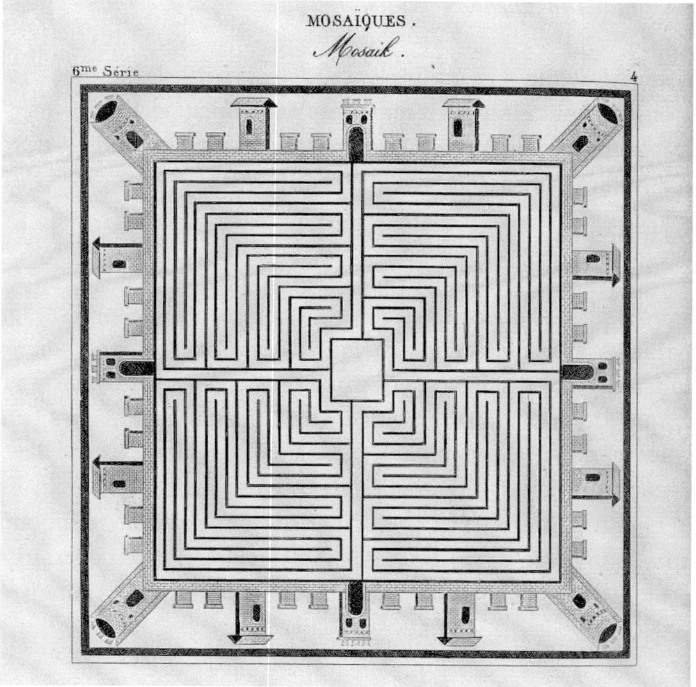

Fig. 14. dessin d'une mosaïque provenant de la villa de Diomède à Pompéi. L. Barré, Herculanum et Pompéi : recueil général des peintures, bronzes, mosaïques, etc., découverts jusqu'à ce jour et reproduits d'après "Le Antichità di Ercolano", "Il Museo Borbonico"... T. 5, 6e série, Paris, Firmin-Didot et Cie, 1861, planche.

24 Pecorella 1961 ; Daszewski 1992.

25 Ces variations formelles n'empêchaient cependant pas la référence au cycle mythique crétois, puisque dans plusieurs cas les divers schémas pouvaient tous être associés à des représentations du Minotaure, de Thésée ou du fil d'Ariane. À Pompéi voir par exemple la mosaïque de la *casa del Labirinto* (VI 11, 10), au centre de laquelle on peut voir la lutte de Thésée avec le Minotaure sous le regard de quelques spectateurs.

26 Le thème de la représentation du labyrinthe dans les mosaïques romaines a été traité à de multiples reprises : Gauckler 1904 ; Marec 1962 ; Daszewski 1977 ; Slim 1980 ; Kern 1982, 113-138 ; Dareggi 1992 ; Philipps 1992 ; Molholt 2011.

27 Sur l'utilisation du labyrinthe comme symbole de l'image urbaine dans l'Antiquité grecque et romaine comme à d'autres périodes, voir : Cordano 1980 ; Kern 1982, 29 ; Colonnese 2001.

Ce motif ornemental était tellement familier dans le répertoire des mosaïstes et dans le décor des maisons romaines qu'au dernier siècle de l'existence de Pompéi, lorsque, dans un chapitre sur les merveilles du monde consacré aux labyrinthes et ouvert par celui d'Égypte, Pline l'Ancien voulait évoquer le labyrinthe de Dédale à Cnossos, il en comparait le plan aux pavements bien connus de ses lecteurs.

Hinc utique sumpsisse Daedalum exemplar eius labyrinthi quem fecit in Creta non est dubium, sed centesimam tantum portionem eius imitatum, quae itinerum ambages occursusque ac recursus inexplicabiles continet, non – ut in pauimentis puerorumue ludicris campestribus uidemus – breui lacinia milia passuum plura ambulationis continentem, sed crebris foribus inditis ad fallendos occursus redeundumque in errores eosdem[28].

Cette remarque de Pline met en lumière une des particularités des images romaines de labyrinthes qui étaient visiblement marquées par l'unicité des parcours. Dans le même temps, l'auteur exprimait bien le décalage alors ressenti avec les notions d'égarement et de désorientation pourtant aussi associés à l'idée du labyrinthe crétois.

Le labyrinthe et le *lusus Troiae*

Après les mosaïques, le second terme de la comparaison mobilisée par Pline pour décrire les labyrinthes à parcours unique (*ut in pauimentis puerorumue ludicris campestribus uidemus*) est tout aussi intéressant : il s'agit d'une allusion au *lusus Troiae*[29], parade équestre à valeur initiatique et purificatoire, exécutée par les jeunes garçons des familles nobles à l'occasion de diverses cérémonies publiques (funérailles, fondations de villes, dédicaces de monuments) et dont on faisait alors remonter l'origine aux fondateurs troyens de Rome. Virgile avait en effet fixé ainsi le récit étiologique de cette pratique traditionnelle ressentie comme ancienne[30] et remise à l'honneur à la fin de la République puis sous Auguste. Or le grand poète avait aussi déjà associé dans ses vers l'effet visuel de ces parades avec l'idée du labyrinthe crétois :

Vt quondam Creta fertur Labyrinthus in alta
parietibus textum caecis iter ancipitemque
mille uiis habuisse dolum, qua signa sequendi
frangeret indeprensus et inremeabilis error :

28 Plin., *Nat.*, 36.85 : "De toute façon, il n'est pas douteux que Dédale n'ait pris là le modèle du labyrinthe qu'il fit en Crète, mais il ne le reproduisit que réduit au centième, réédition dans laquelle inextricables sont les détours, les allers et les retours des chemins ; ce n'est pas que, comme nous le représentent des dallages ou des jeux d'enfants au Champ de Mars, il contienne sur une surface restreinte un itinéraire de plusieurs milliers de pas, mais de nombreuses portes y sont aménagées pour tromper la marche et faire toujours revenir dans les mêmes circuits." Texte établi par J. André et traduit par R. Bloch, Paris, Belles Lettres, 1981.

29 Toutain 1912 ; Schneider 1927 ; Capdeville 1993, 167-170; *Thesaurus Cultus et Rituum antiquorum* II, 59, 81 ; Obsomer 2011, 199-200.

30 Verg., *Aen.*, 5.545-602.

haud alio Teucrum nati uestigia cursu
impediunt texuntque fugas et proelia ludo,
delphinum similes qui per maria umida nando
Carpathium Libycumque secant luduntque per undas[31].

Ainsi, pour résumer, d'après les sources conservées, les images du labyrinthe étaient bien associées, au début de l'Empire en tout cas, au mythe crétois. En outre, le labyrinthe était alors également directement lié, dans l'imaginaire visuel et littéraire, à la fois à l'idée de ville et aux évolutions des carrousels du *lusus Troiae*.

Si nous suivons les méandres de cet imaginaire en nous laissant guider par les textes et les images, nous nous retrouvons à nouveau au centre de notre enquête : à Pompéi. En effet, outre l'image du labyrinthe, Virgile proposait un second point de comparaison visuelle pour le *lusus Troiae* : il l'associait aux évolutions aquatiques des dauphins[32]. Or, un Pompéien anonyme pourrait avoir également exprimé, sur la façade d'une des maisons de la ville, l'analogie visuelle entre des parades équestres similaires et les ondulations animales d'un serpent – comparables à celles des dauphins – par le biais d'un étonnant graffiti[33] qu'Apollinaire aurait qualifié de calligramme (fig. 15).

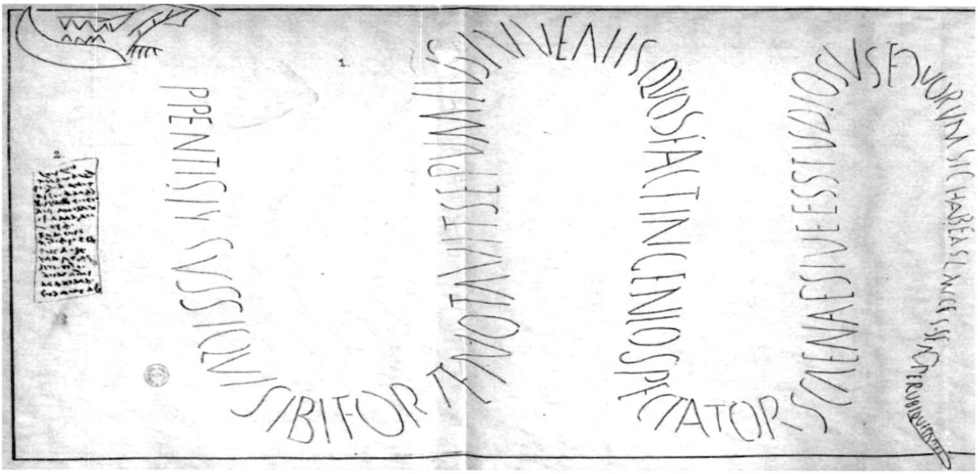

Fig. 15. Graffiti de Pompéi représentant un lusus serpentis. *D'ap. Garrucci 1854, pl. VI, 1.*

31 Voir les vers 588-593 : "Jadis, raconte-t-on, dans la Crète montagneuse, le Labyrinthe déroulait ses passages recouverts de parois aveugles, piège d'incertitude aux mille itinéraires où l'erreur insaisissable et irrémédiable abolissait tout repère du bon chemin. Pareillement, les rejetons des Troyens enchevêtrent leurs courses et tissent par jeu attaques et fuites, semblables aux dauphins qui, dans les flots humides, fendent à la nage les mers égéenne ou libyque en se jouant parmi les ondes." (Trad. P. Veyne, Paris, Albin Michel, Belles Lettres, 2012).

32 Sur l'origine peut-être homérique de cette image : Capdeville 1988.

33 *CIL*, IV 1595 : [*Ser*]*pentis lusus si quis ibi forte notauit, Sepumius iuuenis quos fac*(*i*)*t ingenio, spectator scaenae sive es studiosus e*[*q*]*uorum : sic habeas* [*lanc*]*es se*[*mp*]*er ubiq*[*ue pares*].
Nous lisons *si quis ibi* plutôt que *si qui sibi* proposé par les éditeurs du *CIL*. Et nous traduisons ainsi : "Si jamais quelqu'un a prêté attention ici aux 'jeux du serpent' que le *juvenis* Sepumius exécute avec talent, que tu sois spectateur de théâtre ou amateur de chevaux : qu'ainsi la fortune te soit toujours égale."

Cette épigramme, composée de deux distiques élégiaques et qui jouait à la fois sur le contenu, la forme et la sonorité du texte[34], a incité à penser qu'il existait à Pompéi des parades équestres proches du *lusus Troiae*, dans lesquelles s'illustraient des *iuvenes* dont les mouvements à cheval formaient des sinuosités admirables[35], comparables – d'après le faisceau de sources que nous venons de présenter – à la fois à des mouvements animaux et aux méandres d'un labyrinthe. Un autre graffiti inscrit sur la paroi nord du couloir des théâtres[36], daté de 37 a.C.[37], comporte par ailleurs des termes techniques de cavalerie, *centuria* et *turma*[38] ; or ceux-ci s'appliquent également au *lusus Troiae* et ont été interprétés comme des preuves de l'existence d'une version locale de ce jeu à Pompéi[39].

Les liens ainsi établis entre le schéma du labyrinthe et les parades équestres du *lusus Troiae* pourraient encore sembler ténus et purement littéraires. Ils sont cependant consolidés par le témoignage d'un document iconographique antérieur, largement commenté, l'*oinochoé* de Tragliatella[40] (fig. 16a). Sur le décor incisé qui se développe en quatre registres sur ce vase étrusque[41] (fig. 16b), on observe, dans la partie centrale, une procession de jeunes hommes imberbes armés, à pied et à cheval. Or le dernier des cavaliers semble sortir d'un labyrinthe semi-circulaire de type "crétois" à l'intérieur duquel est inscrit le mot *truia*.

Il nous est impossible de revenir ici sur les interprétations nombreuses et diverses du décor de cet objet[42], mais il semble désormais acquis – d'après l'allure des jeunes gens, la présence du labyrinthe et l'utilisation d'un terme très proche (*truia*/*Troia*) – qu'il représente une parade comparable à celle du *lusus Troiae*, dont elle constituerait un antécédent. On y retrouve la même association, à la fois visuelle et conceptuelle, entre un défilé de jeunes gens, dont certains à cheval, et le labyrinthe[43]. Selon les interprétations, ces éléments peuvent être associés également au mythe de Cnossos ou à la ville de Troie dont le labyrinthe pourrait

34 Milnor 2014, 26-27.

35 Della Corte 1924, 30-31 ; Schneider 1927, col. 2064.

36 *CIL*, IV 2437. *C. Aeliius Astragalus / curator / fuit IV non. dec. usce ad / VI eid. dec. M. Agrip(pa) T. Stat(ilio) cos / Ce(ntu)ria C. Iuli Heleni Turma / C. Iuli Hilari.*

37 Roddaz 1984, 91, n. 29.

38 Ces termes ont pu être interprétés comme relevant strictement du domaine militaire, voir Castrén 1975, 96, 130 et 179.

39 Della Corte 1924, 32-33 ; Taylor 1924, 163-166 ; pour les attestations des activités des *iuvenes* à Pompéi, d'abord autour du forum triangulaire, de la palestre samnite, et du quadriportique des théâtres puis dans la "grande palestre", véritable campus, voir Borlenghi 2011, 217-226. C'est la récurrence d'inscriptions provenant de ce campus et évoquant des *centuriae* selon le formulaire *c(enturia/ enturionis)* + génitif d'un nom (voir 225) qui nous incite à suivre les interprétations du graffiti *CIL*, IV 2437 dans le cadre de la *iuventus* plutôt que celle qui le place dans un cadre purement militaire.

40 Roma, Palazzo dei Conservatori, sala del Camino (inv. 358).

41 Helbig 1881.

42 Le labyrinthe y fut tantôt interprété comme un élément purement décoratif : Helbig 1881, 67 ; tantôt comme une représentation de la ville de Troie : Deecke 1881, 160 ; cf Cordano 1980, 7 ; ou encore comme le labyrinthe de Cnossos, le reste du décor se rattachant alors aux aventures de Thésée, qui n'étaient pas sans lien avec le *lusus Troiae* : Albanesi 1992.

43 Cette association se retrouve ailleurs encore. Sur le *choros* d'Ariane (piste de danse ou image de la danse ?) dont Dédale, l'architecte du labyrinthe, était l'auteur d'après Homère, voir Frontisi-Ducroux 1975, 135-136. Sur la "danse de la grue" instaurée par Thésée lors de son passage à Délos de retour de Cnossos et comparée par Plutarque à un labyrinthe : *ibid.*, p. 145-147.

*Fig. 16a. Photographie de l'*oinochoé *de Tragliatella, d'ap. Albanesi 1992.*

*Fig. 16b. Dessins du décor de l'*oinochoé *de Tragliatella, d'ap. Small, The Tragliatella* oinochoe, *dans Rőmische Mitteilungen des deutschen archäologischen Instituts, 93, 1986, 63-96.*

être, selon certains, une représentation symbolique. D'autres préfèrent rattacher le terme *truia* qui apparaît sur le vase, – et qui pourrait être linguistiquement à l'origine du nom du *lusus Troiae* – à *truare* qui désignerait des mouvements, notamment circulaires, et dont des composés furent par exemple utilisés pour décrire les danses des Saliens[44]. Le rattachement du jeu à la ville de Troie serait alors une re-sémantisation opérée, ou du moins fixée, par Virgile, ce qui paraît très plausible.

Comme l'ont bien souligné J. Scheid et J. Svenbro, c'est justement dans ce type de jeux sur les mots que se créaient et s'étoffaient les mythes dans l'Antiquité. Or ils ont aussi noté que le terme *troia* pouvait être apparenté à l'idée de trame dont ils retrouvent également le champ lexical dans la description virgilienne du labyrinthe et du *lusus Troiae*. Le labyrinthe, comme son expression en mouvement qu'était le *lusus Troiae*, étaient donc aussi, selon ces deux auteurs, des incarnations du "tissage politique" romain, qui mêlait trame et chaîne et devait garantir l'unité du corps social contre les déchirements de possibles guerres civiles[45].

Il n'est sans doute pas possible aujourd'hui de déterminer définitivement et sans hésitation la signification du décor de l'*oinochoé* de Tragliatella ni d'assurer quelles étaient les valeurs symboliques du labyrinthe dans ce cadre. Mais c'est peut-être justement dans l'épaisseur lexicale des termes et dans la polyvalence symbolique des images que résidaient tout leur intérêt et leur valeur proprement mythique et que s'explique leur longévité. Sur ce vase, comme de manière plus générale, le labyrinthe pourrait avoir incarné tout à la fois l'idée d'un mouvement, d'une chorégraphie, et celle d'une ville, d'une cité, dans ses aspects tant monumentaux que sociaux.

Pour conclure sur l'imaginaire des labyrinthes à l'époque romaine, retenons donc qu'ils étaient traditionnellement associés à des images de villes et qu'ils servaient aussi à décrire ou représenter des parades équestres dont les mouvements en méandres frappaient les spectateurs par leur complexité et leur fluidité. Des documents tirés du contexte pompéien attestent la valeur de ces comparaisons dans ce cadre précis. Enfin, des analyses mythologiques suggèrent que la valeur du labyrinthe comme symbole pourrait avoir été liée à l'idée de tissage et plus particulièrement de trame, incarnation notamment du tissu social et politique de la cité.

Des théâtres-labyrinthes ? Explications possibles d'une image d'architecture concentrée

Dès lors, si l'on accepte notre hypothèse de départ reconnaissant dans les trois graffitis du couloir des théâtres non seulement des labyrinthes mais aussi des évocations d'un édifice théâtral, on peut explorer les implications de ce nouvel hybride. Associer l'image du théâtre à celle du labyrinthe conduisait en effet, par transitivité, à mettre en écho l'image du théâtre avec celle des parades équestres et avec celle la ville. Or, ces nouvelles associations ne sont pas du tout aberrantes si on tient compte de l'importance des fonctions urbaines des théâtres

44 Schneider 1927 col. 2059-2060 ; Capdeville 1993, 169.

45 Scheid & Svenbro 1994, 49-58 (sur le *lusus Troiae*) ; 109-112 (sur le labyrinthe et le mythe de Thésée).

dans les villes romaines[46] : essayons d'en préciser les enjeux en nous en tenant au contexte pompéien.

Des labyrinthes non "labyrinthiques"

Pour commencer, il ne nous semble pas pertinent de voir ces labyrinthes comme une évocation de la désorientation des spectateurs[47] ou du "dédale des accès"[48] aux théâtres. En premier lieu, la comparaison formelle ne serait que faible, les accès aux théâtres de Pompéi n'étant que très peu marqués par la forme concentrique et ne présentant pas vraiment un caractère "labyrinthique". Plus fondamentalement, s'il y avait bien une notion d'errance et de désorientation attachée à l'idée de labyrinthe, comme le soulignent par exemple les quelques textes que nous avons cités, cet aspect était justement seulement très indirectement incarné par l'image du labyrinthe de type "crétois", qui montrait au contraire un parcours unique et sans impasse vers le centre. Comme nous l'avons rappelé, Pline l'Ancien avait d'ailleurs insisté sur cette particularité des images de labyrinthes.

Des images évocatrices fondées sur un écho visuel

Nous reconnaissons plus volontiers dans ces trois graffitis une image évocatrice faisant appel avant tout à l'expérience visuelle des passants / spectateurs et suggérant un rapprochement, dans un premier temps purement formel, entre théâtres et labyrinthes, appuyé sur la forme générale semi-circulaire de l'édifice, sur l'aspect concentrique des gradins et potentiellement aussi sur certaines particularités architecturales du *theatrum tectum* de Pompéi déjà évoquées plus haut.

Plusieurs sources extrinsèques confirment à nos yeux la validité, dans l'Antiquité, de cette association d'idées par le biais de la forme entre labyrinthes et édifices de spectacles. Il s'agit de trois documents chronologiquement très divers mais, comme les formes architecturales de cette catégorie d'édifices ainsi que celles des représentations du labyrinthe montrent une certaine homogénéité dans le temps, cet éloignement temporel ne nous semble pas rédhibitoire.

Le premier document provient du contexte pompéien et nous intéresse donc directement. Il s'agit d'un petit tableau carré extrait d'une peinture murale pompéienne et conservé au *British Museum*[49]. Il représente la chute d'Icare (fig. 17).

46 Thème abordé et approfondi dans notre thèse : Letellier 2015.

47 Langner 2001, 31.

48 Barbet & Fuchs 2008, 37.

49 Inv. 1867,0508.1355. Ce petit tableau de 32 centimètres de côté avait un pendant qui représentait Ulysse et les sirènes. Il appartenait à la collection du comte de Blacas avant d'être acheté par le British Museum et provient de Pompéi sans qu'on puisse préciser de quelle maison. Voir Hinks 1933 n. 28, 15-16 et pl. XII.

Fig. 17. Peinture de Pompéi représentant la chute d'Icare. Londres, British Museum, inv. 1867,0508.1355.

Sur un fond maritime encadré par deux éléments paysagers peuplés de plusieurs figures au premier plan, on reconnaît, au centre, Dédale en plein vol, muni de ses ailes artificielles, assistant à la chute de son fils Icare dans la mer[50]. En haut à gauche du tableau, à l'arrière-plan, une ville vue à "vol d'oiseau" est très simplement esquissée à l'aide de traits de pinceau blancs. On y distingue en premier lieu une enceinte munie de tours et de créneaux, ouverte par une porte monumentale à une baie en arc. À l'intérieur, plusieurs édifices sont seulement suggérés par de petits quadrilatères blancs tandis qu'un vaste édifice circulaire occupe le centre de l'espace urbain visible. Il est habituellement interprété comme un amphithéâtre[51] : de fait, la vue plongeante fait apparaître un espace central plan et ovale, possible arène, entourée d'éléments cunéiformes concentriques pouvant très bien correspondre à des secteurs de gradins. Une comparaison avec la célèbre représentation peinte de l'affrontement entre partisans de Pompéi et de Nocera dans l'amphithéâtre de Pompéi[52] confirme cette interprétation naturelle. Bien sûr, la ville représentée en arrière-plan n'est qu'une esquisse destinée à offrir un cadre paysager pittoresque à l'épisode mythologique représenté au centre du tableau et elle ne saurait être comprise comme la représentation réaliste d'une ville en particulier, qu'il s'agisse de Pompéi, où se trouvait la peinture[53], ou bien

50 Voir par exemple le récit de cet épisode dans Ov., *Met.,* 8.183-235.

51 Hinks 1933, 15 ; Dawson 1944 n. 58, 109.

52 Museo archeologico nazionale di Napoli, inv. 112222.

53 Pour une interprétation "réaliste" de ce type : Dawson 1944, 121.

de Cnossos, la ville du mythe[54]. Cependant, on retrouve le même type d'image urbaine en arrière-plan dans plusieurs représentations du même épisode[55] et cette ville pourrait donc avoir tout de même eu un rôle sémantique dans la narration mythologique figurée suivant des schémas récurrents. Dans ce cas, elle rappelait sans doute le lieu de l'envol des deux hommes-oiseaux : Cnossos, où Minos, selon certaines versions du mythe, les avait retenus prisonniers dans le Labyrinthe après les trahisons de Dédale en faveur de Pasiphaé puis d'Ariane[56]. C. Obsomer a montré que, depuis Sophocle au moins, on pouvait se représenter le labyrinthe comme un édifice "à ciel ouvert", ce qui aurait permis cette fuite[57]. Sur la peinture qui nous intéresse ici, le bâtiment clos mais sans toit, central et étonnamment détaillé au sein du paysage urbain en comparaison avec les autres éléments, pourrait alors évoquer non seulement un amphithéâtre – qui pouvait certes caractériser de manière générale l'image d'une ville dans l'imaginaire romain – mais aussi le Labyrinthe lui-même – chef-d'œuvre de l'architecte protagoniste. Le peintre pourrait à notre sens avoir combiné ici les deux référents dans une forme symbolique ramassée et efficace.

Si l'on accepte de faire avec nous un bond de quelques siècles, on pourra constater que l'association conceptuelle entre édifices de spectacles et labyrinthes n'était pas étrangère à la pensée antique, jusqu'à la fin de cette période.

Au début du VIIe s. p.C., dans le livre XV de ses *Étymologies* intitulé "Les constructions et les terres", Isidore de Séville proposait, à travers l'enchaînement des termes abordés, une sorte de géographie idéale, passant de l'échelle de l'*orbis terrarum* à celle de la cité puis de la campagne. J-Y. Guillaumin et P. Monat, éditeurs du texte[58], ont souligné comment la composition de ce traité[59] avait été conçue pour faire apparaître la construction d'un modèle théorique de cité et de paysage urbain, "une *Vrbs* idéale qui emprunte certains de ses traits à Rome, mais qui dépasse Rome elle-même"[60]. Or dans le chapitre 2 de ce livre, consacré aux édifices publics, pour tracer les contours de cette ville idéale, Isidore décrivait tout d'abord les infrastructures urbaines (murs, portes, voiries, égouts, 17-26), puis les lieux de la politique (forum, curie, prétoire, 27-29), de la formation (gymnases, 30) et le centre de la ville, l'*arx* (31). Il en venait ensuite aux différents types d'édifices de spectacles : cirque, théâtre et amphithéâtre (33-35) et poursuivait comme naturellement son "parcours" par l'évocation du labyrinthe de Dédale et des autres labyrinthes (36) avant de passer aux phares, colonnes, thermes, boutiques, marchés, prisons (37-45). Dans cette énumération, l'évocation des labyrinthes – qu'il s'agisse de l'édifice mythique ou des quatre autres édifices extraordinaires portant ce nom et dont il donne la liste d'après Pline – fait figure d'étrangeté

54 Le même auteur s'appuie sur un raisonnement "réaliste" similaire, appuyé cette fois sur "l'appareil régulier de la ville suggérant un prototype hellénistique", pour reconnaître la ville de Cnossos en arrière-plan d'une autre représentation pompéienne de la même scène : Dawson 1944 n. 39, 99.

55 Dawson 1944, 119-122 (et n. 9, 21, 39, 58) ; Nyenhuis 1986 (n. 34, 38, 42).

56 Frontisi-Ducroux 1975, 151 ; sur les versions faisant du labyrinthe lui-même la prison de laquelle les deux hommes s'échappent : Obsomer 2003, 153-154.

57 Obsomer 2003, 153-154 et 185.

58 Besançon, Presses Universitaires de Franche-Comté, 2004.

59 "L'ordonnance des chapitres est fort loin d'obéir au hasard. Elle procède au contraire d'une volonté d'organisation très perceptible, condition d'un équilibre d'ensemble recherché avec obstination", VIII.

60 IX de l'introduction.

au sein du paysage urbain qui se dessine au fil du texte. Il ne s'agit en effet en aucun cas, à l'inverse de tous les autres lieux mentionnés, d'édifices publics communs et caractéristiques de la parure des villes antiques[61]. Cette étrangeté ne peut s'expliquer à notre avis que par la force de l'analogie formelle et visuelle entre édifices de spectacles et labyrinthes. De fait, la description de l'amphithéâtre et du théâtre insiste beaucoup sur leur forme :

Amphitheatrum uero uocatum quod ex duobus sit theatris compositum. Nam amphitheatrum rotundum est, theatrum uero ex medio amphitheatro est, semicirculi figuram habens[62].

Suit une évocation du Labyrinthe, qui reprend les termes d'un commentaire de Servius à l'*Énéide*.

Labyrinthus est perplexis parietibus aedificium, qualis est apud Cretam a Daedalo factus[63].

Cette évocation part d'une description architecturale très vague mais bien visuelle et semble arriver dans le développement du texte comme par association d'idée. Le lien entre les édifices de spectacles et le labyrinthe ne se fait à notre avis que par le biais de la forme courbe et concentrique qu'on lui connaît d'après les représentations iconographiques ou les comparaisons littéraires déjà évoquées. Cette forme est sans doute sous-entendue ici dans les sinuosités des *perplexis parietibus*[64].

Un dernier document d'époque byzantine apporte pour finir une confirmation explicite de l'écho visuel que nous avons reconnu entre les deux formes[65]. Il s'agit d'une scholie au *Protreptique* de Clément d'Alexandrie, maître chrétien auteur de plusieurs ouvrages adressés à un public impérial de culture grecque à la fin du IIe ou au début du IIIe s. p.C. Elle apparaît sur un manuscrit du *Protreptique* copié par Baanès pour l'archevêque de Césarée de Cappadoce, Arethas, en 913-914 p.C.[66]. Selon les spécialistes, les scholies du manuscrit de Baanès proviennent d'un modèle qui pourrait être l'œuvre d'un grammairien chrétien du Ve s. p.C. [67] : ce témoignage très tardif reflète donc une conception plus ancienne.

61 Tous apparaissent par exemple quelques siècles plus tôt dans le traité de Vitruve, où il n'est en revanche pas une seule fois question de labyrinthe.

62 Isid., *Orig.*, 15.2.35 : "Quant à l'amphithéâtre, il est ainsi appelé parce qu'il est composé de deux théâtres. Car l'amphithéâtre est circulaire, tandis que le théâtre est constitué de la moitié d'un amphithéâtre et a la forme d'un demi-cercle." Texte établi et traduit par J.-Y. Guillaumin et P. Monat, Besançon, Presses universitaires de Franche-Comté, 2004.

63 Isid., *Orig.*, 15.2.36 : "Le labyrinthe est un édifice aux murs enchevêtrés, comme celui qui fut construit en Crète par Dédale…" Texte établi et traduit par J.-Y. Guillaumin et P. Monat, Besançon, Presses universitaires de Franche-Comté, 2004.

64 C'est le même type d'associations d'idées, à la fois conceptuelles et purement visuelles, qui fit sans doute ensuite passer Isidore, sur le thème des constructions extraordinaires, des labyrinthes au Phare, puis par le biais de la forme en tour, des phares aux colonnes.

65 Nous remercions J.-C. Moretti de nous avoir signalé ce texte.

66 Paris, BnF, gr. 451 (sigle *P*).

67 Voir l'édition d'O. Stählin dans la collection "Griechischen christlichen Schriftsteller der ersten drei Jahrhunderte" (Leipzig, J.C. Hinrichs, 1905), XXIII.

À propos du terme λαβύρινθοι employé par Clément d'Alexandrie dans une énumération de monuments funéraires païens[68], on peut lire :

> Λαβύρινθοι : Λαβύρινθος ἔργον μὲν ἦν Δαιδάλου, θεατροειδὲς δὲ καὶ πολυέλικτον σχῆμα, ἀδιεξόδευτον τοῖς ἀπείροις, ἐν ᾧ καθεῖρκτο ὁ Μινώταυρος, θηρίον τι διφυές, ἐξ ἀνθρώπου καὶ βοὸς γεγονός, ὥς φασι, Πασιφάης καὶ Διός[69].

À l'époque de cette scholie, donc dès le ve s. p.C. probablement, il semblait nécessaire de rappeler au lecteur la légende de Dédale et du Minotaure, à l'origine du nom du labyrinthe, qui qualifiait alors d'autres bâtiments dont des tombeaux. Or on observe, dans ce rappel de la légende, l'usage de la métaphore théâtrale, lexicalisée dans l'adjectif θεατροειδὲς, qui rapproche sans ambiguïté le labyrinthe et le théâtre[70] pour suggérer la forme du premier. C'est bien sur un plan visuel (-ειδὲς, σχῆμα) que s'établit la comparaison. En outre, le parallélisme établi avec l'adjectif πολυέλικτον, qui évoque une forme sinueuse faite de nombreux (πολυ-) replis (ἕλιξ) rappelle les *perplexis parietibus* d'Isidore et correspond bien aux schémas iconographiques qui nous occupent.

Ces trois documents sont certes chronologiquement et géographiquement dispersés mais ils font tous appel à des images "idéales" et partagées de monuments et de paysages urbains romains marqués par une indéniable homogénéité à travers le temps et l'espace. Nous y voyons de nouveaux arguments en faveur de notre hypothèse d'un écho visuel assez direct et effectif dans l'Antiquité entre l'image du labyrinthe et celle des théâtres. C'est sans doute une des explications possibles de l'efficacité de nos graffitis dans leur contexte.

Graffitis ludiques et architectures en mouvements

Dans un deuxième temps, le médium du graffiti gravé sur un mur peint nous semble particulièrement bien adapté à l'expression d'une caractéristique fondamentale de l'image du labyrinthe. Plus que d'une forme géométrique globale ou d'un plan précis, comme le montre la variété de ses représentations, le labyrinthe était bien l'image d'un parcours, d'une "expérience de l'espace"[71], d'un mouvement dynamique vers le centre ou depuis le centre, que le tracé en un seul trait incarne très bien.

Les études sur les graffitis figurés ont mis en valeur un fonctionnement souvent ludique[72], auquel correspond à notre avis la répétition dans le même couloir du schéma qui

68 Clem. Al., *Protr.*, 49.3 (texte établi par M. Marcovich, Brill, Leyde-New-York-Cologne, 1995, 76). Pour les interprétations funéraires du labyrinthe dans l'Antiquité, voir Plin., *Nat.*, 36.84.

69 208 dans l'édition de M. Marcovich. Nous proposons la traduction suivante : "labyrinthes : le labyrinthe était l'œuvre de Dédale ; il avait un plan en forme de théâtre et en spirale, sans issue pour quiconque n'en avait connaissance ; c'est là qu'était enfermé le Minotaure, un monstre hybride tenant à la fois de l'homme et du bœuf, né, selon la légende, de Pasiphaé et de Zeus."

70 L'usage de cette métaphore confirme bien que la scholie date d'une époque où l'on visualisait bien ce qu'était un théâtre, ce qui est plus plausible pour le ve s. p.C. que pour le xe s. p.C.

71 Molholt 2011, 288.

72 Langner 2001, 79-84.

nous occupe ici. Nous pensons aussi que ces graffitis se prêtaient bien à être suivis du doigt, comme un jeu, par ceux qui les observeraient en tentant de comprendre leur composition[73]. Il s'agit bien sûr de graffitis spontanés et non de dispositifs spécifiques soignés comme pouvait l'être par exemple le labyrinthe digital gravé sur un des piliers de la façade de la cathédrale de Lucques[74], qui put servir aux fidèles à exécuter "en miniature" le parcours de pénitence qu'on avait coutume d'effectuer en cheminant sur les labyrinthes qui ornaient le pavement de nombreuses églises médiévales, à l'instar de ceux des cathédrales de Reims[75] ou de Chartres[76]. On connaît d'ailleurs à Chartres, outre le fameux pavement, un petit graffiti inachevé gravé dans l'enduit d'un mur à l'intérieur de la cathédrale et reproduisant la forme du labyrinthe du pavement[77]. Les graffitis se distinguent par leur disposition verticale sur des parois, leur petite taille et leur proximité avec le spectateur ; leur tracé "à main levée" sur des surfaces parfois irrégulières pouvait perturber leur composition. Il en résulte une image immédiatement reconnaissable dans sa globalité mais qui appelle un décodage si on essaye de la décomposer ou d'en suivre le parcours, décodage qui peut alors prendre une forme dynamique visuelle voire tactile[78]. Ainsi, même si on n'a aucun témoignage de la réception de ces graffitis dans l'Antiquité ou au Moyen Âge, notre propre expérience d'observation, corroborée par ce que l'on a pu voir dans les carnets de William Gell par exemple, nous incite à reconnaître dans ces graffitis des représentations non seulement d'une forme mais aussi d'un parcours, d'un mouvement qu'il était possible de suivre des yeux ou, plus facilement, du doigt.

Sur un plan sémantique, ce caractère dynamique de l'image architecturale du labyrinthe, renforcé par la nature particulière des graffitis, pourrait être reporté sur l'image du théâtre avec laquelle elle était ici croisée. Il évoquerait alors aussi les circulations du public par exemple ; mais nous avons déjà exprimé notre scepticisme sur l'interprétation jusqu'ici proposée qui voyait dans ces graffitis une représentation du "dédale des accès" au théâtre.

En revanche, l'aspect "en mouvement" de ces images de labyrinthes nous renvoie aussi directement à leur lien attesté avec les démonstrations chorégraphiques ou équestres évoquées plus haut, au premier rang desquelles figure le *lusus Troiae*. On pourrait ne trouver là aucun lien avec le théâtre. Cependant, un dernier retour sur le contexte pompéien nous laisse penser que, sur cet aspect également, il pourrait bien y avoir eu encore une relation de transitivité active entre les connotations des deux éléments, labyrinthe et théâtre.

73 De la même manière, le goût très marqué pour les images de labyrinthes sur des mosaïques s'explique sans doute non seulement par ses qualités décoratives, mais aussi par la possibilité que ce motif offrait de suivre le parcours en marchant pour dépasser son caractère globalement "déroutant" : Molholt 2011.

74 Kern 1982, 230.

75 Historique du labyrinthe détruit de la cathédrale de Reims. URL : http://www.cathedrale-reims.culture.fr/projet-labyrinthe.html (consulté le 1er décembre 2015).

76 Pour un commentaire et un catalogue des labyrinthes d'églises : Kern 1982, 207-241.

77 Geoffrion & Louët 2010.

78 Comme l'a bien exprimé R. Molholt, si les labyrinthes représentés dans l'iconographie antique sont souvent, comme l'avait rappelé Pline, des parcours uniques sans "pièges", la complexité et le caractère intriqué de leur tracé demeurent visuellement "labyrinthiques" et difficiles à suivre ("visual mazes"), Molholt 2011, 290.

Nous avons vu plus haut que divers documents pompéiens ont conduit plusieurs chercheurs, à la suite de M. della Corte, à restituer l'existence d'une version locale du *lusus Troiae* à Pompéi. Or, il nous semble qu'on observe plusieurs indices suggérant qu'il pourrait bien y avoir eu un lien particulier entre les théâtres et ces parades équestres à Pompéi. Premièrement, dans le graffiti en forme de serpent rappelant les talents d'un *iuvenis* au *lusus serpentis*[79], l'apostrophe au passant s'adresse étonnamment non seulement aux amateurs de chevaux (*studiosus equorum*) mais aussi aux spectateurs de théâtre (*spectator scaenae*), suggérant un lien – qu'on a du mal à préciser – entre les parades équestres et le(s) théâtre(s). Deuxièmement, une des attestations d'un possible "jeu de Troie" pompéien est justement un autre graffiti inscrit sur la paroi nord du couloir des théâtres[80]. Ce dernier mentionne l'organisation par un *curator* d'une manifestation impliquant une *centuria* et une *turma*, dirigées chacune par un personnage portant les *tria nomina*[81], du 4 des nones au 6 des ides de décembre, soit du 4 au 8 décembre de l'année 37 a.C. Or on retrouve justement la même date dans un graffiti de la palestre, aujourd'hui interprétée comme un *campus*, lieu de rassemblement des *iuvenes*. Ce graffiti évoque, lui, explicitement un *ludus*[82].On sait que le *lusus Troiae* pouvait avoir lieu à des dates fixes, même si la question fait débat et qu'il faudrait aussi pouvoir distinguer entre le *lusus Troiae* de Rome et ses versions locales[83]. Enfin, l'ensemble formé par les graffitis du couloir des théâtres se démarque dans le corpus des graffitis figurés pompéiens par une forte accumulation de représentations de chevaux de parade somptueusement harnachés[84] (et non de simples chevaux comme on en trouve habituellement dessinés sur les murs de la ville). On observe donc une accumulation d'indices montrant un lien particulier entre les théâtres ou le quartier des théâtres et des manifestations pompéiennes se rapprochant du *lusus Troiae*. Ce lien pourrait fournir une autre explication du "jeu d'images" sur le "théâtre-labyrinthe".

Tout cela reste bien sûr trop évanescent pour passer des hypothèses aux affirmations, mais il est tout de même intéressant de se pencher sur le cadre historique d'un tel lien, si on admet qu'il puisse avoir existé à Pompéi. On sait que le *lusus Troiae*, remis au goût du jour par Auguste, fut notamment organisé à l'occasion de l'inauguration du théâtre de Marcellus à Rome[85]. Comme il a déjà été établi que les travaux d'aménagement public entrepris par les élites locales pompéiennes sous le règne d'Auguste s'appliquèrent à rappeler symboliquement les entreprises augustéennes de l'*Vrbs*[86], il n'est pas aberrant de penser que les Holconii, évergètes qui financèrent la grande restauration du théâtre autour du changement d'ère, aient pu favoriser l'organisation de parades du même type au moment de l'inauguration du nouveau théâtre de la ville, dans le décor duquel Auguste et son neveu et gendre Marcellus étaient largement honorés[87]. Ce dernier était d'ailleurs qualifié de *patronus* sur une base

79 *CIL*, IV 1595, voir fig. 15.
80 *CIL*, IV 2437, cf supra.
81 *CIL*, IV 2437, voir Della Corte 1924, 32-33 et cf supra.
82 *CIL*, IV 8596b : *Vrbanus / h(i)c lus(it) / VI Idus / Decm(b)rias*. Voir Borlenghi 2011, 225.
83 Voir Toutain 1912, 494 ; Taylor 1924, 164 ; Schneider 1927 col. 2065-2066.
84 Langner 2001 n. 1403-1420.
85 Cassius Dion LIV, 26, cf. Toutain 1912, 494 ; Schneider 1927 col. 2066.
86 Zanker 1987, 316-317 ; D'Arms 1988, 52-53 ; Zanker 1993, 105-111 ; Torelli 1998.
87 Letellier 2015, 455.

installée à l'entrée du forum triangulaire et située sur le parcours d'un des accès principaux au théâtre, or ce terme a plusieurs fois été interprété comme *patronus iuventutis*[88].

Il pourrait donc y avoir eu des liens entre les activités de la jeunesse pompéienne et le quartier des théâtres, notamment pour le type de parades équestres qui nous intéresse ici. Peu d'endroits pourraient techniquement avoir servi de cadre à de telles manifestations dans le quartier des théâtres : peut-être le quadriportique, plus que la longue piste délimitée par un muret sur le côté oriental du forum triangulaire, qui, si elle a pu servir pour des entraînements à la course à pied[89], était peu adaptée à des évolutions équestres. On peut aussi imaginer relativement aisément qu'elles aient pu avoir lieu à proximité de ce quartier, mais à l'extérieur de l'enceinte. On sait aujourd'hui en tout cas qu'après la construction de la palestre sous Auguste, les activités de l'organisation institutionnelle de la jeunesse pompéienne n'avaient plus leur centre de gravité dans le quartier des théâtres et de la palestre samnite, comme cela avait été le cas dans les périodes précédentes, mais dans la nouvelle "grande palestre", vaste *campus* situé à côté de l'amphithéâtre, à l'autre bout de la ville[90]. On peut donc aussi envisager, pour expliquer les indices récurrents précédemment mentionnés, qu'il y ait eu des manifestations théâtrales associées aux parades organisées dans ce *campus*. On pourrait enfin aussi avoir spécifiquement organisé et mis en valeur le transfert des activités de la *iuuentus* à cette époque, depuis le quartier des théâtres vers la nouvelle palestre. Cela aurait alors assez marqué les esprits pour qu'on en laisse une trace sur les murs du couloir des théâtres, qu'elle soit explicite (le graffiti *CIL*, IV 2437, les chevaux de parade) ou implicite (les labyrinthes-théâtres).

Le labyrinthe, architecture fictive et symbole architectural polymorphe

Au-delà du contexte pompéien, le labyrinthe et ses images incarnent particulièrement bien selon nous, dans l'Antiquité comme dans les périodes ultérieures, une certaine vision de l'architecture.

Aborder le labyrinthe par ses représentations figurées nous a obligé à constater un paradoxe : il s'agit d'une image très répandue, aisément reconnaissable et identifiable[91] et pourtant remarquablement polymorphe et insaisissable. Même au sein d'un contexte donné, il existe en effet différents types de représentations du labyrinthe, et même au sein d'une typologie précise, comme le labyrinthe "de type crétois", la forme d'ensemble ou le détail de la composition peuvent varier, sans perturber la référence globale au labyrinthe. Ce caractère fluctuant est dû au fait que le référent lui-même, le labyrinthe du mythe, est une véritable architecture fictive, comme l'a bien analysé F. Frontisi-Ducroux dans son étude sur Dédale : "Lieu énigmatique, à peine matériel, le Labyrinthe de Dédale, loin de se présenter

88 Della Corte 1924, 53 ; Coarelli 2001, 100 (qui reprend cette hypothèse tout en n'écartant pas la possibilité qu'il s'agisse aussi de *princeps coloniae*) ; De Waele *et al.* 2001, 331 ; Borlenghi 2011, 218.

89 Pesando & Guidobaldi 2006, 58, 60.

90 Borlenghi 2011, 217-226.

91 Souvent, comme nous l'avons rappelé, des légendes écrites ou des détails se référant précisément au mythe du Labyrinthe de Cnossos viennent confirmer l'identification spontanée et nous assurent que nous n'imposons pas à des images anciennes un concept purement moderne.

comme un bâtiment, apparaît surtout comme l'expression spatiale de la notion d'aporie, de problème insoluble, de situation particulièrement périlleuse. (...) Tout indique qu'il s'agit d'une forme symbolique sans référent architectural."[92]

Tentant de dépasser ce caractère purement "fictif" – *Dicamus et labyrinthos, uel portentosissimum humani inpedii opus, sed non, ut existimari potest, falsum*[93] – Pline l'Ancien essaya bien de fixer une liste de "labyrinthes" historiques, édifices exceptionnels, prodigieux, clos et dans lesquels les circulations étaient déroutantes. Mais les variations de cette liste selon les sources[94] et le caractère flottant des descriptions associées illustrent encore l'évanescence du type architectural, dont le nom restait premièrement associé au mythe de Cnossos.

Quelle que fût sa forme, l'image du labyrinthe représentait donc avant tout l'œuvre de Dédale, l'architecte par excellence[95]. Elle demeurait donc fondamentalement associée à l'idée de bâtiment, de construction, d'architecture, dont elle offrait alors un symbole particulièrement efficace. C'est sans doute le caractère à la fois univoque et comme vide des représentations de labyrinthes qui leur permettaient de résonner avec de nombreuses autres entités urbaines ou architecturales, selon les formes et selon les contextes.

C'est sans doute ce qui conduisit le plan du labyrinthe de Reims, outre son histoire patrimoniale, à être choisi comme logotype pour signaler la protection d'un édifice au titre des Monuments historiques (fig. 18). Dans le mythe, l'épisode célèbre et si fécond à travers les siècles de l'envol de Dédale avec son fils Icare avait permis aux deux hommes-oiseaux une sortie du labyrinthe devenu prison, édifice essentiellement clos et inintelligible. Or cette prouesse orgueilleuse leur avait, par la même occasion, offert une vision d'ensemble, "à vol d'oiseau", de l'édifice "à ciel ouvert", qui n'était littéralement compréhensible, intelligible, que par une vue d'ensemble et de haut, en plongée oblique ou, mieux, à la verticale. C'est ce qu'incarnent aussi les images de labyrinthes, qui montrent toutes une vue d'ensemble en plan, associée parfois à quelques éléments en perspective ou en vue cavalière (enceintes périphériques ou emblèmes centraux notamment).

92 Frontisi-Ducroux 1975, 143 ; voir aussi Obsomer 2003, 154 ("Athènes semble avoir été, au Ve siècle, le creuset où écrivains et artistes ont donné à l'exploit principal de Thésée, la Minotauromachie, un cadre de plus en plus précis, même s'il apparaît que ce cadre, qui sera désigné désormais sous le nom *Labyrinthe*, relève plus de la fiction qu'il ne se réfère à une réalité archéologique crétoise." L'auteur montre bien comment la conception du labyrinthe comme un bâtiment construit, œuvre de Dédale, est une construction progressive du mythe. Mais à l'époque romaine, qui nous occupe ici, c'est un fait acquis.)

93 Plin., *Nat.*, 36.84 : "Parlons aussi des labyrinthes, catégorie d'ouvrages les plus prodigieux où l'homme ait épuisé ses ressources et dont l'existence n'est pas, comme on pourrait le croire, irréelle." Texte établi par J. André et traduit par R. Bloch, Paris, Belles Lettres, 1981.

94 Kern 1982, 69-85.

95 C'est sans doute la raison première de sa représentation sur le sol de la cathédrale de Reims, que nous connaissons bien grâce à des dessins et descriptions anciennes : dans chacun des quatre angles de ce labyrinthe dont la forme reproduisait le plan au sol des piliers figuraient un des quatre architectes de la cathédrale en train d'exercer son métier. URL : http://www.cathedrale-reims.culture.fr/projet-labyrinthe.html (consulté le 3 décembre 2015).

Fig. 18. Logotype signalant les édifices protégés au titre des Monuments historiques en France.

Évoquer à travers l'image bien connue du labyrinthe l'aventure des "volatiles plumipèdes"[96] qui s'en étaient échappés, c'était donc aussi offrir au spectateur une perspective architecturale peu commune dans l'Antiquité, plutôt familière des points de vue axés et horizontaux. Comme l'a rappelé G. Sauron[97], peu de textes antiques évoquent la conception de vues plongeantes sur les villes ou sur les monuments. C'est plutôt dans le domaine des images qu'on trouve une prédilection pour ce type de perspective, à commencer par les représentations du vol d'Icare dont nous avons parlé plus haut.

Le symbole du labyrinthe était donc un moyen très approprié pour représenter un ensemble à la fois unitaire, complexe et "à ciel ouvert", comme pouvait l'être une ville ou comme pouvait l'être un théâtre. Toutes les représentations antiques de bâtiments théâtraux montrent de fait un effort technique – adapté à chaque fois au support concerné – pour mettre en place une perspective complexe permettant de montrer simultanément différents pans de l'édifice, à la fois courbe et rectiligne[98]. Les graffitis qui nous ont occupées ici en sont encore un exemple, sans doute pas aussi sommaire qu'il pourrait en avoir l'air.

Nous n'oublions pas que ces graffitis furent sans doute tracés par jeu, dans un moment de distraction, d'attente ou de flânerie urbaine dans le couloir des théâtres de Pompéi. Néanmoins ils eurent pour résultat une image profondément polysémique qui s'appuyait sur des constructions culturelles longues et complexes qui imprégnaient les images mentales des citadins antiques.

Conclusion

Ce qu'on avait lu jusqu'ici comme une maladresse dans la reproduction d'un schéma traditionnel de labyrinthe dans quelques graffitis du couloir des théâtres de Pompéi était peut-être un habile et plaisant jeu en image pour évoquer dans un même mouvement labyrinthe et théâtre. Les spectateurs ou les flâneurs auteurs de ces graffitis auraient alors participé à une resémantisation de la façade globalement très neutre du *theatrum tectum* et leurs "gribouillis" répétés étaient peut-être tout à la fois une appropriation familière et badine du lieu et un éloge de la construction, appuyé sur une expérience visuelle commune à tout le public du théâtre.

96 Catul, 55.

97 Sauron 2013.

98 Letellier 2015.

Pour ceux qui auront accepté de nous suivre dans cette interprétation formelle, nous pensons avoir montré toutes les potentialités de cette association originale entre théâtre et labyrinthe, qui est à notre avis une nouvelle facette du lien très riche entre le théâtre et la ville dans le monde romain. Montrer le théâtre comme un labyrinthe, c'était aussi exprimer la richesse de ses ambiguïtés. Tel un labyrinthe, le théâtre romain était un microcosme cohérent, unitaire, clos, séparé de l'extérieur, mais il était aussi un centre[99] ouvert, un lieu de convergence aspirant des flux de spectateurs. Symbole d'*vrbanitas*, il incarnait particulièrement bien l'espace urbain, véritable trame du tissu social tel que l'ont décrypté J. Scheid et J. Svenbro[100] et tel qu'ils l'ont retrouvé dans les descriptions textuelles "tissées" du labyrinthe ou dans les évolutions sinueuses du *lusus Troiae*. C'était un lieu où l'on faisait tenir ensemble, dans une *concordia* bien encadrée, les diverses composantes de la société, hiérarchisées et distinguées dans l'entrelacs des gradins.

Références bibliographiques

Albanesi, M. R. (1992) : "Il fregio dell'oinochœ di Tragliatella", in : Atopon, 1.

Baird, J.A. et Taylor, C., éd. (2011) : *Ancient graffiti in context*, New York-Londres.

Barbet, A. et Fuchs, M., éd. (2008) : *Les murs murmurent : graffitis gallo-romains* (*catalogue de l'exposition créée au Musée romain de Lausanne-Vidy, 2008*), Gollion.

Borlenghi, A. (2011) : *Il campus: organizzazione e funzione di uno spazio pubblico in età romana: le testimonianze in Italia e nelle Province occidentali*, Rome.

Capdeville, G. (1988) : "Virgile, le Labyrinthe et les dauphins", in : Porte, D. et J.-P. Néraudeau, éd., *Res sacrae. Hommages à Henri Le Bonniec*, Bruxelles, 65-82.

— (1993) : "Jeux athlétiques et rituels de fondation", in : *Spectacles sportifs et scéniques dans le monde étrusco-italique. Actes de la Table ronde. Rome, 3-4 mai 1991*, Coll.EFR 172, 1, Rome, 141-187.

Castrén, P. (1975) : *Ordo populusque Pompeianus : polity and society in Roman Pompeii*, Rome.

Coarelli, F. (2001) : "Il Foro Triangolare: decorazione e funzione", in : *Pompei. Scienza e società. Convegno Internazionale per il 250° anniversario degli scavi di Pompei* (*Napoli 25-27 novembre 1998*), Milan, 97-107.

Colonnese, F. (2001) : "Il labirinto come rappresentazione della città", in : Davico *et al.*, éd. (2001) : *Rilievo e Forma vrbana. Il disegno della città. Il disegno dei portici*, Turin, 547-556.

Cordano, F. (1980) : "Il labirinto come simbolo grafico della città", in : *MEFRA*, 92, 1, 7-15.

Curtis R.I., éd. (1988) : *Studia Pompeiana et Classica in honor of Wilhelmina F. Jashemski. Vol. 1 Pompeiana*, New York.

Dareggi, G. (1992) : "I mosaici con raffigurazione del labirinto : una variazione sul tema del 'centro'", in : *MEFRA*, 104, 1, 281-292.

Daremberg, C. et Saglio, E., éd. (1912) : *Dictionnaire des Antiquités grecques et romaines*, Paris.

D'Arms, J. H. (1988) : "Pompeii and Rome in the Augustan age and beyond: the eminence of the *Gens Holconia*", in : Curtis R.I., éd. (1988) : *Studia Pompeiana et Classica in honor of Wilhelmina F. Jashemski. Vol. 1 Pompeiana*, New York, 51-74.

Daszewski, W.A. (1977) : *Nea Paphos II. La mosaïque de Thésée. Études sur les mosaïques avec représentation du labyrinthe, de Thésée et du Minotaure*, Varsovie.

— (1992) : *Labyrinthos*, in : *Lexicon Iconographicum Mythologiae Classicae*, Zürich-München, 175-176.

99 Sur le symbolisme du labyrinthe et son lien avec la ville et le cosmos à travers la notion de centre : Dareggi 1992.

100 Scheid & Svenbro 1994, 44-58 (I, 2 : "Investiture", péplophorie, *lusus Troiae*. Le tissage politique à Rome).

Davico, P., Michi, C., et Opalio, A., éd. (2001) : *Rilievo e Forma vrbana. Il disegno della città. Il disegno dei portici*, Turin.

Dawson, C.M. (1944) : *Romano-Campanian mythological landscape painting*, (*Yale classical studies*, 9), New Haven-Londres.

Deecke, W. (1881) : "Le iscrizioni etrusche del Vaso di Tragliatella", in : *Annali dell' Instituto di corrispondenza archeologica*, 53, 160-168.

Della Corte, M. (1924) : *Iuventus : Un nuovo aspetto della vita pubblica di Pompei finora inesplorato, studiato e ricostruito con la scorta dei relativi documenti epigrafici, topografici, demografici, artistici e religiosi*, Arpino.

Dessales, H. (2000) : "L'archéologie de Pompéi dans les collections de la Bibliothèque d'Art et d'Archéologie, à Paris : relevés inédits d'architectes-voyageurs (1815-1835)", in : *Vues sur la ville : la cité à travers le patrimoine écrit, Actes du colloque, Grenoble, 21 et 22 octobre 1999*, Paris-Grenoble, 36-50.

De Waele, J.A.K.E., D'Agostino, B., Lulof, P.S. et Cantilena, R. (2001) : *Il tempio dorico del foro triangolare di Pompei*, Rome.

Frontisi-Ducroux, F. (1975) : *Dédale : mythologie de l'artisan en Grèce ancienne*, Paris.

Garrucci, R. (1854) : *Inscriptions gravées au trait sur les murs de Pompéi*, Bruxelles.

— (1856) : *Graffiti de Pompei : Inscriptions et gravures tracées au stylet recueillies et interprétées*, Paris.

Gauckler, P. (1904) : *Musivum Opus*, in : Daremberg & Saglio 1912, 2088-2129.

Gell, W. et Gandy, J. P. (1817) : *Pompeiana: the topography, edifices, and ornaments of Pompeii*, Londres.

Geoffrion, J. K. H. et Louët, A. P. (2010) : *The Petit Labyrinth Graffito of Chartres Cathedral*, *Caerdroia*, 40, 4-7.

Helbig, W. (1881) : *Adunanze dell'instituto, Bulletino dell' Instituto di Corrispondenza Archeologica*, 4, 65-67.

Hinks, R.P. (1933) : *Catalogue of the Greek, Etruscan and Roman paintings and mosaics in the British Museum*, Londres.

Kern, H. (1982) : *Labyrinthe : Erscheinungsformen und Deutungen : 5000 Jahre Gegenwart eines Vrbilds*, 2. durchgesehene und erweiterte Auflage, Munich.

Langner, M. (2001) : *Antike Graffitizeichnungen: Motive, Gestaltung und Bedeutung*, *Palilia*, 11, Wiesbaden.

Le Gall, J. (1954) : *Graffites navals du Palatin et de Pompéi*, dans *Mémoires de la Société Nationale des Antiquaires de France*, ser. 9 t. 3, 41-52.

Letellier, É. (2015) : *Le théâtre dans la ville : recherches sur l'insertion urbaine des théâtres romains* (*thèse, sous la direction de R. Robert*), Aix-Marseille Université.

Maiuri, A. (1958) : "*Navalia Pompeiana*", in : RAAN, n.s. 33, 7-34.

Marec, E. (1962) : "Le thème du labyrinthe et du Minotaure dans la mosaïque romaine", in : Renard M., éd. (1962) : *Hommages à Albert Grenier*, Bruxelles-Berchem.

Maulucci Vivolo, F.P. (1993) : *Pompei : i graffiti figurati*, Foggia.

Milnor, K. (2014) : *Graffiti and the literary landscape in roman Pompeii*, Oxford-New York.

Molholt, R. (2011) : *Roman Labyrinth Mosaics and the Experience of Motion*, *The Art Bulletin*, 93, 3, 287-303.

Nyenhuis, J.E. (1986) : *Daidalos et Ikaros*, in : *Lexicon Iconographicum Mythologiae Classicae*, Zürich-Munich, 313-321.

Obsomer, C. (2003) : "Hérodote II 148 à l'origine du terme *Labyrinthos* ? La Minotauromachie revisitée", in : Duhoux Y., éd., *Briciaka. A Tribute to W.C. Brice*, (*Cretan Studies*, 9), Amsterdam, 105-186.

— (2011) : "Le *Troiae lusus*, le schéma du Labyrinthe et l'*Octaétéride*", in : *Routes et parcours mythiques : des textes à l'archéologie, Actes du septième colloque international d'anthropologie du monde indo-européen et de mythologie comparée, Louvain-la-Neuve, 19-21 mars 2009*, Bruxelles.

Ozcáriz Gil, P., éd. (2012) : *La memoria en la piedra: estudios sobre grafitos históricos*, Pampelune.

Pecorella, P.E. (1961) : *Labirinto* (*s.v.*), in : *Enciclopedia dell'Arte Antica*, Rome, 436-440.

Pesando, F. et Guidobaldi, M. P. (2006) : *Pompei, Oplontis, Ercolano, Stabiae*, Rome.

Philipps, A. (1992) : *The Topology of Roman Mosaic Mazes*, *Leonardo*, 25, 3/4, 321-329.

Renard M., éd. (1962) : *Hommages à Albert Grenier*, Bruxelles-Berchem.

Roddaz, J.-M. (1984) : *Marcus Agrippa*, BEFAR 253, Rome.

Sarullo, G. (2008) : "Labirinti a Pompei: a proposito di *CIL* IV 2331", in : *Oebalus. Studi sulla Campania nell'Antichità*, 3, 203-224.

Sauron, G. (2013) : "Antiquité : le point de vue de Dédale et Icare", in : *Rome : vue à vol d'oiseau*, Malakoff, 17-53.

Scheid, J. et Svenbro, J. (1994) : *Le métier de Zeus : mythe du tissage et du tissu dans le monde gréco-romain*, Paris.

Schneider, K. (1927) : *Lusus Troiae*, in Wissowa G. et W. Kroll, éd., *Real-Encyclopädie der klassischen Altertumswissenschaft*, Stuttgart.

Slim, K. (1980) : "La mosaïque du labyrinthe de Thysdrus", in : *Antiquités africaines*, 15, 1, 201-215.

Taylor, L.R. (1924) : "*Seviri Equitum Romanorum* and Municipal Seviri: A Study in Pre-Military Training among the Romans", in : JRS, 14, 158-171.

Torelli, M. (1998) : "Il culto imperiale a Pompei", in : *I culti della Campania antica, Atti del Convegno internazionale di Studi in ricordo di Nazarena Valenza Mele (Napoli, 15-17 maggio 1995)*, Rome, 245-270.

Toutain, J. (1912) : "*Troiae ludus*", in : Daremberg & Saglio 1912, 493-496.

Varone, A. (1994) : *Erotica pompeiana: iscrizioni d'amore sui muri di Pompei*, Rome.

Varone, A., éd. (2012) : *Titulorum graphio exaratorum qui in CIL vol. IV collecti sunt : imagines*, Rome.

Zanker, P. (1987) : *Augustus und die Macht der Bilder*, Munich.

— (1993) : *Pompei, Società, immagini urbane e forme dell'abitare*, Turin.

Index des sources littéraires

Index des noms de lieux

Index des noms de personnages anciens

Z